九丘教育
JIUQIU EDUCATION

U0094321

仓颉编程

快速上手

刘玥 张荣超 著

人民邮电出版社

北 京

图书在版编目（ＣＩＰ）数据

仓颉编程快速上手 / 刘玥，张荣超著. -- 北京：
人民邮电出版社，2024.7
ISBN 978-7-115-62471-0

Ⅰ. ①仓… Ⅱ. ①刘… ②张… Ⅲ. ①程序语言—程
序设计 Ⅳ. ①TP312

中国国家版本馆CIP数据核字(2023)第150183号

内 容 提 要

本书通过丰富的示例和大量的练习，简明扼要地阐述了仓颉编程语言的基本知识和核心概念。

全书共 15 章，涵盖起步、变量、简单的数据操作、流程控制之 if 表达式、流程控制之循环表达式、函数初级、面向对象编程、struct 类型、enum 类型和模式匹配、函数高级、基础 Collection 类型、泛型、包管理、扩展、数值和字符串操作等内容。其中，"面向对象编程"这一章详细讲解了一系列重要的概念，如类、对象、封装、继承、多态、重写、抽象类和接口等，并通过一个小型的课务管理项目对上述概念进行了深入阐释。

本书适合希望快速上手仓颉编程语言的初学者阅读。

◆ 著　　　　刘 玥　张荣超
　责任编辑　傅道坤
　责任印制　王 郁　胡 南
◆ 人民邮电出版社出版发行　　北京市丰台区成寿寺路 11 号
　邮编　100164　电子邮件　315@ptpress.com.cn
　网址　https://www.ptpress.com.cn
　涿州市京南印刷厂印刷
◆ 开本：800×1000　1/16
　印张：19.75　　　　　　　　　2024 年 7 月第 1 版
　字数：436 千字　　　　　　　2024 年 7 月河北第 1 次印刷

定价：89.80 元

读者服务热线：**(010) 81055410**　印装质量热线：**(010) 81055316**
反盗版热线：**(010) 81055315**
广告经营许可证：京东市监广登字 20170147 号

作者简介

刘玥，九丘教育 CEO，曾在高校任教十余年，具有丰富的课堂教学经验，尤其擅长讲授程序设计、算法类课程。

张荣超，九丘教育教学总监、华为开发者专家（HDE）、华为首届 HarmonyOS 开发者创新大赛最佳导师、OpenHarmony 项目群技术指导委员会（TSC）委员。

前言

仓颉编程语言是华为完全自研的面向全场景应用开发的通用编程语言。作为一门新的编程语言，仓颉融合了众多现代编程语言的技术精髓。相信随着仓颉编程语言的不断发展，将会吸引更多的开发者加入仓颉编程语言的大家庭。

本书的作者作为首批受邀参与仓颉编程语言内测的人员，在对仓颉编程语言进行了系统且深入的学习和研究之后，借助于丰富的示例程序，力争做到通俗易懂、深入浅出地阐明仓颉编程语言的基础知识。

由于仓颉编程语言正处于不断完善的过程中，其版本和开发环境也处于快速更新迭代的阶段。自作者参与内测以来，几乎每个月都有一个新的版本更新，截至本书写作完毕，仓颉已更新至 0.51.4 版本（2024 年 5 月 7 日发布）。为了确保读者能够顺利搭建好仓颉开发环境并实操书中的示例，本书提供了相应的引导教学视频，欢迎广大读者关注抖音或微信视频号"九丘教育"获取视频教程。之后针对仓颉，作者会在第一时间通过抖音、微信视频号、微信公众号、B 站等平台同步持续更新相关内容，请读者搜索"九丘教育"了解详情。

另外，由于成书时间紧张以及作者水平有限，书中难免有错漏，恳请各位读者批评、指正。欢迎各位读者通过本书提供的各种联系方式与作者交流。

在本书的编写过程中，获得了华为编程语言实验室的大力支持，感谢为本书提供了帮助的全体工作人员。感谢人民邮电出版社的编辑傅道坤先生和单瑞婷女士为本书的顺利出版提供的鼎力支持和宝贵建议。最后，还要向阅读拙作的读者们表示衷心的感谢！

本书的组织结构

本书分为 15 章，主要内容介绍如下。

第 1 章，"起步"：主要介绍了第一个仓颉程序的编程实践。

第 2 章，"变量"：主要介绍了变量的声明，以及变量的使用。

第 3 章，"简单的数据操作"：首先介绍了存储数值的数据类型，然后介绍了存储字符的数据类型，最后介绍了其他几种数据类型。

第 4 章，"流程控制之 if 表达式"：主要介绍了条件测试、单分支的 if 表达式、双分支的 if 表达式和嵌套的 if 表达式。

第 5 章，"流程控制之循环表达式"：主要介绍了 do-while 表达式、while 表达式、for-in 表达式和循环表达式的嵌套。

第 6 章,"函数初级":首先介绍了函数的定义和调用,然后介绍了函数的重载,最后介绍了变量的作用域。

第 7 章,"面向对象编程":首先介绍了类的定义和对象的创建,然后详细介绍了面向对象编程的三大特征——封装、继承和多态,最后介绍了抽象类和接口的用法。

第 8 章,"struct 类型":首先介绍了 struct 类型的定义和 struct 实例的创建,然后介绍了 struct 类型和 class 类型的区别。

第 9 章,"enum 类型和模式匹配":先介绍了 enum 类型的定义和 enum 值的创建,再介绍了对 enum 值进行模式匹配的 2 种 match 表达式,接着介绍了 6 种模式及其 Refutability,然后介绍了如何在变量声明、for-in 表达式、if-let 表达式和 while-let 表达式中使用模式,最后介绍了 Option 类型这一常见的 enum 类型。

第 10 章,"函数高级":主要介绍了函数的一些高级特性,具体包括函数作为"一等公民"的用法、lambda 表达式的定义和使用、嵌套函数和闭包的用法、如何进行函数重载决议、操作符重载函数的定义和使用、mut 函数在 struct 和 interface 中的用法等。

第 11 章,"基础 Collection 类型":详细介绍了仓颉的 4 种基础 Collection 类型——Array、ArrayList、HashSet 和 HashMap,其主要用法包括实例的创建和元素的增删改查操作等。

第 12 章,"泛型":首先介绍了泛型类型及其泛型约束,然后介绍了泛型函数及其泛型约束。

第 13 章,"包管理":首先介绍了如何在仓颉源文件中声明包,然后介绍了顶层声明的两种可见性,最后介绍了顶层声明的导入。

第 14 章,"扩展":首先介绍了扩展的 2 种方式——直接扩展和接口扩展,然后介绍了这两种扩展的导出和导入规则。

第 15 章,"数值和字符串操作":依次介绍了生成随机数据、通用的数学操作、格式化输出和字符串操作。

本书读者对象

本书面向对仓颉编程语言感兴趣的初学者。本书包含丰富的示例和练习,即使读者尚未接触过任何编程语言,也能在本书的悉心指引下,逐步顺畅地掌握仓颉编程语言的基础知识和核心概念。

资源与支持

资源获取

本书提供如下资源：

- 本书源代码；
- 本书思维导图；
- 异步社区 7 天 VIP 会员。

要获得以上资源，您可以扫描下方二维码，根据指引领取。

提交勘误

作者和编辑尽最大努力来确保书中内容的准确性，但难免会存在疏漏。欢迎您将发现的问题反馈给我们，帮助我们提升图书的质量。

当您发现错误时，请登录异步社区（https://www.epubit.com），按书名搜索，进入本书页面，点击"发表勘误"，输入勘误信息，点击"提交勘误"按钮即可（见下图）。本书的作者和编辑会对您提交的勘误进行审核，确认并接受后，您将获赠异步社区的 100 积分。积分可用于在异步社区兑换优惠券、样书或奖品。

与我们联系

我们的联系邮箱是 shanruiting@ptpress.com.cn。

如果您对本书有任何疑问或建议，请您发邮件给我们，并请在邮件标题中注明本书书名，以便我们更高效地做出反馈。

如果您有兴趣出版图书、录制教学视频，或者参与图书翻译、技术审校等工作，可以发邮件给我们。

如果您所在的学校、培训机构或企业，想批量购买本书或异步社区出版的其他图书，也可以发邮件给我们。

如果您在网上发现有针对异步社区出品图书的各种形式的盗版行为，包括对图书全部或部分内容的非授权传播，请您将怀疑有侵权行为的链接发邮件给我们。您的这一举动是对作者权益的保护，也是我们持续为您提供有价值的内容的动力之源。

关于异步社区和异步图书

“异步社区”（www.epubit.com）是由人民邮电出版社创办的 IT 专业图书社区，于 2015 年 8 月上线运营，致力于优质内容的出版和分享，为读者提供高品质的学习内容，为作译者提供专业的出版服务，实现作者与读者在线交流互动，以及传统出版与数字出版的融合发展。

“异步图书”是异步社区策划出版的精品 IT 图书的品牌，依托于人民邮电出版社在计算机图书领域多年的发展与积淀。异步图书面向 IT 行业以及各行业使用 IT 技术的用户。

目　　录

第 1 章

起步

1

1.1 关于仓颉

仓颉编程语言是华为自研的、面向应用层开发的通用编程语言。仓颉结合了众多现代编程语言的特色，不仅开发高效、性能卓越、功能强大、安全可靠，而且语法简洁、学习门槛低、易上手。仓颉是面向全场景应用开发的编程语言，具备广泛的应用前景。仓颉已经展现出强大的潜力，非常值得读者学习和深入探索，接下来，就让我们开启愉快的仓颉学习之旅吧！

1.2 搭建开发环境

仓颉目前正在经历快速更新迭代的阶段。为了确保读者能够顺利进行书中的操作，例如搭建开发环境等，作者提供了相关的视频教程。读者可以扫描下方的抖音或微信视频号二维码获取视频教程。如果读者在学习本书的过程中遇到任何问题，也可以通过下面的二维码联系我们。

抖音

微信视频号

1.3 我的第一个仓颉程序

为了测试开发环境，现在，让我们开始编写第一个仓颉程序。

首先，在仓颉工程文件夹的目录 src 下新建一个文件：hello_cangjie.cj。该文件的名称为 hello_cangjie，扩展名为 cj，表示这是一个仓颉源文件。接着，在 hello_cangjie.cj 中，输入以下代码，如代码清单 1-1 所示。

代码清单 1-1 hello_cangjie.cj

```
01  main() {
02      println("你好，仓颉！")   // 输出字符串"你好，仓颉！"并换行
03  }
```

注意，代码中所有的有效字符都必须是半角的字符，例如"("。在集成开发环境中编译并执行程序，输出结果为：

```
你好，仓颉！
```

这是一个最简单的仓颉程序，只包含一个 main，main 中只有一行代码。下面我们来解释一下这个程序的各个部分。

1. main

main 是程序执行的入口。在编译并执行程序之后，系统自动从 main 开始执行花括号中的代码。如果在将仓颉源程序编译为可执行程序时缺少了 main，就会引发编译错误。

一个不包含任何代码的 main 如下所示：

```
main() {}
```

在刚开始学习仓颉编程时，我们添加的大部分代码都是放在 main 中的。在向 main 中添加代码时，所有的代码要添加到 main 的一对花括号之间，并且最好能够遵循以下编程规范。

- 在左花括号之后换行。
- 换行之后输入代码。花括号中的所有代码作为一个整体，要有一个级别的缩进。一个级别的缩进一般是 4 个空格，对于 UI 等多层嵌套使用较多的情况，可以统一使用 2 个空格。
- 右花括号独占一行。

> **提示** 作为刚刚接触编程的初学者，乍一看到这些编程规范，可能一时间不能很快适应，这是正常现象。只要在学习过程中仔细观察并学习示例程序，就可以很快掌握这些编程规范。

2. 关键字

仓颉编程语言定义了 70 多个关键字，每个关键字在程序中都有**特定的用途**。例如，Bool 被用于表示布尔类型，if 被用于条件判断等。代码清单 1-1 中的 main 就是一个关键字。

3. 字符串类型的字面量

程序中**"具有明确数据类型的、固定的值"**被称为字面量，例如，"你好，仓颉！"就是一个字符串类型的字面量。在程序中，文本内容可以使用字符串类型来表示。将文本内容使用**一对半角的双引号**括起来，就得到了一个字符串类型的字面量。以下是一些字符串类型的字面量的示例：

```
"业精于勤"
"Have a good day!"
"^_^"
```

4. println 函数

在 main 中，只有一行代码：

```
println("你好，仓颉！")
```

在这行代码中，使用 println 函数将字符串"你好，仓颉！"输出到终端并且换行。为了提高编程效率，仓颉为我们定义了很多函数。在需要时，我们可以直接调用这些函数以实现特定的目标。如果需要向终端输出一些内容，可以将需要输出的内容放在 println 函数的一对圆括号内。例如，使用以下代码输出字面量 18：

```
println(18)
```

5. 注释

在 println 函数之后，有一行以"//"开头的文字，这是一个注释。注释是对代码的说明和对程序的解释。注释中的文字不是有效的代码。在编译并执行程序时，所有注释都会被系统忽略。

仓颉中的注释有两种：单行注释（//）和多行注释（/*...*/）。

单行注释使用"//"表示，"//"之后的内容即是注释的内容。单行注释不能跨越多行。在代码中，建议将单行注释放在相应代码的右侧或者上方。当单行注释放在代码右侧时，注释与代码之间至少需要留有一个空格。在代码清单 1-1 中，单行注释就被放在了代码的右侧。

当单行注释过长时，建议将注释放在代码上方，并且与代码保持同样级别的缩进。如果将代码清单 1-1 中的注释改为放在代码上方，那么该段代码可表示为：

```
main() {
    // 输出字符串"你好，仓颉！"并换行
    println("你好，仓颉！")
}
```

多行注释以"/*"开头，以"*/"结尾，"/*"和"*/"中间即是注释的内容，注释的内容可以跨越多行。对于多行注释，建议放在对应代码的上方，注释与代码保持一样的缩进级别。如果是文件头注释，那么建议放在文件开头，不使用缩进。

下面是一个文件头注释的示例，在仓颉源文件的开头添加了多行注释，其中列出了作者等信息：

```
/*
 * 作者：刘玥 张荣超
 * 抖音/微信视频号/微信公众号：九丘教育
 */

main() {
    println("你好，仓颉！")   // 输出字符串"你好，仓颉！"并换行
}
```

尽管注释不是有效的代码，但是注释可以很好地对程序进行解释和说明，是程序十分重要

的组成部分。清晰、简洁的注释可以大大提高程序的可读性和可维护性。

提示　良好的编程习惯将使你受益终生，在编程时应该为需要说明的代码编写简明的注释。

练习

1. 尝试将以上示例程序中的字符串修改为其他内容，编译并执行程序。
2. 尝试在程序中添加各种注释。

本章需要达成的学习目标（目标完成后可在前面的方框中打勾）

☐　安装仓颉集成开发环境，并测试能否正常运行。

☐　通过一个简单的仓颉程序开始编程实践，了解仓颉程序运行的过程。

☐　了解 main 的概念。

☐　了解字符串、println 函数的用法。

☐　掌握两种注释的编写方式。

第 2 章

变量

在编程时，我们会使用各种数据。在程序中，我们通常使用变量来存储数据。所谓变量，可以将其看作是一块带有名字的内存空间，其用途是存储数据。仓颉变量必须先声明后使用。

通过本章的学习，你将掌握变量的用法，学会声明变量并对变量进行赋值，还可以了解 4 种常用的数据类型，以及字符串类型和数值类型之间互相转换的方法。

2.1 变量的声明

在使用变量存储数据时，首先需要声明变量（也被称为定义变量）。变量声明的主要作用是通知系统提前为变量分配好内存空间，以便后续使用。

2.1.1 在"第一个"仓颉程序中声明一个变量

对代码清单 1-1 进行修改，在程序中声明一个变量。修改后的代码如代码清单 2-1 所示。

代码清单 2-1　hello_cangjie.cj

```
01  main() {
02      var info: String = "你好，仓颉！"
03      println(info)  // 输出变量 info 并换行
04  }
```

在以上示例中，我们使用以下代码声明了一个 String 类型的可变变量 info，其初始值为"你好，仓颉！"：

```
var info: String = "你好，仓颉！"
```

编译并执行该程序，输出结果和代码清单 1-1 的输出结果是完全一样的。

在执行示例程序时，系统自动会从 main 开始，自上往下逐行执行花括号中的代码。首先是第 2 行代码，通过这个变量声明，系统为我们准备好了一个名为 info、值为"你好，仓颉！"的 String 类型的可变变量。接着是第 3 行代码，使用 println 函数输出了变量 info 的值。在第 3 行代码中，通过**变量名** info 访问了变量的值。

2.1.2　声明几个不同类型的变量

声明变量的语法格式如下：

```
let|var 变量名[: 数据类型] [= 初始值]
```

提示	这是本书中出现的第 1 个语法说明，本书后续出现的所有语法说明都遵循以下约定：

■ 粗体字部分表示关键字，它的写法是固定不变的，如关键字 "let" "var"；非粗体字部分表示需要根据需求填写，如 "变量名" "数据类型" 等。

■ 符号 "|" 表示多个并列的关键字，只能取其中一个，如关键字 "let" 和 "var" 只能二选一。

■ 由一对方括号 "[]" 括起来的部分表示是可选的，即该部分不是必须填写的，如 "[: 数据类型]" 和 "[= 初始值]"。

为了提高程序代码的可读性，建议在某些符号（如 ":" ","）后面加上一个空格，在某些操作符（如 "=" "+"）的前后各加上一个空格。多多观察示例程序，可以帮助你很快了解这些编程规范。

仓颉使用关键字 let 或 var 来声明变量，其中，let 声明的是不可变变量，var 声明的是可变变量（两者的区别详见 2.2 节）。

1. 变量名

在关键字之后，就是自定义的变量名。变量名是一种标识符。在程序中，可以通过变量名来访问变量。

仓颉程序中的变量名、函数名、类型名等，都属于标识符。标识符命名必须遵循以下命名规则。

■ 一个合法的标识符名称可以有两种开头：一种是以一个英文字母开头，另一种是以任意数量连续的下画线（_）加上一个英文字母作为开头。标识符名称的开头后可以是任意长度的英文字母、数字或下画线。

■ 不可以使用关键字作为标识符。

■ 区分大小写，如 info 和 Info 是两个不同的标识符。

符合命名规则的标识符名称，被称为合法标识符；不符合命名规则的标识符名称，被称为非法标识符。如果程序中包含非法标识符，将会导致编译错误。

以下是一些合法标识符的示例：

```
x            // 以英文字母开头
gate9        // 以英文字母开头，之后是英文字母和数字
gate_9       // 以英文字母开头，之后是英文字母、数字和下画线
gate9_       // 以英文字母开头，之后是英文字母、数字和下画线
x1_y1_z1     // 以英文字母开头，之后是英文字母、数字和下画线
_x           // 以一个下画线和英文字母开头
```

```
_x1_y1_z1      // 以一个下画线和英文字母开头，之后是数字、下画线和英文字母等
__x            // 以两个下画线和英文字母开头
```

以下是一些非法标识符的示例：

```
9gate // 以数字开头
class // class 是关键字
```

除了必须遵循的命名规则，我们还建议在给标识符命名时使用一个或多个有意义的单词组合，做到"见名知意"。

变量的命名也需要遵循以上规则。另外，对于一般的变量，推荐使用小驼峰命名风格来命名，即如果变量名由多个单词构成，那么第一个单词的首字符小写，后面每个单词的首字符大写，其余字符都小写，中间不使用下画线。举例如下：

```
teacherName    // 教师姓名
ageOfStudent   // 学生年龄
totalScore     // 总分
isScorePassed  // 分数是否通过
```

2. 数据类型

数据类型表示变量存储的是何种类型的数据。在声明变量时要确定变量的数据类型，并且变量的数据类型在声明之后不可以被更改。仓颉本身内置了多种数据类型，并且也支持自定义数据类型。下面介绍 4 种常用的基本数据类型，先声明以下 4 个变量：

```
main() {
    let teacherName: String = "刘玥"
    var ageOfStudent: Int64 = 19
    var totalScore: Float64
    var isScorePassed: Bool
}
```

接下来，让我们来逐行解释一下。

```
let teacherName: String = "刘玥"
```

以上代码声明了一个 String 类型的变量 teacherName。String 类型（也被称为字符串类型）在前面的示例中已经出现过，用于存储文本内容。显然，教师的姓名属于文本内容，所以将该变量声明为 String 类型。

```
var ageOfStudent: Int64 = 19
```

以上代码声明了一个 Int64 类型的变量 ageOfStudent。Int64 类型是众多整数类型中最常用的一种，用于存储整数。除非是一些特殊的场景，在一般情况下，学生的年龄应该是整数，所以可以将其声明为整数类型。

```
var totalScore: Float64
```

以上代码声明了一个 Float64 类型的变量 totalScore。Float64 类型是一种常用的浮点类型，用于存储具有小数部分的实数。这里我们将表示总分的变量 totalScore 定义为浮点类型，即认

为总分是可以带小数的。当然，如果在程序设定中总分是整数，那么也可以将变量 totalScore 定义为整数类型。

```
var isScorePassed: Bool
```

最后这行代码声明了一个 Bool 类型（布尔类型）的变量 isScorePassed。布尔类型用于表示逻辑中的真和假，只有两个字面量：true 和 false。布尔类型在程序中常用于表示两种互斥的状态。例如，isScorePassed 用于表示分数通过（true）和分数不通过（false）这两种互斥的状态。

3. 初始值

仓颉要求每个变量**在使用前**必须完成*初始化*，否则会引发编译错误。例如，在以下示例代码中，在声明变量 totalScore 时没有指定初始值，并且之后也没有对 totalScore 进行初始化，就直接使用 println 访问了 totalScore，导致编译错误。

```
main() {
    var totalScore: Float64
    println(totalScore)   // 编译错误：变量 totalScore 在使用时没有初始化
}
```

如果要避免上述错误，可以在声明时给 totalScore 指定初始值，或者在声明之后使用赋值表达式对 totalScore 进行初始化。例如，可以将以上代码修改为：

```
main() {
    var totalScore: Float64 = 0.0   // 在声明时对变量进行初始化
    println(totalScore)
}
```

在一般情况下，仓颉要求在声明变量时就对变量进行初始化，仅在一些特定的情况下才可以在声明变量时缺省（省略不写）初始值。例如，对于局部变量，如上述代码中的 totalScore，仓颉允许在定义时不对该变量进行初始化（此时**必须**指明数据类型），但是在变量第一次被读取之前，必须完成初始化工作。可以使用如下的赋值表达式对变量进行初始化：

```
变量名 = 初始值
```

其中，"="是赋值操作符，其作用是将"="右边的初始值赋给左边的变量。

针对上面的示例，如果在声明之后对 totalScore 进行初始化，可以将代码修改为：

```
main() {
    var totalScore: Float64
    totalScore = 0.0   // 使用赋值表达式对变量进行初始化
    println(totalScore)
}
```

提示　局部变量的概念将在 6.3 节进行详细介绍。目前，读者只需要知道在 main 中定义的变量都属于局部变量即可。

练习

在一个商场管理软件中，有以下 4 种数据需要存储，请读者分别为它们定义对应的变量，注意选择合适的数据类型，以及简短的、具有描述性的变量名。

- 停车场的停车位编号。假定该商场的停车场总共只有一层一个分区，停车位编号范围为 1～1000 号。当前车位编号为 668 号。
- 儿童用品区的一双童鞋的价格为 99.8 元。
- 某商铺在商场中的地址编号为 1-16A。
- 商场中央空调的当前开关状态为"关"。

2.1.3 在声明变量时缺省数据类型

在声明变量时，当初始值的类型明确的时候，编译器可以根据初始值自动推断出变量的数据类型，此时，可以缺省数据类型。

以下两行代码是完全等效的：

```
let teacherName: String = "刘玥"
let teacherName = "刘玥"
```

在以上变量声明中，初始值为字符串类型的字面量"刘玥"，因此如果缺省数据类型，编译器会将 teacherName 推断为 String 类型。

在没有数据类型上下文可参考的情况下，整数类型的字面量会被推断为 Int64 类型，浮点类型的字面量会被推断为 Float64 类型。

```
var ageOfStudent = 19   // 19 被推断为 Int64 类型，因此 ageOfStudent 也被推断为 Int64 类型
var totalScore = 0.0    // 0.0 被推断为 Float64 类型，因此 totalScore 也被推断为 Float64 类型
```

在以上两个变量声明中，缺省了数据类型，因此编译器会根据初始值的类型来推断变量的类型。整数类型的字面量 19 为 Int64 类型，因此 ageOfStudent 被推断为 Int64 类型；浮点类型的字面量 0.0 为 Float64 类型，因此 totalScore 被推断为 Float64 类型。

练习

修改 2.1.2 节的练习中的 4 个变量声明，尝试在声明变量时缺省数据类型。

2.2 变量的使用

在完成对变量的初始化之后，就可以使用变量了。对变量的使用包括读取和存入两种操作。

2.2.1 读取变量值

当我们需要使用变量中存储的数据时，可以**通过变量名**来读取变量值。示例程序如代码清单 2-2 所示。

代码清单 2-2 read_variables.cj

```
01  main() {
02      let teacherName = "刘玥"
03      println(teacherName)  // 读取变量 teacherName 的值
04
05      var ageOfStudent = 19
06      println(ageOfStudent)  // 读取变量 ageOfStudent 的值
07
08      var totalScore: Float64
09      totalScore = 90.0  // 对 totalScore 进行初始化
10      println(totalScore)  // 读取变量 totalScore 的值
11
12      var isScorePassed: Bool
13      isScorePassed = true  // 对 isScorePassed 进行初始化
14      println(isScorePassed)  // 读取变量 isScorePassed 的值
15  }
```

编译并执行程序，输出结果为：

```
刘玥
19
90.000000
true
```

在示例程序的第 3、6、10 和 14 行，分别通过变量名 teacherName、ageOfStudent、totalScore 和 isScorePassed 读取了变量值。

println 函数在输出浮点类型数据时，默认会输出小数点后 6 位。例如，在以上示例中，totalScore 的输出为：

```
90.000000
```

为了让输出变得更美观一些，可以使用 format 函数对浮点类型数据的输出指定输出精度，可以在 cj 文件的第 1 行添加以下代码：

```
from std import format.*
```

该行代码的作用是导入标准库 format 包中的所有 public 顶层声明，以便于调用 format 函数。

接着修改 main 中访问 totalScore 的代码。修改过后的代码如下所示（其中略去了不相关且没有修改的代码）：

```
from std import format.*
```

```
main() {
    // 无关代码略

    var totalScore: Float64
    totalScore = 90.0
    println(totalScore.format(".2"))   // 将浮点数的输出精度指定为小数点后两位
}
```

经过以上修改，totalScore 的输出结果为：

```
90.00
```

提示　关于标准库和包的知识将在第 13 章介绍。

练习

　　修改 2.1.3 节的练习代码，通过 println 函数读取表示停车位编号、童鞋价格、商铺地址编号和空调开关状态的变量值，并在输出浮点类型数据时使用 format 函数指定输出精度为小数点后两位。

2.2.2　对可变变量进行赋值

　　使用关键字 let 声明的变量是不可变变量，使用关键字 var 声明的变量是可变变量。

　　不可变变量指的是初始化后数据不可以发生改变的变量。对于不可变变量，只可以执行一次"存"操作。可变变量指的是初始化数据可以发生改变的变量。对于可变变量，可以执行多次"存"操作。

　　对于可变变量，可以随时通过赋值表达式来给变量存入新的变量值。在存入新值之后，旧值就会被新值替换。赋值表达式的语法格式如下：

```
变量名 = 新值
```

　　其中，"="是赋值操作符，其作用是将"="右边的新值赋给左边的变量。赋值完成后，变量值就被新值替换了。

1. 赋值表达式中的新值是字面量

　　对代码清单 2-1 进行修改，将可变变量 info 的值修改为另一个字符串类型的字面量，如代码清单 2-3 所示。

代码清单 2-3　hello_cangjie.cj

```
01   main() {
02       var info: String = "你好，仓颉！"
03       println(info)   // 输出变量 info 并换行
04
```

```
05        info = "使用赋值表达式对可变变量进行赋值"   // 修改 info
06        println(info)  // 再次输出 info
07    }
```

编译并执行程序，输出结果为：

```
你好，仓颉！
使用赋值表达式对可变变量进行赋值
```

如果对**已经完成初始化的不可变变量**进行赋值，将会引发编译错误。例如，在以上示例程序中，如果在声明 info 时使用的是关键字 let，那么在之后的代码中就不能再对 info 进行赋值操作。

2. 赋值表达式中的新值是表达式

在仓颉中，表达式是一个宽泛的概念，只要能够返回一个值，就可以将其称为表达式（expression）。简单的表达式是由操作数和操作符构成的，其中操作符是可选的。操作数是参与操作的数据，例如字面量"你好，仓颉！"、变量 info。操作符是一种特殊的符号，通过操作符可以对相应数据类型的操作数进行各种操作，例如"+""()"。

以下是一些简单表达式的示例：

```
"你好，仓颉！"         // 1 个字符串类型字面量（操作数）构成的表达式
3                     // 1 个整数类型字面量（操作数）构成的表达式
x + 1                 // 由 2 个操作数 "x" "1" 和 1 个操作符 "+" 构成的表达式
println(info)         // 操作符 "()" 表示函数调用
info = "笑口常开"     // 赋值表达式
```

赋值表达式中的新值可以是各种表达式，示例代码如代码清单 2-4 所示。

代码清单 2-4   write_variables.cj

```
01    main() {
02        var x = 1
03        println(x)
04
05        x = x + 1  // 新值是表达式 x + 1
06        println(x)
07
08        x = x * 3  // 新值是表达式 x * 3
09        println(x)
10    }
```

编译并执行程序，输出结果为：

```
1
2
6
```

在示例程序中，首先声明了一个初始值为 1 的可变变量 x（第 2 行代码）。在第 5 行代码中，使用以下赋值表达式对 x 进行赋值：

```
x = x + 1
```

在执行该行代码时，首先会计算出 "=" 右边的表达式的值。由于当前 x 的值为 1，因此计算出表达式 x + 1 的值为 2，再将 x + 1 的值赋给 "=" 左边的 x，这样就将 x 的值由 1 修改为 2。

同理，在第 8 行代码中，使用以下赋值表达式再次修改了 x 的值：

```
x = x * 3
```

在执行该行代码时，同样先使用当前 x 的值计算出表达式 x * 3 的值为 6，再将 6 赋给 x。

3. 复合赋值表达式

除了可以使用赋值表达式对可变变量进行赋值，还可以使用复合赋值表达式对可变变量进行赋值。将其他二元操作符，如 "+" "−" "*" 等，与赋值操作符复合在一起，可以得到复合赋值操作符。对代码清单 2-4 稍作修改，得到代码清单 2-5。

代码清单 2-5　write_variables.cj

```
01  main() {
02      var x = 1
03      println(x)
04
05      x += 1  // 等效于 x = x + 1
06      println(x)
07
08      x *= 3  // 等效于 x = x * 3
09      println(x)
10  }
```

以上示例程序的输出结果和代码清单 2-4 的输出结果是完全一致的。

在示例程序中，使用以下 2 个复合赋值表达式对可变变量 x 进行赋值：

```
x += 1
x *= 3
```

提示　一元操作符只需要 1 个操作数，例如，−3 中的负号 "−" 是一元操作符。二元操作符需要 2 个操作数，例如 5 * 3 中的乘号 "*" 是二元操作符。

练习

继续修改 2.2.1 节的练习代码。

1. 使用赋值表达式对表示停车位编号、商铺地址编号和空调开头状态的变量重新赋值。

2. 使用赋值表达式对表示童鞋价格的变量重新赋值，使童鞋价格在当前价格的基础上减少 19.8 元。

3. 使用复合赋值表达式对表示童鞋价格的变量重新赋值，使童鞋价格为当前价格的 9 折（90%）。

2.2.3 在赋值时避免类型错误

在给变量赋值时，要注意表达式的类型必须与变量类型一致，否则将会引发编译错误。示例程序如下：

```
main() {
    var str: String
    var num: Int64

    str = "123"  // 将 String 类型表达式赋给 String 类型变量
    num = 456  // 将 Int64 类型表达式赋给 Int64 类型变量
    str = 456  // 编译错误：不能将 Int64 类型表达式赋给 String 类型变量
    num = "123"  // 编译错误：不能将 String 类型表达式赋给 Int64 类型变量
}
```

在以上示例程序中，将 String 类型的字面量"123"赋给 String 类型的变量 str、将 Int64 类型的字面量 456 赋给 Int64 类型的变量 num，这都是可以的。但是如果将 Int64 类型的字面量 456 赋给 String 类型的变量 str、将 String 类型的字面量"123"赋给 Int64 类型的变量 num，就会引发编译错误。读者在编程时，要注意避免这种错误。

如果需要将一个非 String 类型的表达式赋给 String 类型的变量，可以使用 toString 函数将非 String 类型的表达式转换为 String 类型。例如，可以将以上示例中对 str 进行第 2 次赋值的代码修改为：

```
str = 456.toString()  // str 的新值为"456"
```

如果需要将一个**内容为数值类型字面量的字符串**（简称数值字符串）转换为 Int64 类型，也可以使用相应的函数。

首先，在 cj 文件的第 1 行使用以下代码，导入标准库 convert 包中的所有 public 顶层声明：

```
from std import convert.*
```

然后，使用 parse 函数将数值字符串转换为 Int64 类型：

```
num = Int64.parse("123")  // num 的新值为 123
```

同理，如果 num 是一个 Float64 类型的变量，那么可以使用以下代码将数值字符串转换为 Float64 类型：

```
num = Float64.parse("123.5")  // num 的新值为 123.5
```

修改后的完整示例程序如下：

```
from std import convert.*

main() {
    var str: String
    var num: Int64
```

```
    str = "123"
    num = 456
    str = 456.toString()    // str 的新值为"456"
    num = Int64.parse("123")    // num 的新值为 123
}
```

提示　关于 parse 函数的更多用法，将在第 15 章中进行介绍。

本章需要达成的学习目标

☐　学会声明变量。

☐　学会通过变量名来读取变量值。

☐　了解 String、Int64、Float64 和 Bool 类型的简单用法。

☐　掌握赋值表达式和复合赋值表达式的用法。

☐　掌握字符串类型和数值类型相互转换的方法。

第 3 章

简单的数据操作

在编程时，经常需要对各种数据进行不同的处理操作。不同的数据对应不同的数据类型。要想学好编程，首先需要了解各种基本的数据类型。本章我们主要认识一下仓颉的几种基本数据类型，并学习一些简单的数据处理操作。

通过本章的学习，你将了解仓颉的各种数值类型，包括多种整数类型、浮点类型，用于存储字符的字符类型、字符串类型，以及其他数据类型（元组类型、Unit 类型和 Nothing 类型）。此外，你还将掌握自增和自减运算，以及各种算术运算，并了解如何将一种数值类型转换为另一种数值类型。最后，你将学会如何拼接字符串、如何在字符串中使用转义字符，以及如何在需要时使用插值字符串。

3.1 存储数值的数据类型

仓颉编程语言中用于存储数值的数据类型有整数类型和浮点类型。其中，整数类型用于存储整数，浮点类型用于存储具有小数部分的实数。

3.1.1 认识整数类型

仓颉的整数类型分为两种：有符号（signed）整数类型和无符号（unsigned）整数类型，如表 3-1 所示。

表 3-1　仓颉的整数类型

整数类型	具体类型	表示范围
有符号 整数类型	Int8	$-2^7 \sim 2^7-1$（$-128 \sim 127$）
	Int16	$-2^{15} \sim 2^{15}-1$（$-32\,768 \sim 32\,767$）
	Int32	$-2^{31} \sim 2^{31}-1$（$-2\,147\,483\,648 \sim 2\,147\,483\,647$）
	Int64	$-2^{63} \sim 2^{63}-1$（$-9\,223\,372\,036\,854\,775\,808 \sim 9\,223\,372\,036\,854\,775\,807$）
	IntNative	依赖于平台
无符号 整数类型	UInt8	$0 \sim 2^8-1$（$0 \sim 255$）
	UInt16	$0 \sim 2^{16}-1$（$0 \sim 65\,535$）
	UInt32	$0 \sim 2^{32}-1$（$0 \sim 4\,294\,967\,295$）

整数类型	具体类型	表示范围
无符号 整数类型	UInt64	$0\sim2^{64}-1$（$0\sim18\,446\,744\,073\,709\,551\,615$）
	UIntNative	依赖于平台

有符号整数类型包括 5 种：Int8、Int16、Int32、Int64 和 IntNative。所有类型名称均以 Int 开头，后面所接的数字表示存储一个该类型的数据所需要的二进制位数。IntNative 表示存储时需要的二进制位数与平台相关。同样，无符号整数类型也包括 5 种，不过所有类型名称均以 UInt 开头。

提示　"Int" 是单词 "integer" 的前 3 个字符，integer 的意思是 "整数"。UInt 中的 "U" 是单词 "unsigned" 的第 1 个字符，表示 "无符号的"。

1. 在赋值时避免发生溢出错误

由表 3-1 可知，不同的整数类型能够表示的整数范围是不同的。例如，从理论上说，8 位二进制应该能够表示 2^8（256）个不同的整数，而同样是使用 8 位二进制存储整数，Int8 类型的表示范围为 $-128\sim127$，UInt8 类型的表示范围为 $0\sim255$。这是因为，对于一个 Int8 类型的有符号整数，其最高位是符号位，表示正负号，真正用于表示数值大小的只有 7 位，所以其表示范围为 $-2^7\sim-1$、0、$1\sim2^7-1$。对于一个 UInt8 类型的无符号整数，由于没有符号位，因此其表示范围为 0、$1\sim2^8-1$。

在给整数类型变量赋值时，要避免发生溢出错误。举例如下：

```
main() {
    var x: Int8
    x = 128   // 溢出错误：128 超出了 Int8 类型的表示范围
}
```

在以上示例中，由于 x 是 Int8 类型的变量，而 Int8 类型的表示范围为 $-128\sim127$，因此，将超出 Int8 类型表示范围的字面量 128 赋给 x 时溢出了。

2. 整数类型字面量的后缀

在使用整数类型字面量时，可以给字面量后面加上类型后缀，以明确整数字面量的类型。整数类型与类型后缀的对应关系如表 3-2 所示。

表 3-2　整数类型与类型后缀的对应关系

整数类型	类型后缀	整数类型	类型后缀
Int8	i8	UInt8	u8
Int16	i16	UInt16	u16
Int32	i32	UInt32	u32
Int64	i64	UInt64	u64

以下是一些使用了类型后缀的整数类型字面量：

```
18i8   // Int8 类型的字面量 18
2023u16   // UInt16 类型的字面量 2023
30000i32   // Int32 类型的字面量 30000
```

提示　为了提高整数类型字面量的可读性,可以使用下画线(_)作为分隔符。例如,字面量 10000000000 可以写作 10_000_000_000,也可以写作 100_0000_0000。

3.1.2　整数类型可变变量的自增和自减运算

自增操作符(++)用于将操作数的值加 1,自减操作符(--)用于将操作数的值减 1。这两个操作符只能用于**整数类型可变变量**。

自增和自减操作符都是一元后缀操作符。**一元**表示该操作符只需要 1 个操作数,**后缀**表示该操作符要放在操作数的后面。

自增和自减操作符的用法示例如下:

```
main() {
    var i = 0
    var j = 10

    i++   // 使用自增操作符使 i 的值加 1
    j--   // 使用自减操作符使 j 的值减 1

    println(i)   // 输出: 1
    println(j)   // 输出: 9
}
```

练习

定义一个整数类型的可变变量,分别使用自增操作符和自减操作符改变该变量的值。

3.1.3　认识浮点类型

仓颉浮点类型有 3 种:Float16(半精度浮点类型)、Float32(单精度浮点类型)和 Float64(双精度浮点类型),分别表示在存储浮点数时使用的二进制位数为 16 位、32 位和 64 位。这 3 种浮点类型的精度从高到低依次为:Float64 > Float32 > Float16。

代码清单 3-1　**precision_float_type.cj**

```
01   from std import format.*
02
03   main() {
04       let x: Float16 = 0.7438734374037310774
05       let y: Float32 = 0.7438734374037310774
```

```
06        let z: Float64 = 0.7438734374037310774
07
08        println(x.format(".18"))   // 输出: 0.743652343750000000
09        println(y.format(".18"))   // 输出: 0.743873417377471924
10        println(z.format(".18"))   // 输出: 0.743873437403731130
11    }
```

在代码清单 3-1 中，我们将一个小数位数较多的浮点类型字面量分别存入 3 个不同精度类型的浮点类型变量（Float16 类型的 x、Float32 类型的 y 和 Float64 类型的 z），然后读取变量值。在读取变量值时，为了观察 3 个变量的精度，使用了 format 函数将输出精度指定为小数点后 18 位。通过示例程序，可以发现不同浮点类型的精度是不同的：Float16 的精度约为小数点后 3 位，Float32 的精度约为小数点后 7 位，Float64 的精度约为小数点后 15 位。

1. 浮点类型字面量的形式

一个**不带指数部分**的浮点类型字面量的形式如下：

```
[整数部分].小数部分
```

以下是一些合法的浮点类型字面量：

```
1.234   // 同时包含整数部分和小数部分
.5      // 只包含小数部分，不包含整数部分
```

另外，浮点类型字面量可以使用科学记数法表示。在浮点类型的科学记数法中，指数部分以 "e" 或 "E" 为前缀，底数为 10。对于**带指数部分**的浮点类型字面量，至少要包含整数部分或小数部分，如果不包含小数部分，那么可以省略小数点。

以下是一些以科学记数法表示的合法的浮点类型字面量：

```
2E3     // 表示 2×10³，即 2000.0
.6e2    // 表示 0.6×10²，即 60.0
9.8e-3  // 表示 9.8×10⁻³，即 0.0098
```

> **提示**　浮点类型字面量也可以使用下画线（_）作为分隔符。

2. 浮点类型字面量的后缀

在使用十进制浮点类型字面量时，也可以给字面量后面加上类型后缀。十进制浮点类型与类型后缀的对应关系如表 3-3 所示。

表 3-3　十进制浮点类型与类型后缀的对应关系

浮点类型	类型后缀
Float16	f16
Float32	f32
Float64	f64

以下是一些使用了类型后缀的十进制浮点类型字面量：

```
99.8f64  // Float64 类型的字面量 99.8
0.35f16  // Float16 类型的字面量 0.35
1.21e3f32  // Float32 类型的字面量 1210.0
```

练习

分别将同一个小数位数较多的浮点类型字面量赋给不同浮点类型的变量，通过函数 format 和 println 观察不同浮点类型的精度。

3.1.4　数值类型的算术运算

对各种数值类型的数据可以进行各种算术运算，这主要依赖于算术操作符。仓颉算术操作符包括 1 个一元前缀操作符"−（负号）"和 6 个二元操作符，如表 3-4 所示。

表 3-4　算术操作符

操作数个数	算术操作符
一元	−（负号）
二元	**（乘方）
	*（乘法）、/（除法）、%（取模）
	+（加法）、−（减法）

由数值类型操作数和算术操作符构成的表达式，也被称为算术表达式。

1. 运算规则

仓颉的部分算术操作符与数学运算的规则是完全一致的，如"−（负号）"表示负数，"*"用于求积，"+"用于求和，"−（减法）"用于求差。另外，仓颉中也有一些需要注意的地方。

首先是幂运算。由于代码编辑窗口存在输入限制，不能使用上标的方式来表示幂运算，因此仓颉使用操作符"**"来表示乘方运算。举例如下：

```
3 ** 2  // 相当于 3², 计算结果为 9
16.0 ** 0.5  // 相当于 16.0⁰·⁵, 计算结果为 4.0
```

然后是与除运算有关的两个操作符：除法（/）和取模（%）。

"/"用于求商。如果"/"的两个操作数均是浮点类型，那么运算结果也是浮点类型；如果两个操作数均是整数类型，那么运算结果也是整数类型（只保留商的整数部分）。举例如下：

```
16.0 / 8.0  // 结果为 2.0
16.0 / 10.0  // 结果为 1.6
16 / 8  // 结果为 2
16 / 10  // 结果为 1
```

"%"用于求余数，该操作符**只适用于整数类型的操作数**。余数是指除法中未被除尽的部分，余数的取值范围为 0 到除数之间（不包括除数本身）的数。举例如下：

```
16 % 8      // 结果为 0
16 % 10     // 结果为 6
8 % 16      // 结果为 8
```

2. 操作符的优先级和结合性

如果算术表达式中出现了 1 个以上的算术操作符，那么在运算时需要按照操作符的优先级和结合性来进行：优先级高的操作符先运算，优先级低的操作符后运算，相同优先级的操作符按照结合性进行运算。

仓颉的算术操作符优先级从高到低依次为：负号 > 乘方 > 乘除（乘法、除法、取模）> 加减（加法、减法）。举例如下：

```
-6 ** 2
```

对于以上算术表达式，由于"−（负号）"的优先级高于"**"，因此先进行负号运算，再进行乘方运算，结果为 36。

```
2 * 7 - 9 / 3
```

对于以上算术表达式，由于"*"和"/"的优先级相同，并且高于"−（减法）"，因此先进行乘法运算，再进行除法运算，最后进行减法运算，结果为 11。

操作符的结合性指的是操作符和操作数结合的方式，分为左结合（从左到右结合）和右结合（从右到左结合）。本节介绍的各种算术操作符中，负号（−）和乘方（**）是右结合的，其他算术操作符都是左结合的。

对于以下算术表达式：

```
8 % 6 * 3
```

由于"%"和"*"的优先级相同，因此按照结合性（两者都是左结合，即从左至右的顺序）进行运算，先进行取模运算，再进行乘法运算，结果为 6。

以上是一个左结合的例子，再看一个右结合的例子。对于以下算术表达式：

```
2.0 ** 9.0 ** 0.5
```

其中包含了 2 个右结合的操作符。在运算时，先计算 9.0 ** 0.5，得到结果 3.0，再计算 2.0 ** 3.0，最终结果为 8.0。

3. 使用圆括号提升运算的优先级

如果有需要，可以使用圆括号"()"来提升运算的优先级。当一个表达式中出现了多对圆括号时，按照先内层后外层、层次相同时从左至右的顺序进行运算。举例如下：

```
42 / ((5 - 2) * 7)
```

在以上算术表达式中，有内外两层圆括号。在运算时，先进行减法运算，再进行乘法运算，最后进行除法运算，结果为 2。

```
(9 + 13) % (7 - 4)
```

在以上算术表达式中，有两对层次相同的圆括号。在运算时，先进行左边的加法运算，再进行右边的减法运算，最后进行取模运算，结果为 1。

除了可以用于提升优先级，也可以在复杂的表达式中加上一些圆括号来提高程序的可读性。例如，可以在以上示例的算术表达式中加上一些圆括号：

```
(-6) ** 2
(2 * 7) - (9 / 3)
```

练习

计算以下算术表达式的值，并编写程序验证：

```
2 ** 3
1.21 ** 0.5
3 / 2
5 / 2
3.0 / 2.0
5.0 / 2.0
3 % 2
13 % 5
3 * -7
120 / 5 % 3 * 7
120 / 5 % (3 * 7)
120 / (5 % 3) * 7
120 / (5 % (3 * 7))
```

3.1.5　避免算术运算中的类型错误

在对仓颉数值类型的数据进行算术运算时，关于数据类型，有以下 5 点需要注意。

1. 算术操作符对操作数类型的要求

对于一元算术操作符"-（负号）"，仓颉对其操作数的类型没有要求，只要其操作数为数值类型即可。

对于以下算术表达式：

操作数 A　二元算术操作符　操作数 B

如果式中的二元算术操作符不是"**"，那么仓颉要求**操作数 A 和操作数 B 必须是相同的数值类型**，否则会引发编译错误。

注意　"%"要求操作数 A 和操作数 B 必须是相同的整数类型。

举例如下：

```
main() {
    let intA: Int8 = 8
    let intB: Int16 = 10
```

```
    println(intA * 4i8)    // Int8 类型和 Int8 类型的运算
    println(intB + 4i8)    // 编译错误：无法对 Int16 和 Int8 类型使用二元操作符"+"
}
```

如果式中的二元算术操作符是"**"，那么操作数 A 和操作数 B 的类型必须符合表 3-5 中所示的 3 种情况中的一种，否则会引发编译错误。

表 3-5 乘方运算的操作数类型

	操作数 A	操作数 B
情况一	Int64 类型	UInt64 类型
情况二	Float64 类型	Int64 类型
情况三	Float64 类型	Float64 类型

举例如下：

```
main() {
    let intC: Int64 = 3
    println(intC ** 2u64)    // 操作数 A 为 Int64 类型，操作数 B 为 UInt64 类型
    println(intC ** 2i64)    // 编译错误：无法对 Int64 和 Int64 类型使用二元操作符"**"
}
```

> **提示** 以上算术操作符对操作数类型的要求，均是在没有操作符重载的前提下。关于操作符重载的相关知识参见第 10 章。

2. 算术运算结果的数据类型

对于以下算术表达式：

```
-操作数 A
```

以及以下算术表达式：

```
操作数 A 二元算术操作符 操作数 B
```

运算结果的数据类型均**与操作数 A** 保持一致。假设有两个 Int64 类型的变量 x 和 y，以下表达式的运算结果也是 Int64 类型：

```
-x
x + y
x * y
x ** 2u64
```

在进行算术运算时，必须要注意各种数值类型的表示范围，避免**溢出错误**。举例如下：

```
3i8 + 125i8    // 溢出
```

在以上算术表达式中，Int8 类型的 3 加上 Int8 类型的 125，其结果应该为 128，但是由于 Int8 类型的表示范围为 –128～127，因此结果溢出了。

3. 数值类型字面量和变量的类型推断

前面介绍过，在没有类型上下文的情况下，整数类型字面量会被推断为 Int64 类型，浮点

类型字面量会被推断为 Float64 类型。举例如下:

```
println(3)    // 字面量 3 被推断为 Int64 类型
println(9.5)  // 字面量 9.5 被推断为 Float64 类型
```

如果有类型上下文,那么编译器会自动根据类型上下文来推断数值类型字面量的类型。举例如下:

```
main() {
    let x: Float32 = 9.98
    let y = x + 1.5
}
```

在这段代码中,x 是 Float32 类型,因此字面量 9.98 被推断为 Float32 类型。在表达式 x + 1.5 中,由于加法运算要求两个操作数的类型是一致的,而 x 为 Float32 类型,因此字面量 1.5 也被推断为 Float32 类型。

对于缺省了数据类型的变量声明,编译器也会自动推断变量的数据类型。例如,在上面的代码中,变量 y 在声明时缺省了数据类型,而其初始值 x + 1.5 的类型为 Float32,因此 y 将被推断为 Float32 类型。再举一个例子:

```
let z = 0.99
```

在以上代码中,由于缺少类型上下文,字面量 0.99 将被推断为 Float64 类型,因此根据初始值的类型,在声明时缺省了数据类型的变量 z 将会被推断为 Float64 类型。

4. 数值类型的类型转换

仓颉对算术运算的操作数类型的要求十分严格,除 "**" 运算外,不同类型的操作数之间不能进行算术运算。

如果在某些情况下确实需要对不同类型的操作数进行运算,可以考虑对操作数的类型进行转换。举例如下:

```
main() {
    var mile: Int64 = 3  // 表示英里
    var kilometer: Float64  // 表示公里
    kilometer = 1.609344 * mile  // 编译错误
}
```

以上示例程序的作用是将英里换算成公里(1 英里 = 1.609344 公里)。由于 mile 和 kilometer 的类型不一致,因此不能直接进行乘法运算。此时,可以将表示英里的变量值转换为 Float64 类型,再进行乘法运算。

仓颉不支持不同类型之间的隐式转换,类型转换必须显式地进行。仓颉支持使用以下方式得到一个值为 e 的 T 类型的实例。

```
T(e)
```

其中,T 可以是各种数值类型,如 Int8、Int16、Float32 等,e 可以是一个数值类型的表达式。

提示　当我们说 e 是 T 类型的实例时，表示 e 是一个 T 类型的值。

举例如下：

```
Int64(9i8)   // 结果为 Int64 类型的 9
Float32(200u16)   // 结果为 Float32 类型的 200.0
```

回到换算英里和公里的例子，我们可以使用如下代码计算出英里对应的公里数：

```
kilometer = 1.609344 * Float64(mile)
```

在各种数值类型之间进行类型转换时，需要遵循一定的转换规则。

首先，在整数类型之间进行转换时，要确保待转换的整数必须要在目标整数类型的表示范围之内。举例如下：

```
Int64(200u8)   // 将 UInt8 类型的 200 转换为 Int64 类型，结果为 Int64 类型的 200
Int8(200)   // 将 Int64 类型的 200 转换为 Int8 类型，溢出错误
```

然后，在浮点类型之间转换时也需要注意不同浮点类型的表示范围，如果是精度高的浮点类型向精度低的浮点类型转换，将会出现精度损失。举例如下：

```
main() {
    let x: Float64 = 987.654321
    let y = Float16(x)
    println(x)   // 输出：987.654321
    println(y)   // 输出：987.500000，损失了精度
}
```

最后，在整数类型和浮点类型相互转换时，要确保待转换的类型必须要在目标类型的表示范围之内。另外，如果是浮点类型转换为整数类型，那么浮点数的小数部分会被直接截断，只保留整数部分。举例如下：

```
Float64(2023)   // 整数类型向浮点类型转换，结果为 2023.0
Int16(7.9)   // 浮点类型向整数类型转换，结果为 7
```

5. 建议使用的数值类型

对整数类型来说，Int64 类型的表示范围最大，不容易引发溢出错误。另外，在没有类型上下文的情况下，Int64 类型是仓颉默认的整数类型，而使用默认的类型可以避免在运算中进行不必要的类型转换。因此，在 Int64 类型适合的情况下，建议首选 Int64 类型。

对浮点类型来说，除了与整数类型相同的原因，由于浮点类型在存储和运算时都会产生一定的误差，因此精度高的浮点类型优于精度低的浮点类型。在多种浮点类型都适合的情况下，建议首选 Float64 类型。

3.2　存储字符的数据类型

仓颉编程语言中用于存储字符的数据类型有字符类型（Rune 类型）和字符串类型（String

类型）。其中，字符类型用于存储单个字符，字符串类型用于存储多个字符。

3.2.1 使用字符类型存储单个字符

字符类型用于表示单个 Unicode 字符，使用 Rune 表示。字符类型字面量有 3 种形式：单个字符、转义字符和通用字符，这些字符均是由一对单引号（'）括起来的。

提示	在之前的版本中，字符类型使用 Char 表示。当前仓颉已经引入了 Rune，目前 Rune 与 Char 短期共存（用法相同），未来 Char 将会被删除。因此，在当前版本的官方文档中有很多地方字符类型是使用 Char 表示的，本书中引用的文档内容均与官方文档的写法保持一致。

1. 单个字符

单个字符的字面量是将某个 Unicode 字符（除反斜线"\"外）定义在一对单引号中，例如：

```
let rune1: Rune = 'X'
let rune2: Rune = 'g'
let rune3: Rune = '+'
let rune4: Rune = '仓'
let rune5: Rune = '颉'
```

2. 转义字符

转义字符以反斜线（\）开头。反斜线的作用是对其后面紧跟的一个字符进行转义，从而表示某个具有特定含义的字符。对于某些字符，例如换行符、制表符等，无法使用单个字符的形式来表示，这时就可以使用转义字符来表示。常用的转义字符如表 3-6 所示。

表 3-6 常用的转义字符

转义字符	含义	作用
\n	换行符	将当前位置移到下一行的开头
\r	回车符	将当前位置移到本行的开头
\t	水平制表符	将当前位置移到下一个制表位
\b	退格符	从当前位置回退一个字符
\\	反斜线	表示 Rune 或 String 类型中的反斜线
\'	单引号	表示 Rune 或 String 类型中的单引号
\"	双引号	表示 Rune 或 String 类型中的双引号

以下示例声明了 5 个变量，并使用常用的转义字符进行了初始化：

```
// n 是 newline 的首字母
let newLine = '\n'
// t 是 table 的首字母
let tab = '\t'
// b 是 backspace 的首字母
let backspace = '\b'
```

```
// 反斜线表示转义字符，因此在 Rune 和 String 类型中使用 "\\" 表示反斜线
let backslash = '\\'
// Rune 类型是用一对单引号定义的，因此在 Rune 类型中使用 "\'" 表示单引号
let singleQuote = '\''
```

3. 通用字符

通用字符的单引号内以 "\u" 开头，后面加上定义在一对花括号 "{}" 中的 1～8 个十六进制数，即可表示对应的 Unicode 值所代表的字符。例如，"仓"字的十六进制 Unicode 编码为 4ed3，字符'仓'可以表示为通用字符'\u{4ed3}'；"颉" 字的十六进制 Unicode 编码为 9889，字符'颉'可以表示为通用字符'\u{9889}'。

```
let rune6: Rune = '\u{4ed3}'   // "仓" 的十六进制 Unicode 编码为 4ed3
let rune7: Rune = '\u{9889}'   // "颉" 的十六进制 Unicode 编码为 9889
```

通用字符的优点是可以表示所有 Unicode 字符，缺点是可读性差，因为各种字符的 Unicode 编码很难记忆。

3.2.2 使用字符串类型存储多个字符

字符串类型用于表示文本数据，可以包含多个有序的 Unicode 字符，用 String 表示。字符串类型字面量有 3 种形式：单行字符串字面量、多行字符串字面量和多行原始字符串字面量。

1. 单行字符串字面量

单行字符串字面量只能书写在一行，不允许跨越多行。单行字符串字面量以一对双引号定义，双引号内可以是任意数量的任意 Unicode 字符（除双引号和单独出现的 "\" 外）。字符串中可以使用转义字符。举例如下：

```
let str1: String = ""            // 空字符串，包含 0 个字符
let str2: String = "X"           // 只包含 1 个字符的 String
let str3: String = "你好仓颉"     // 包含多个字符的 String
let str4: String = "你好\t 仓颉"  // 包含转义字符的 String
let str5: String = "\"你好仓颉\"" // String 中的双引号必须使用转义字符
```

在读取单行字符串时，仓颉将自左边遇到的第 1 个双引号作为字符串开始的标志，双引号之后的字符就是字符串本身的内容，直到遇到第 2 个与之配对的双引号，表示字符串结束。因此，表示字符串界限的双引号总是成对出现的（定义 Rune 类型的单引号同理）。

如果使用 println 函数来输出字符串，那么表示界限的双引号本身是不会被输出的。

```
println("你好仓颉")   // 输出：你好仓颉
```

如果需要在字符串内部使用双引号，可以使用转义字符 "\""。例如，在上面示例的 str5 中，就使用了两个转义的双引号。如果使用 println(str5)将 str5 输出，那么结果为：

```
"你好仓颉"
```

需要注意的是，反斜线（\）不能单独出现在 Rune 或 String（除多行原始字符串外）中。

如果需要在 Rune 或 String 中使用字符"\"，可以使用转义字符"\\"来表示反斜线。

以下是两个错误的字符串字面量示例。

```
"\"
```

由于反斜线的作用是对其后面的字符进行转义，因此"\"中的反斜线会对其后的第 2 个双引号进行转义，从而使得该字面量只有定义左边界限的双引号，而没有与之配对的右双引号，导致编译错误。

```
"Hello\World"
```

"Hello\World"中的"\W"会被当作转义字符去理解（但是"\W"不是一个合法的转义字符），导致编译错误。

2. 多行字符串字面量

多行字符串字面量允许跨越多行，并且用 3 对双引号定义：以 3 个双引号开头，紧接着必须换行（否则编译报错），然后是字面量的内容（可以跨越多行），最后以 3 个双引号结尾。举例如下：

```
let str1: String = """
        """

let str2: String = """
        莫听穿林打叶声，
        何妨吟啸且徐行。
        竹杖芒鞋轻胜马，
        谁怕？
        一蓑烟雨任平生。"""
```

3. 多行原始字符串字面量

多行原始字符串字面量用若干对井号（#）和一对双引号（""）定义：以一个或多个井号加上 1 个双引号开始，接着是字符串内容，最后以 1 个双引号加上与开始时相同个数的井号结束。字符串内可以是任意数量的任意 Unicode 字符，并且可以跨越多行。举例如下：

```
let str1: String = #""""#
let str2: String = ##"\"##
let str3: String = ###"
    大江东去，
    浪淘尽，
    千古风流人物。
    "###
```

多行原始字符串字面量中的所有内容都会保持原样（转义字符不会被转义），常常用于表示文件路径、网络地址等场合。例如，对于 C 盘目录 tools 下的文件 WordProcessor.docx 的文件路径，如果使用单行字符串字面量来表示，那么只能写作：

```
"C:\\tools\\WordProcessor.docx"   // 使用转义字符"\\"表示反斜线
```

而不能写作：

```
"C:\tools\WordProcessor.docx"
```

因为其中的"\t"和"\W"会被理解为转义字符，所以就不能正确表示文件路径。

这只是一个层次较少的文件路径。如果文件路径的层次较多，那么使用转义字符会比较烦琐，影响可读性，此时可以使用多行原始字符串字面量来表示。如果使用多行原始字符串字面量来表示以上路径，那么可写作：

```
#"C:\tools\WordProcessor.docx"#
```

3.2.3 在输出字符串时使用换行符和制表符

在输出字符串时，可以使用换行符和制表符来组织输出的内容，使输出结果更容易阅读以及更美观。

如果要输出的字符串内容较长，可以考虑在合适的位置使用换行符（\n）来换行。举例如下：

```
main() {
    var info: String
    info = "杨柳青青江水平，闻郎江上唱歌声。东边日出西边雨，道是无晴却有晴。"
    println(info)
}
```

编译并执行以上代码，输出结果为：

```
杨柳青青江水平，闻郎江上唱歌声。东边日出西边雨，道是无晴却有晴。
```

在输出以上内容时，我们可以在其中加入换行符，使得结果更整齐美观。修改后的代码如下：

```
main() {
    var info: String
    info = "杨柳青青江水平，\n闻郎江上唱歌声。\n东边日出西边雨，\n道是无晴却有晴。"
    println(info)
}
```

编译并执行以上代码，输出结果为：

```
杨柳青青江水平，
闻郎江上唱歌声。
东边日出西边雨，
道是无晴却有晴。
```

使用制表符（\t）可以很好地对齐输出内容。例如，以下代码使用 print 函数输出了"唐宋八大家"的姓名：

```
main() {
    print("韩愈")
```

```
    print("柳宗元")
    print("欧阳修")
    print("苏洵")
    print("\n")    // print 函数输出之后不会换行，因此需要通过换行符换行
    print("苏轼")
    print("苏辙")
    print("王安石")
    print("曾巩")
}
```

编译并执行以上代码，输出结果为：

韩愈柳宗元欧阳修苏洵
苏轼苏辙王安石曾巩

函数 print 与 println 的主要区别是，print 在输出内容后不会换行，println 在输出内容后会自动换行。

以上代码在输出时，所有人名都连在一起了。此时，可以在适当的位置添加制表符来对人名进行对齐，修改后的代码如下：

```
main() {
    print("韩愈")
    print("\t 柳宗元")
    print("\t 欧阳修")
    print("\t 苏洵")
    print("\n")    // 换行
    print("苏轼")
    print("\t 苏辙")
    print("\t 王安石")
    print("\t 曾巩")
}
```

编译并执行以上代码，输出结果为：

韩愈   柳宗元   欧阳修   苏洵
苏轼   苏辙   王安石   曾巩

再如，我们可以对之前示例中的代码进行修改，使得输出的唐诗不是顶格书写的。修改后的代码如下：

```
main() {
    var info: String
    info = "\t 杨柳青青江水平，\n\t 闻郎江上唱歌声。\n\t 东边日出西边雨，\n\t 道是无晴却有晴。"
    println(info)
}
```

编译并执行以上代码，输出结果为：

        杨柳青青江水平，
        闻郎江上唱歌声。

東边日出西边雨，
道是无晴却有晴。

练习

尝试使用 print 函数并结合换行符、制表符，输出以下图形。

```
(\ (\
(-.-)
o(_")(")
```

3.2.4　拼接字符串

在仓颉中，可以使用操作符"+"对字符串进行拼接。举例如下：

```
println("东风夜放花千树。" + "更吹落，" + "星如雨。")
```

以上代码的输出结果为：

东风夜放花千树。更吹落，星如雨。

另外，也可以使用复合赋值操作符"+="来对字符串进行拼接。举例如下：

```
var str = "路漫漫其修远兮"
str += "\n 吾将上下而求索"   // 相当于 str = str + "\n 吾将上下而求索"
println(str)
```

以上代码的输出结果为：

路漫漫其修远兮
吾将上下而求索

在拼接字符串时必须要注意操作数的数据类型。只有当左操作数和右操作数均为 String 类型时，才可以使用"+"或"+="对其进行拼接，否则会导致编译错误。举例如下：

```
println('x' + "yz")   // 编译错误：左操作数为 Rune 类型，右操作数为 String 类型
println("xy" + 'z')   // 编译错误：左操作数为 String 类型，右操作数为 Rune 类型
println(10 + "a")     // 编译错误：不能拼接整数类型和 String 类型
```

如果需要将其他类型的数据与 String 类型进行拼接，可以先调用 toString 函数将其他非 String 类型转换为 String 类型，然后再通过"+"或"+="进行拼接，如代码清单 3-2 所示。

代码清单 3-2　string_splicing.cj

```
01  main() {
02      var side = 3
03      var info: String
04      info = "边长为" + side.toString() + "的正方形的面积为" + (side ** 2).toString()
05      println(info)
06  }
```

编译并执行上述代码，输出结果为：

边长为 3 的正方形的面积为 9

尽管使用以上方式可以实现其他类型的数据与字符串的拼接，但这种方式不仅容易出错，而且代码的可读性也很差。在实际操作时，推荐使用插值字符串。

3.2.5 使用插值字符串

插值字符串用于向字符串字面量插入不同类型的表达式。通过将表达式插入字符串中，可以有效避免字符串拼接时的类型转换问题。注意，插值字符串不能用于向**多行原始字符串字面量**插入表达式。

插入的表达式被称作插值表达式。插值表达式的语法格式表示如下：

${表达式}

插值字符串中的每个插值表达式的值都会被计算出来，最终得到的仍是一个字符串。下面使用插值字符串来实现代码清单 3-2 的功能。对代码稍作修改，如代码清单 3-3 所示。

代码清单 3-3 interpolation_splicing.cj

```
01  main() {
02      var side = 3
03      var info: String
04      info = "边长为${side}的正方形的面积为${side ** 2}"
05      println(info)
06  }
```

第 4 行代码使用了一个插值字符串，其中插入了两个插值表达式${side}和${side ** 2}。编译并执行以上代码，输出的结果和代码清单 3-2 的结果是相同的，但是避免了类型转换，并且代码更简洁、可读性更好。

插值表达式除了包含简单的表达式，也可以包含一个或多个声明或表达式，中间以分号作为分隔符。当对插值字符串求值时，每个插值表达式将会自左至右依次执行其中的声明或表达式，最后一项的值即为该插值表达式的值。举例如下：

```
main() {
    var info: String
    info = "笔记本总价: ${let price = 10; let quantity = 15; price * quantity}元"
    println(info)
}
```

以上示例中使用了一个插值表达式，其中包含了两个变量声明和一个算术表达式，该插值表达式的最终结果为最后一项算术表达式的值。

编译并执行以上程序，输出结果为：

笔记本总价: 150 元

3.3　其他数据类型

仓颉的基本数据类型有整数类型、浮点类型、布尔类型、字符类型、字符串类型、元组类型、区间类型、Unit 类型和 Nothing 类型 9 种。我们已经学习了整数类型、浮点类型、布尔类型、字符类型和字符串类型。本节我们来学习一下元组类型、Unit 类型和 Nothing 类型。

3.3.1　元组类型

元组类型用于将两个或两个以上的类型组合在一起，形成一个新的类型。元组类型使用以下两种形式来表示：

```
(T1, T2, …… , TN)
```

或

```
(typeParam1: T1, typeParam2: T2, …… , typeParamN: TN)
```

其中，T1 到 TN 可以是任意类型，typeParam1 到 typeParamN 是类型参数名，类型间使用“,”连接。对于一个元组类型，要么为每一个类型加上类型参数名，要么统一不加，不允许混合使用。类型参数名建议使用**小驼峰命名风格**来命名。元组必须至少是二元的。例如，(Int64, Int64)表示一个不带类型参数名的二元组类型，(id: Int64, name: String, age: UInt8)表示一个带类型参数名的三元组类型。

元组的长度是固定的。在定义元组后，它的长度不能再被更改。元组类型是不可变类型，即一旦创建了一个元组类型的实例，其内容不能再被修改。

元组类型的字面量使用以下形式来表示：

```
(e1, e2, …… , eN)
```

其中，e1 到 eN 都是表达式，各个表达式之间使用逗号作为分隔符。e1 到 eN 的类型必须与元组类型中的 T1 到 TN 一一对应。

以下的示例定义了一个(String, String, Int8)类型的三元组 weather，并且使用元组类型的字面量为 weather 定义了初始值。weather 即是一个(String, String, Int8)类型的实例。

```
var weather: (String, String, Int8) = ("周一", "晴", 19)
```

如果使用带类型参数名的形式来定义 weather，以上代码也可以写作：

```
var weather: (day: String, condition: String, temp: Int8) = ("周一", "晴", 19)
```

元组中第 1 个元素的索引是 0，第 2 个元素的索引是 1……第 N 个元素的索引是 $N-1$。如果元组 t 中某个元素的索引是 index，那么可以通过 t[index]的方式访问该元素。以下这行代码使用这种方式访问了 weather 的 3 个元素：

```
println("${weather[0]}\n\t 天气: ${weather[1]}\n\t 气温: ${weather[2]}° ")
```

输出结果为：

```
周一
        天气：晴
        气温：19°
```

在使用 t[index] 的方式访问元组元素时，要注意避免索引越界。如果使用了 $0 \sim N - 1$ 范围之外的索引，就会引发编译错误。举例如下：

```
var weather: (String, String, Int8) = ("周一", "晴", 19)  // 索引为 0~2
println(weather[3])  // 编译错误：元组的索引不能越界
```

如前文所述，元组类型是不可变类型，元组的内容在定义之后不能再被修改。例如，当使用以下代码尝试修改 weather[1] 时，将会引发编译错误。

```
weather[1] = "阴"  // 编译错误：不能对元组元素进行赋值
```

尽管元组的内容在定义之后不可以修改，但是如果声明的可变变量是元组类型，那么可以对该变量进行重新赋值。如果需要对元组类型的可变变量重新赋值，必须赋予该变量与原变量类型完全一致的表达式。举例如下：

```
main() {
    var weather: (String, String, Int8) = ("周一", "晴", 19)
    println("${weather[0]}\n\t 天气：${weather[1]}\n\t 气温：${weather[2]}°")

    // 对元组类型的可变变量重新赋值
    weather = ("周二", "阴", 17)
    println("\n${weather[0]}\n\t 天气：${weather[1]}\n\t 气温：${weather[2]}°")
}
```

编译并执行以上代码，输出结果为：

```
周一
        天气：晴
        气温：19°

周二
        天气：阴
        气温：17°
```

3.3.2　Unit 和 Nothing 类型

仓颉中某些表达式的类型是 Unit 或 Nothing 类型。

如前文所述，每个表达式都有一个值以及对应的类型。例如，对于以下表达式：

```
2 * 3
```

其值为 6，其类型为 Int64。

对于某些表达式，我们不关心其本身的值和类型，只关心它的副作用。例如，对于以下表达式：

```
println(3)
```

以上表达式的副作用是将字面量 3 输出到终端，而 println(3) 这个表达式本身的类型是 Unit。再如：

```
x = 10
```

以上赋值表达式的副作用是将 10 赋给变量 x，而赋值表达式本身的类型也是 Unit。

对于 Unit 类型的表达式，例如 println 函数、print 函数、赋值表达式、复合赋值表达式、自增和自减表达式等，我们只关心它的副作用而不关心它本身的值。

Unit 类型的值和字面量都只有一个()，其形式是一对空的圆括号。

下面来看一个 Unit 类型的示例，如代码清单 3-4 所示。

代码清单 3-4　unit_type.cj

```
01  main() {
02      var i = 0
03      i++   // 自增表达式，使 i 的值加 1
04      println(i)
05
06      var j = i++   // 将自增表达式赋给变量 j，j 的类型为 Unit，值为 ()
07      println(i)
08      println(j)
09  }
```

编译并执行以上代码，输出结果为：

```
1
2
()
```

在代码清单 3-4 中，第 2 行代码定义了一个 Int64 类型的可变变量 i，初始值为 0。第 3 行代码通过一个自增表达式，使 i 的值加 1，变为 1。接着第 4 行代码使用 println 输出了 i 的当前值 1。

第 6 行代码将自增表达式 i++ 赋给变量 j 作为初始值。程序将 i 的值加 1，并将自增表达式的值赋给 j。而自增表达式的类型为 Unit，值为()，因此变量 j 的类型为 Unit，值为()。最后，第 7、8 行代码输出 i 和 j 的值，分别为 2 和()。

Nothing 类型是一种特殊的类型，它是所有类型的子类型，而且 Nothing 类型不包含任何值。仓颉中某些表达式的类型是 Nothing 类型，后面的章节会接触到这样的表达式。

本章需要达成的学习目标

☐　了解各种整数类型的表示范围。

☐　了解各种浮点类型的区别。

☐　掌握浮点类型字面量的正确形式。

☐　学会使用整数类型和浮点类型字面量的后缀。

- ☐ 掌握整数类型可变变量的自增和自减运算。
- ☐ 掌握数值类型的算术运算规则。
- ☐ 掌握各种数值类型之间转换的方式。
- ☐ 了解字符类型。
- ☐ 了解字符串类型，包括字符串类型字面量的形式、字符串的拼接方式以及插值字符串的用法。
- ☐ 学会在输出字符串时使用换行符和制表符。
- ☐ 了解元组类型、Unit 类型和 Nothing 类型。
- ☐ 掌握各种基本的表达式（例如各种算术表达式、赋值表达式、自增和自减表达式等）的类型。

第4章

流程控制之 if 表达式

流程控制提供了如何控制程序执行的方法。如果没有各种流程控制表达式，那么程序就只能按照线性的方式来执行。仓颉提供了 if 表达式，程序可以根据条件的取值选择性地执行代码。

通过本章的学习，你将掌握关系运算和逻辑运算，学会通过关系操作符和逻辑操作符构造各种条件测试表达式。你还将掌握 if 表达式，通过 if 表达式可以检查程序的当前状态，确定要执行哪部分代码。

4.1 条件测试

条件实际上就是一个值为 true 或 false（布尔类型）的表达式。在 if 表达式中，通过测试条件的值为 true 还是 false，从而决定是否执行相应的代码。

4.1.1 比较数值类型数据的大小

在程序中，许多条件都是对数值类型数据进行大小比较。仓颉提供了以下关系操作符来对数值类型数据进行大小比较：<（小于）、<=（小于等于）、>（大于）、>=（大于等于）。这 4 个关系操作符都是二元的。

由操作数和关系操作符构成的表达式称为关系表达式。对于以下关系表达式：

操作数 A　关系操作符　操作数 B

操作数 A 和操作数 B 必须是相同的类型，其运算结果是布尔类型。如果操作数 A 和操作数 B 的实际关系与给出的关系操作符一致，那么该表达式的结果为 true，否则为 false。举例如下：

```
9 > 8    // 结果为 true
9 < 8    // 结果为 false
6 <= 6   // 结果为 true
```

操作符 "<" "<=" ">" ">=" 的优先级是相同的。

4.1.2 测试是否相等

判等也是一种常见的条件。仓颉使用以下关系操作符来判断操作数是否相等：==（相等）、!=

（不等）。与 4.1.1 节介绍的 4 个关系操作符一样，这 2 个关系操作符也是二元的，并且要求操作数类型一致。举例如下：

```
3 != 5  // 结果为 true
3 == 5  // 结果为 false
```

操作符 "==" "!=" 的优先级是相同的。

提示　仓颉关系操作符有 6 个：">" "<=" ">" ">=" "==" 和 "!="，其中，"<" "<=" ">" ">=" 的优先级高于 "==" "!="。

在判断操作数是否相等时，需要注意以下两点。

1. 在检查字符串是否相等时，需要注意大小写

在对字符串进行比较时，字符串内部是区分大小写的。只有两个完全相同（字符顺序和大小写都完全相同）的字符串才是相等的。举例如下：

```
main() {
    var name = "Albert"
    println(name == "albert")  // 输出: false
    println(name == "Albert")  // 输出: true
}
```

2. 避免浮点运算的结果直接参与判等运算

由于浮点类型的精度问题，浮点类型的运算可能会产生一定的误差。因此应该避免浮点运算的结果直接参与判等运算。举例如下：

```
(0.4 - 0.1) == 0.3  // 结果为 false
```

正确的做法是**以两者之差的绝对值是否足够小来判断两个操作数是否相等**，如代码清单 4-1 所示。

代码清单 4-1　equality_float_type.cj

```
01  from std import math.abs  // 导入标准库 math 包中的绝对值函数 abs
02
03  main() {
04      println(abs((0.4 - 0.1) - 0.3) <= 1e-6)  // 输出: true
05  }
```

第 1 行代码导入了标准库 math 包中的 abs 函数，用于求绝对值。第 4 行代码通过比较 0.4 − 0.1 和 0.3 之差的绝对值是否小于等于 1e-6（10^{-6}）来判断二者是否相等。

4.1.3　检查复杂的条件

有时我们需要同时检查多个条件。例如，检查多个条件是否均为 true，或其中至少一个为 true，此时可以使用逻辑操作符来构造复杂的条件表达式。

逻辑操作符用于对**布尔类型**进行逻辑运算，包括 1 个一元前缀操作符逻辑非（!）和 2 个二

元操作符逻辑与（&&）、逻辑或（||）。这 3 个逻辑操作符的优先级从高到低依次为：逻辑非（!）>
逻辑与（&&）> 逻辑或（||）。

由布尔类型操作数和逻辑操作符构成的表达式被称为逻辑表达式或布尔表达式。逻辑表达
式的运算结果与关系表达式一样也是布尔类型。

逻辑操作符的运算规则如表 4-1 和表 4-2 所示。

表 4-1 逻辑非的运算规则

A	!A
true	false
false	true

表 4-2 逻辑与和逻辑或的运算规则

A	B	A && B	A || B
true	true	true	true
true	false	false	true
false	true	false	true
false	false	false	false

假设有 3 个变量：Int64 类型的变量 age 用于表示年龄，Float64 类型的变量 height 用于表
示身高，Bool 类型的变量 isHealthy 用于表示身体是否健康（isHealthy 为 true 时表示身体健康）。
那么，以下条件对应的逻辑表达式是怎样的呢？

■ 身高在 1.2 米～1.5 米（含）之间

```
height > 1.2 && height <= 1.5
```

以上逻辑表达式只有当 height 的值大于 1.2 并且小于等于 1.5 时，其值才为 true，否则为 false。
**当需要同时检查多个条件，并且需要满足多个条件时，可以使用逻辑与（&&）来构造条
件表达式。**

提示　关系操作符的优先级高于逻辑操作符，因此以上逻辑表达式会先进行关系运算，再
　　　进行逻辑运算。

■ 年龄小于 18 周岁且身高低于 1.2 米（含）

```
age < 18 && height <= 1.2
```

与上一个表达式一样，以上表达式只有当年龄小于 18 并且身高小于等于 1.2 时，其值才为
true，否则为 false。这个条件可以筛选出身高低于 1.2 米的未成年人（年龄小于 18 周岁为未成
年人）。

■ 年龄小于 18 周岁或身高低于 1.2 米（含）

```
age < 18 || height <= 1.2
```

以上表达式对于年龄小于 18 和身高小于等于 1.2 这两个条件，只要至少满足了其中一个条件，其值就为 true，否则为 false。这个条件筛选出的人群由以下 3 部分组成：

（1）身高低于 1.2 米的未成年人；

（2）身高高于 1.2 米的未成年人；

（3）身高低于 1.2 米的成年人。

当需要测试多个条件，并且只要至少满足其中一个条件则整个条件就成立时，可以使用逻辑或（||）来构造条件表达式。

■ 不能参加漂流的人满足的条件（年龄在 18 周岁（含）～55 周岁（含）之间且身体健康的人才能参加漂流）

```
!(age >= 18 && age <= 55 && isHealthy)
```

有时需要判断的条件可能比较复杂。例如对于以上条件，不能参加漂流的人包括以下 3 种：

（1）年龄小于 18 周岁的人；

（2）年龄大于 55 周岁的人；

（3）年龄在 18 周岁（含）到 55 周岁（含）之间但身体不健康的人。

在以上条件中，只要满足其中任意一个，就不能参加漂流。

我们可以将以上条件都写成逻辑表达式，之后再将所有的表达式使用逻辑或连接起来，得到如下表达式：

```
age < 18 || age > 55 || age >= 18 && age <=55 && !isHealthy
```

这是一个可读性很差的表达式。当然，我们可以在合适的位置加上一些圆括号：

```
age < 18 || age > 55 || (age >= 18 && age <=55 && (!isHealthy))
```

即便是这样，要理解这个逻辑表达式也是有些费力的。

一个比较聪明的做法是，**当测试的条件组成比较复杂时，可以找到该条件的对立条件，然后使用逻辑非（!）来构造条件表达式**，就像如上的示例表达式一样。

练习

假设有 3 个 Int64 类型的变量 math、physics 和 chemistry，分别表示数学、物理和化学的分数。分数大于等于 60 表示及格，小于 60 表示不及格。写出以下条件对应的表达式：

■ 数学及格，物理不及格；

■ 数学和物理中至少有一门及格；

■ 数学和物理中只有一门及格；

■ 数学及格，物理和化学中至少有一门及格；

■ 数学、物理和化学中至少有一门及格。

4.2 if 表达式

仓颉的 if 表达式根据条件的取值来决定是否执行相关的代码。if 表达式有 3 种形式：单分支的 if 表达式、双分支的 if 表达式和嵌套的 if 表达式。

4.2.1 单分支的 if 表达式

单分支的 if 表达式只包含一个分支，其语法格式如下：

```
if (条件) {
    代码块
}
```

其中的条件**必须**是一个布尔类型的表达式。由一对匹配的花括号、可选的声明和表达式的序列组成的结构被称为块（block）。代码块中的所有代码作为一个整体，需要有一个级别的缩进。

在执行单分支 if 表达式时，首先测试条件的值，如果条件的值为 true，那么就执行花括号中的代码块；如果条件的值为 false，那么就不执行花括号中的代码块。举例如下：

```
// isScorePassed 表示信用评分是否合格，true 表示合格，false 表示不合格
if (isScorePassed) {
    println("合格")
}

println("执行完毕")
```

以上是一个代码片段，在执行 if 表达式时，先测试 isScorePassed 的值，如果为 true，就输出"合格"，if 表达式执行完毕。接着执行 if 表达式之后的代码，输出"执行完毕"，此时会有两行输出。

如果执行 if 表达式时 isScorePassed 的值为 false，就不执行 if 表达式中的代码，if 表达式执行完毕。接着执行 if 表达式之后的代码，输出"执行完毕"，此时只有一行输出。

从示例中可以看出，单分支 if 表达式中的代码块是否会被执行，完全取决于条件的取值。

单分支的 if 表达式的类型为 Unit，值为()。

4.2.2 双分支的 if 表达式

双分支的 if 表达式包含两个分支，其语法格式如下：

```
if (条件) {
    代码块 1
} else {
    代码块 2
}
```

其中的条件**必须**是一个布尔类型的表达式。

在执行双分支 if 表达式时，首先要测试条件的值，如果条件的值为 true，就执行代码块 1；如果条件的值为 false，就执行代码块 2。举例如下：

```
// isScorePassed 表示信用评分是否合格，true 表示合格，false 表示不合格
if (isScorePassed) {
    println("合格")
} else {
    println("不合格")
}

println("执行完毕")
```

在执行以上示例中的双分支 if 表达式时，先测试 isScorePassed 的值，如果为 true，就执行 if 分支中的代码，输出"合格"，if 表达式执行完毕。接着执行 if 表达式之后的代码，输出"执行完毕"。

如果 if 表达式执行时 isScorePassed 的值为 false，就执行 else 分支中的代码，输出"不合格"，if 表达式执行完毕。接着执行 if 表达式之后的代码，输出"执行完毕"。

从示例中可以看出，双分支 if 表达式的两个分支中**必然有且只有一个**被执行，具体执行哪个分支则取决于条件的值。

1. 需要推断双分支 if 表达式的类型的情况

当双分支 if 表达式的值没有被使用时，if 表达式的类型为 Unit，此时不要求 if 分支类型和 else 分支类型有最小公共父类型。当双分支 if 表达式的值被使用时，if 表达式的类型是 if 分支类型和 else 分支类型的最小公共父类型。

提示 本章中出现的父类型和子类型的概念将在第 7 章中进行介绍。

举例如下：

```
main() {
    // 因为信用评分总是大于等于 0 的，所以将 creditScore 声明为无符号整数类型
    var creditScore: UInt16 = 800
    var interestRate: Float64

    // 如果信用评分在 600 分以上，贷款利率为 6%，否则为 8%
    if (creditScore >= 600) {
        interestRate = 0.06
    } else {
        interestRate = 0.08
    }

    println(interestRate)
}
```

在以上示例中，if 表达式的作用是根据 creditScore 的值来对 interestRate 赋予不同的值。if

表达式本身的值并没有被使用，这种 if 表达式的类型为 Unit，值为()。

再看一个例子：

```
main() {
    var creditScore: UInt16 = 800

    var interestRate = if (creditScore >= 600) {
        0.08
    } else {
        0.1
    }

    println(interestRate)
}
```

在以上示例中，将整个 if 表达式作为初始值赋给了变量 interestRate。此时就需要根据实际情况来推断双分支 if 表达式的类型。在推断双分支 if 表达式的类型时，首先需要了解如何确定各个分支的类型。

2. 双分支 if 表达式各分支的类型

双分支 if 表达式的分支类型是按以下方式确定的。

- 若分支的代码块的最后一项为表达式，则分支的类型是此表达式的类型。
- 若分支的代码块的最后一项为变量或函数定义，或分支为空，则分支的类型为 Unit。

举例如下：

```
var n = 10
let x = if (n > 5) {
    // if 分支的最后一项为表达式 n，此分支的类型为 Int64
    n++
    n
} else {
    // else 分支的最后一项为表达式 n * 3，此分支的类型为 Int64
    n--
    n * 3
}
```

在以上示例中，if 分支的代码块中包含两行代码，最后一项为表达式 n，因此 if 分支的类型即为表达式 n 的类型 Int64。else 分支的代码块中也包含两行代码，最后一项为表达式 n * 3，因此 else 分支的类型即为表达式 n * 3 的类型，也就是 Int64。

再看一个例子：

```
var n = 10
let x = if (n > 5) {
    // if 分支的类型为 Unit
    n++
} else {
```

```
    // else 分支的类型也为 Unit
    let i = -1
}
```

在以上示例中，if 分支的代码块中只有一个自增表达式 n++，因此 if 分支的类型即为这个自增表达式的类型 Unit。else 分支的代码块中只有一个变量声明，因此 else 分支的类型也为 Unit。

3. 推断双分支 if 表达式的类型和值

当双分支 if 表达式的值被使用时，双分支 if 表达式的类型是 if 分支类型和 else 分支类型的最小公共父类型。

举例如下：

```
main() {
    var creditScore: UInt16 = 800

    var interestRate = if (creditScore >= 600) {
        0.06
    } else {
        0.08
    }

    println(interestRate)
}
```

在以上示例中，if 分支的类型为 Float64，else 分支的类型也为 Float64。由于 Float64 和 Float64 的最小公共父类型为 Float64，因此该 if 表达式的类型为 Float64。由此可以推断，变量 interestRate 的类型也为 Float64。

需要注意的是，在构造双分支 if 表达式时，如果上下文对 if 表达式的类型有明确要求，那么两个分支的类型必须是上下文所要求类型的子类型（**任何类型都可看作其自身的子类型**）。举例如下：

```
main() {
    var x = 80

    var y: Int64 = if (x >= 60) {
        x ** 2
    } else {
        x * 10
    }

    println(y)
}
```

在以上示例中，变量 y 是 Int64 类型的，因此要求 if 和 else 分支的类型必须是 Int64 类型的子类型，否则会导致错误。if 分支的类型为 Int64，else 分支的类型也为 Int64，而任何类型都可以看作其自身的子类型，因此满足要求。

当双分支 if 表达式的值被使用时，其值是在运行时确定的。根据运行时的情况（变量、条件的取值等），哪条分支被执行，那么 if 表达式的值即为哪条分支的值。各分支的取值有如下两种可能。

- 若分支的最后一项为表达式，则分支的值即为此表达式的值。
- 若分支的最后一项为变量或函数定义，或分支为空，则分支的值为()。

例如，对于以下 if 表达式：

```
var interestRate = if (creditScore >= 600) {
    0.06
} else {
    0.08
}
```

如果在执行该 if 表达式时，creditScore 的值大于等于 600，那么该 if 表达式的值为 0.06，否则为 0.08。

4.2.3 嵌套的 if 表达式

以上示例中的条件都是比较简单的，如果希望匹配更多的条件，可以使用嵌套的 if 表达式。嵌套的 if 表达式可以看作是多分支的 if 表达式，其语法格式如下：

```
if (条件 1) {
    代码块 1
} else if (条件 2) {
    代码块 2
} ......
    ......
} else if (条件 n) {
    代码块 n
}[ else {
    代码块 n + 1
}]
```

其中所有条件必须是布尔类型的表达式。

以上嵌套的 if 表达式对应的执行流程如下：

- 若条件 1 的值为 true，则执行代码块 1，整个 if 表达式结束；若条件 1 的值为 false，则测试条件 2 的值；
- 若条件 2 的值为 true，则执行代码块 2，整个 if 表达式结束；否则测试下一个条件的值，以此类推；
- 中间可以增加任意多个条件，直到最后一个条件；
- 若条件 n 的值为 true，则执行代码块 n，整个 if 表达式结束；
- 若条件 n 的值为 false，且最后有 else 分支，则执行 else 分支中的代码块 n + 1，整个 if 表达式结束；若条件 n 的值为 false，且最后没有 else 分支，则 if 表达式直接结束，不执行任何代码。

我们来看这样一个例子，假设 UInt16 类型的变量 creditScore 表示信用评分，Float64 类型的变量 interestRate 表示信用评分对应的贷款利率。

```
if (creditScore < 600) {
    interestRate = 0.08
} else if (creditScore < 800) {
    interestRate = 0.06
} else {
    interestRate = 0.05
}
```

以上 if 表达式有 3 个分支。

在执行时，首先测试第 1 个条件 creditScore < 600，如果此时 creditScore 的值小于 600，那么将 interestRate 赋值为 0.08，if 表达式执行完毕，不再测试之后的两个条件。

如果此时 creditScore 的值大于等于 600，那么测试第 2 个条件 creditScore < 800，如果该条件为 true，那么将 interestRate 赋值为 0.06，if 表达式执行完毕，不再测试之后的条件。

如果此时 creditScore 的值大于等于 800，那么执行 else 分支，将 interestRate 赋值为 0.05，if 表达式执行完毕。

以上 if 表达式的实质结构可表示为：

```
if (creditScore < 600) {
    interestRate = 0.08
} else {
    if (creditScore < 800) {
        interestRate = 0.06
    } else {
        interestRate = 0.05
    }
}
```

在 if 表达式中嵌入了 if 表达式，形成了"嵌套"结构。

通过这个例子，可以看出，这种嵌套的 if 表达式有以下 4 个特点。

1. 每一条分支都有可能执行到

根据条件的取值不同，每一条分支都有被执行的可能性。

在如上示例中，根据执行时 creditScore 的取值不同，3 条分支都是有可能被执行的。

2. 有可能不执行任何一条分支

如果最后没有 else 分支，并且所有条件测试的值均为 false，那么将不会执行任何一条分支。

由于示例中有 else 分支，因此不管前面的条件测试结果如何，肯定会有一条分支被执行。如果前面所有条件测试的结果均为 false，就一定会执行 else 分支。如果将以上示例中的 if 表达式修改为：

```
if (creditScore < 600) {
    interestRate = 0.08
```

```
} else if (creditScore < 800) {
    interestRate = 0.06
} else if (creditScore <= 1000) {
    interestRate = 0.05
}
```

那么当 creditScore 的值大于 1000 时，该 if 表达式的任何一条分支将不会被执行。

3. 最多只能执行一条分支

只要有一个条件测试的值为 true，那么立刻执行该条件后的代码块并结束 if 表达式，不再对后面的条件进行测试。因此，不管这个 if 表达式包含多少个分支，最多只能执行其中一条分支。

在以上的示例中，不管 creditScore 取值如何，3 条分支中最多只有一条会被执行。

4. 条件测试存在严格的先后顺序

只有当前面的条件值为 false 时，后面的条件才会被测试。

因为 if 表达式的条件测试有严格的先后顺序，所以在书写条件时，可以按照一定的顺序将条件写得简练一些。

例如，在上面的示例中，在信用评分一定在合理范围之内的前提下（假设 creditScore 的取值范围是 0～1000，大于 1000 则属于错误数据），条件 1 为 creditScore < 600，条件 2 为 creditScore < 800，不必将条件 2 写为 creditScore >= 600 && creditScore < 800。这是因为条件 2 的测试前提是条件 1 的值为 false，即条件 2 被测试存在一个隐含条件，即 creditScore 一定是大于等于 600 的。

对于包含很多条件且条件的取值范围是逐渐扩大或缩小的情况，按照条件变化的顺序来书写代码，可以使代码更简洁。

我们还可以扩充一下示例，多增加一些等级。对应的代码如下：

```
if (creditScore < 600) {
    interestRate = 0.08
} else if (creditScore < 800) {
    interestRate = 0.06
} else if (creditScore < 900) {
    interestRate = 0.05
} else {
    interestRate = 0.04
}
```

在进行程序设计时，为了保证代码的健壮性，最好能够考虑程序接收错误数据的情况。例如，在上面的例子中，假设 creditScore 的值小于等于 1000，这是一种理想的情况。在实际操作中，无法排除由于人为失误而输入了错误数据的情况，这时程序最好能够处理这种状况。在这种情况下，可以给上面的 if 表达式添加一个条件，用于判断错误数据。

如果输入的 creditScore 大于 1000，就输出一条信息通知用户，但是我们又不希望这条分支与对 interestRate 的操作混淆。相应的解决方案是在现有的 if 表达式外面再"套"一个 if 表达式，形成又一层嵌套结构。

```
if (creditScore <= 1000) {   // 在 creditScore 小于等于 1000 时，才对 interestRate 进行操作
    if (creditScore < 600) {
        interestRate = 0.08
    } else if (creditScore < 800) {
        interestRate = 0.06
    } else if (creditScore < 900) {
        interestRate = 0.05
    } else {
        interestRate = 0.04
    }

    println(interestRate)
} else {
    println("数据错误！")
}
```

练习

有一个游乐园是根据年龄收费的，对应的收费标准如下：
- 1～4 岁，入园时每人收费 60 元；
- 5～18 岁，入园时每人收费 100 元；
- 19～59 岁，入园时每人收费 120 元；
- 60 岁及以上，免费；
- 80 岁及以上，禁止单独入园，必须由 19～60 岁的家人陪同入园。

写出该收费标准对应的 if 表达式，并且能够处理错误数据输入的问题。

本章需要达成的学习目标

- ☐ 掌握数值类型的关系运算。
- ☐ 掌握各种逻辑操作符的用法。
- ☐ 学会构造各种复杂的条件表达式。
- ☐ 掌握 if 表达式的用法。

第 5 章 ┃ 流程控制之循环表达式

仓颉提供了几种循环表达式，用于在一定条件下重复多次地执行某些代码。对于需要满足一定条件才会重复执行的操作，可以使用 do-while 表达式或 while 表达式。for-in 表达式主要用于遍历序列，因此，也可以使用 for-in 表达式来实现重复次数一定的循环。

通过本章的学习，你将掌握 3 种循环表达式：do-while 表达式、while 表达式和 for-in 表达式，并学会在循环表达式中使用 break 表达式和 continue 表达式。你还将了解区间类型的用法。

5.1 do-while 表达式

do-while 表达式的语法格式如下：

```
do {
    循环体
} while (循环条件)
```

其中，循环条件必须是一个布尔类型的表达式。在各种循环表达式中的循环体，就是需要重复执行的代码块。

do-while 表达式的执行流程为：首先执行一遍循环体，执行完循环体之后判断循环条件的值，如果循环条件的值为 true，就执行循环体。执行完循环体之后再次判断循环条件的值，只要循环条件的值为 true，就执行循环体。如此重复，直到循环条件的值为 false 时循环结束，然后继续执行 do-while 表达式后面的代码。

do-while 表达式中的循环体可能被执行 1 次或多次。do-while 表达式的类型为 Unit。

5.1.1 使用 do-while 表达式输出 1 到 10 之间的数

代码清单 5-1 使用 do-while 表达式输出了 1 到 10 之间的数。

代码清单 5-1　print_numbers.cj

```
01    main() {
02        var number = 0
03
04        do {
```

```
05          number++
06          print("${number}\t")
07      } while (number < 10)
08  }
```

编译并执行以上代码，输出结果为：

1	2	3	4	5	6	7	8	9	10

程序中的 do-while 表达式执行时，首先执行一次循环体，将 number 的值加 1，并将当前的 number 值输出。然后测试循环条件，若 number 的值小于 10，则再执行一次循环体，并测试循环条件，重复执行直到 number 的值变为 10，循环条件变为 false，结束循环。

在程序中，使用了一个计数器 number。所谓计数器，是指用于计数的变量。程序通过 number 来计数，number 的值由 1 依次累加到 10。在此过程中，使用 print 函数将 number 的值依次输出。

练习

使用 do-while 表达式输出 1 到 20 之间的偶数。

5.1.2　使用 do-while 表达式计算阶乘

通过前面的示例，我们已经了解了 do-while 表达式的基本用法。接下来，让我们尝试使用 do-while 表达式来计算一下 1～10 的阶乘，如代码清单 5-2 所示。

代码清单 5-2　calc_factorial.cj

```
01  main() {
02      var number = 0
03      var factorial = 1
04
05      do {
06          number++
07          factorial *= number
08          println("${number}! : ${factorial}")
09      } while (number < 10)
10  }
```

编译并执行以上代码，输出结果为：

```
1! : 1
2! : 2
3! : 6
4! : 24
5! : 120
6! : 720
7! : 5040
```

```
8! : 40320
9! : 362880
10! : 3628800
```

在以上示例程序中，使用 number 作为计数器，number 的值由 1 累加到 10（第 6 行代码），同时将 number 的值乘到表示阶乘结果的 factorial 上去（第 7 行代码）。需要注意的是，表示累乘的积的变量 factorial 的初始值是 1（第 3 行代码）。

练习

使用 do-while 表达式计算 1～10 中所有数累加的和。注意，表示和的变量的初始值需要设置为 0。

5.1.3   使用 break 表达式结束循环

break 表达式在**循环表达式的循环体**内使用，其作用是立即终止当前循环。当 break 表达式被执行之后，循环体中剩下的代码将不会被执行，循环会被立即终止，并继续执行循环表达式之后的代码。break 表达式的类型是 Nothing，通常与 if 表达式结合使用。

以下示例通过 do-while 表达式找出了大于等于 10 的自然数中同时满足以下两个条件（该数除以 3 余 2，除以 5 余 3）的最小的数。具体实现如代码清单 5-3 所示。

代码清单 5-3   find_number.cj

```
01   main() {
02       var counter = 10
03
04       do {
05           if (counter % 3 == 2 && counter % 5 == 3) {
06               break   // 如果找到了满足条件的数，就立即结束循环
07           } else {
08               counter++
09           }
10       } while (true)
11
12       println("满足要求的数为：${counter}")
13   }
```

编译并执行程序，输出结果为：

满足要求的数为：23

在示例程序中，首先定义了一个计数器 counter（第 2 行代码），其初始值为 10，表示从 10 开始向上查找满足条件的数。接着，使用一个 do-while 表达式来查找所需的数。如果 counter 的当前值满足条件，就结束循环（第 5、6 行代码），并通过 println 输出 counter 的值（第 12 行

代码）；如果 counter 的当前值不满足条件，就将 counter 的值加 1（第 7～9 行代码）。如此循环，直至 counter 的值满足条件为止。

在以上示例的 do-while 表达式中，循环条件为布尔类型字面量 true（第 10 行代码）。这是一个无限循环，循环条件永远都是满足的。在循环体中，当找到了满足条件的数时（第 5 行代码），通过 break 表达式来结束循环（第 6 行代码）。

在构造循环表达式时，需要特别注意避免死循环。死循环指的是循环条件总是成立而使得循环不断执行无法退出的循环。举例如下：

```
main() {
    var x = 0

    // 这是一个死循环
    do {
        println(x)
    } while (x < 5)
}
```

在以上代码中，x 的值永远小于 5，因此循环条件永远为 true，循环无法正常退出，构成死循环。在构造循环表达式时，**必须要确保循环一定可以安全退出**，要么通过循环条件约束，要么通过 break 表达式结束循环。

> 提示　无限循环和死循环都表示循环会一直执行下去，但"无限循环"一般是被故意设计的，而"死循环"通常是因为错误造成的。例如，游戏程序可能会有一个主循环（无限循环），该循环会一直运行，等待并响应用户的操作。

练习

将代码清单 5-2 中的 do-while 表达式改为使用 break 表达式退出。

5.1.4　在循环中使用 continue 表达式

continue 表达式在循环表达式的循环体内使用，其作用是立即终止本轮循环，开始进行下一轮循环。continue 表达式的类型是 Nothing，通常与 if 表达式结合使用。

以下示例的作用是输出 1 到 20 之间的偶数，如代码清单 5-4 所示。

代码清单 5-4　print_even_numbers.cj

```
01    main() {
02        var number = 0
03
04        do {
05            number++
```

```
06            if (number % 2 != 0) {
07                continue  // 如果 number 为奇数，则结束本轮循环，开始下一轮循环
08            }
09            print("${number}\t")
10        } while (number < 20)
11    }
```

编译并执行程序，输出结果为：

```
2      4      6      8      10      12      14      16      18      20
```

在 do-while 表达式的循环体中，首先将 number 加 1（第 5 行代码），接着判断 number 是否为奇数（第 6 行代码）。如果 number 为奇数，就结束本轮循环（第 7 行代码），此时，循环体中剩余的代码（第 9 行代码）将不会被执行，直接开始下一轮的循环。如果 number 为偶数，那么不会执行 continue 表达式，此时 number 会通过 print 输出。

提示	在程序中，判断某数是不是另一个数的倍数主要是通过取模运算。如果一个数是另一个数的倍数，那么该数对于另一个数取模的结果为 0。 对于一个整数 x，如果 x 是偶数，那么 x % 2 的结果为 0，否则 x 是奇数。同理，如果 x 是 9 的倍数，那么 x % 9 的结果为 0，以此类推。

练习

使用 do-while 表达式输出 1 到 50 之内的所有 9 的倍数（包含 9）。要求在 do-while 表达式中使用 continue 表达式。

5.2 while 表达式

while 表达式的语法格式如下：

```
while (循环条件) {
    循环体
}
```

其中，循环条件必须是一个布尔类型的表达式。

while 表达式的执行流程为：首先判断循环条件的值是否为 true，如果循环条件的值为 true，就执行循环体，并在执行完循环体之后再次判断循环条件的值。只要循环条件的值为 true，就执行循环体，重复执行，直到循环条件的值为 false 时循环结束，然后继续执行 while 表达式后面的代码。

while 表达式中的循环体可能不被执行或者被执行多次。while 表达式的类型为 Unit。

while 表达式与 do-while 表达式的主要区别是：while 表达式是先测试循环条件的，而 do-while 表达式是后测试条件的。因此，如果 while 表达式的循环条件为 false，那么循环体就不会被执行；

而 do-while 表达式要先执行循环体一次再测试循环条件，因此循环体至少会被执行一次。

5.2.1　使用 while 表达式计算阶乘

修改代码清单 5-2 中的代码，将其中的 do-while 表达式改为 while 表达式，以计算阶乘，如代码清单 5-5 所示。

代码清单 5-5　calc_factorial.cj

```
01    main() {
02        var number = 0
03        var factorial = 1
04
05        while (number < 10) {
06            number++
07            factorial *= number
08            println("${number}! : ${factorial}")
09        }
10    }
```

编译并执行以上代码，输出结果为：

```
1! : 1
2! : 2
3! : 6
4! : 24
5! : 120
6! : 720
7! : 5040
8! : 40320
9! : 362880
10! : 3628800
```

练习

使用 while 表达式计算 1～10 中所有数累加的和。

5.2.2　在循环中使用标志

有时循环条件可能不是很明确，或者循环条件本身比较复杂，此时可以在循环中使用一个布尔类型的变量作为循环标志。

例如，对于之前的一个例子：某数除以 3 余 2，除以 5 余 3，找出大于等于 10 的自然数中同时满足以上两个条件的最小的数。我们可以将代码清单 5-3 中的代码修改一下，改为使用 while 表达式查找满足条件的数，并在 while 表达式中使用标志。修改后的代码如代码清单 5-6 所示。

代码清单 5-6　find_number.cj

```
01    main() {
02        var counter = 10
03        var flag = false   // 表示是否找到了满足条件的数的标志，true 表示找到了满足条件的数
04
05        while (!flag) {   // 根据标志的值判断是否继续循环
06            if (counter % 3 == 2 && counter % 5 == 3) {
07                flag = true   // 如果找到满足要求的数，就将标志置为 true
08            } else {
09                counter++
10            }
11        }
12
13        println("满足要求的数为：${counter}")
14    }
```

编译并执行程序，输出结果为：

满足要求的数为：23

在程序中，定义了一个布尔类型的变量 flag，表示是否找到了满足条件的数的标志，初始值为 false（第 3 行代码）。在 while 表达式中，循环条件为!flag，当 flag 为 false 时，!flag 为 true，表示当没有找到满足条件的数时，就继续循环（第 5 行代码）。在循环体中，一旦找到了满足条件的数（第 6 行代码），就将 flag 置为 true（第 7 行代码），否则将 counter 的值加 1（第 8～10 行代码）。这样，当 flag 的值为 true 时，就表明找到了目标数字，在下一次判断循环条件时，循环终止。最后，输出目标数字（第 13 行代码），该目标数字就是 flag 被赋为 true 时 counter 的值。

提示　在以上示例中，作为标志的 flag 的初始值也可以设置为 true，直接表示循环条件，此时 while 表达式的循环条件需要写为 while (flag)。在循环体中，当找到目标数字时，就需要将 flag 的值置为 false，表示结束循环。

　　总之，需要结合实际情况去理解布尔类型的值。true 和 false 对应的是两种互斥的状态，而不是某种绝对意义上的取值。

练习

　　使用 while 表达式计算 1～10 的阶乘，并在 while 表达式中使用一个标志。注意，可以直接对代码清单 5-5 进行修改。

5.2.3　在 while 表达式中使用 break 表达式和 continue 表达式

在 while 表达式的循环体中，也可以使用 break 表达式和 continue 表达式。接下来我们看一个例子。

代码清单 5-7 的作用是在 1～100 中，依次找出 6 的倍数（包括 6），并对这些倍数求和，当和是 10 的倍数时，停止求和，并输出相应的信息。

代码清单 5-7　summation.cj

```
01    main() {
02        var counter = 0
03        var sum = 0   // 表示 6 的倍数之和
04
05        while (true) {
06            counter++
07            if (counter % 6 != 0) {
08                continue
09            }
10
11            sum += counter   // 将 6 的倍数累加到 sum 上
12            if (sum % 10 == 0) {
13                break
14            }
15        }
16
17        println("从 6 的 1 倍加到${counter / 6}倍的和为: ${sum}")
18    }
```

编译并执行程序，输出结果为：

从 6 的 1 倍加到 4 倍的和为：60

在 while 表达式中，首先将 counter 的值加 1（第 6 行代码），然后检查 counter 是不是 6 的倍数，如果不是，那么使用 continue 表达式结束本轮循环，开始下一轮循环（第 7～9 行代码）。如果 counter 是 6 的倍数，那么将 counter 累加到 sum 上（第 11 行代码）。接着检查 sum 的值，如果 sum 是 10 的倍数，那么使用 break 表达式退出循环（第 12～14 行代码）。

练习

使用 while 表达式计算 1 到 10 之间的所有奇数之和，但当计算到 7 时提前终止循环。要求在 while 表达式中使用 break 表达式和 continue 表达式。

5.3　for-in 表达式

for-in 表达式的语法格式如下：

```
for (循环变量 in 序列) {
    循环体
}
```

for-in 表达式主要用于遍历一个序列。遍历指的是把序列的所有元素依次访问一遍。

for-in 表达式的执行流程是：在每次循环开始前，首先判断是否已经遍历完序列中的所有元素，如果没有遍历完，那么依次将序列中的下一个未遍历的元素赋给循环变量，然后执行循环体。重复执行上述过程，直到遍历完序列中的所有元素后循环结束，然后继续执行 for-in 表达式后面的代码。如果关键字 in 之后的序列为空（不包含任何元素），那么循环体将不会被执行。

在 for-in 表达式中，**循环变量的作用范围只限于该 for-in 表达式的循环体内**，超出范围则无效。**可以在循环体中读取循环变量的值**，但是不允许在 for-in 表达式的循环体中修改循环变量的值。for-in 表达式的类型为 Unit。

5.3.1　了解区间类型

区间类型用于表示拥有固定步长的数值序列。每个区间都包含 3 个值：start、end 和 step，分别表示序列的起始值、终止值和步长（序列中前后相邻两个元素的差值）。

区间类型字面量有两种表示形式：左闭右开区间和左闭右闭区间，格式如下：

```
start..end[ : step]      // 左闭右开区间
start..=end[ : step]     // 左闭右闭区间
```

两者都表示从 start 开始，以 step 为步长，到 end 为止的区间，二者的区别是前者不包含 end，后者包含 end。step 的值不能为 0，缺省的 step 值为 1。在书写区间类型时，建议区间操作符 ".." 或 "..=" 前后不加空格，":" 前后各加上一个空格。

例如，如果一个区间内包含整数–2、0、2、4，那么该区间可以写作：

```
-2..6 : 2      或      -2..=4 : 2
```

再如，如果一个区间内包含整数 8、6、4、2、0，那么该区间可以写作：

```
8..-2 : -2      或      8..=0 : -2
```

另外，区间有可能是不包含任何元素的**空区间**。

对于左闭右开区间 start..end : step，当 step 大于 0 时，若 start 大于等于 end，则该区间是空区间；当 step 小于 0 时，若 start 小于等于 end，则该区间也是空区间。举例如下：

```
10..5
6..6 : -1
```

对于左闭右闭区间 start..=end : step，当 step 大于 0 时，若 start 大于 end，则该区间是空区间；当 step 小于 0 时，若 start 小于 end，则该区间也是空区间。举例如下：

```
10..=6 : 3
0..=5 : -1
```

以下是一些区间的示例：

```
0..4 : 1  // 不包含终止值 4, 序列为: 0、1、2、3
0..=4 : 1  // 包含终止值 4, 序列为: 0、1、2、3、4
```

```
0..4   // 缺省 step，step 为 1，序列为：0、1、2、3
9..0 : -3   // 不包含终止值 0，序列为：9、6、3
9..=0 : -3   // 包含终止值 0，序列为：9、6、3、0
9..0 : 1   // 空区间
0..=9 : -3   // 空区间
```

为了验证区间包含的整数，我们可以使用 for-in 表达式来遍历区间。举例如下：

```
main() {
    // 使用 for-in 表达式遍历区间
    for (i in 8..-2 : -2) {
        print("${i}\t")
    }
}
```

编译并执行以上代码，输出结果为：

```
8       6       4       2       0
```

由于可以使用 for-in 表达式来遍历区间，因此对于重复次数一定的操作，可以使用 for-in 表达式来实现。例如，可以将一个字符串重复输出多次：

```
main() {
    // 使用 for-in 表达式实现次数确定的循环，总共循环 3 次
    for (i in 0..3) {
        println("重要的事情要说三遍！")
    }
}
```

编译并执行以上代码，输出结果为：

```
重要的事情要说三遍！
重要的事情要说三遍！
重要的事情要说三遍！
```

在编译以上代码时，编译器会给出警告信息：

```
warning: unused variable:'i'
```

警告信息用于指示代码中可能存在的问题。这些问题不足以阻止程序的编译过程，但可能会导致运行不稳定或者产生非预期的行为。使用通配符（_）代替循环变量可以消除这种警告信息（相关知识详见第 9 章）。

```
// 使用通配符代替循环变量
for (_ in 0..3) {
    println("重要的事情要说三遍！")
}
```

5.3.2 使用 for-in 表达式计算阶乘

前面我们已经分别使用 do-while 表达式和 while 表达式计算了阶乘。接下来，使用 for-in

表达式来实现阶乘运算。具体实现如代码清单 5-8 所示。

代码清单 5-8 calc_factorial.cj

```
01  main() {
02      var factorial = 1
03
04      // 使用 for-in 表达式计算阶乘
05      for (number in 1..=10) {
06          factorial *= number
07          println("${number}! : ${factorial}")
08      }
09  }
```

编译并执行以上代码，输出结果为：

```
1! : 1
2! : 2
3! : 6
4! : 24
5! : 120
6! : 720
7! : 5040
8! : 40320
9! : 362880
10! : 3628800
```

通过与代码清单 5-2 和代码清单 5-5 对比可以发现，在选择循环表达式时，如果循环的次数是确定的，使用 for-in 表达式可能会使代码更简洁。

练习

使用 for-in 表达式计算 1～10 中所有数累加的和。

5.3.3 使用 where 条件

在 for-in 表达式的循环条件之后，可以加上一个 where 条件，以实现对序列中元素的过滤。where 条件以关键字 where 引导，where 之后必须是一个布尔类型的表达式。举例如下：

```
main() {
    for (number in 10..=100 where number % 3 == 2) {   // where 条件
        if (number % 5 == 3) {
            print("${number}\t")
        }
    }
}
```

编译并执行以上代码，输出结果为：

```
23        38        53        68        83        98
```

以上示例的作用是找出 10～100 中满足条件的数：该数除以 3 余 2，除以 5 余 3。在 for-in 表达式中，使用了一个 where 条件，如果不满足 number % 3 == 2，循环体将不会被执行。因此，在循环体中，只需要再判断 number 是否除以 5 余 3 即可。

> **练习**
>
> 使用 for-in 表达式找出 1～100 中满足条件的数：该数是 6 的倍数，却不是 9 的倍数。要求在 for-in 表达式中使用一个 where 条件。

5.3.4 寻找最小公倍数

在 for-in 表达式的循环体中也可以使用 break 表达式和 continue 表达式。

例如，现在我们要找到两个自然数 m 和 n 的最小公倍数。要解决这个问题，可以考虑使用穷举法。穷举法的基本思想是根据题目的部分条件确定答案的大致范围，并在此范围内对所有可能的情况逐一验证，直到将全部情况验证完毕。对确定的范围进行穷举时，使用 for-in 表达式是一个很自然的选择。

针对以上问题，具体解题思路是这样的：m 和 n 的最小公倍数的范围为 m～n * m，我们可以使用 for-in 表达式在 m..=n * m : m 这个区间内搜索。由于这个区间内所有的数都是 m 的倍数（步长为 m），因此当找到第一个 n 的倍数，就找到了 m 和 n 的最小公倍数。此时，就没有必要继续遍历区间剩下的元素了，可以使用 break 表达式提前结束循环。具体实现如代码清单 5-9 所示。

代码清单 5-9   least_common_multiple.cj

```
01   main() {
02       var m = 105
03       var n = 30
04
05       // 如果 m 小于 n，则交换 m 和 n 的值
06       if (m < n) {
07           var temp = m
08           m = n
09           n = temp
10       }
11
12       // 在 m, 2m, ……, nm 之间搜索 m 和 n 的最小公倍数
13       for (i in m..=n * m : m) {
14           if (i % n == 0) {
```

```
15                   println("${m}和${n}的最小公倍数为：${i}")
16                   break
17               }
18           }
19   }
```

编译并执行以上程序，输出结果为：

```
105和30的最小公倍数为：210
```

在以上程序中，第 5～10 行代码的作用是，如果 m 小于 n，就交换 m 和 n 的值，使 m 总是大于 n。在交换 m 和 n 的值时，定义了一个中间变量 temp，先将 m 的值保存到 temp 中（第7 行代码），再将 n 的值赋给 m（第 8 行代码），最后将 temp 中保留的 m 的原值赋给 n（第 9 行代码），从而实现了交换。这种方式叫做中间变量法交换变量，适用于各种数据类型的变量值交换，例如各种数值类型、字符串类型等（要求参与交换的变量类型相同）。

在本示例中，如果删除第 5～10 行代码，程序的结果是一样的。无论是 m 大于 n，还是 m 小于 n，都可以通过遍历区间 m..=n * m : m 来找到最小公倍数，但是 m 和 n 的关系会影响循环的次数。假设 m 为 105，n 为 30，那么需要遍历的区间为：

```
105..=30 * 105 : 105
```

这个区间内包含 30 个元素，因此 for-in 表达式最多循环 30 次。而如果 m 为 30，n 为 105，那么需要遍历的区间为：

```
30..=105 * 30 : 30
```

这个区间内包含 105 个元素，因此 for-in 表达式最多循环 105 次。

从提高程序效率的角度考虑，应该尽量减少循环的次数，因此在循环开始之前对数据进行了处理，从而保证 m 总是大于 n 的。

提示　实际编程时，输入的数据应该是变动的，而不是像本例中将 m 和 n 定义为固定的数值。第 6 章将介绍如何编写函数，通过调用函数对输入的不同数据进行相应的处理。

练习

使用 for-in 表达式查找两个自然数的最大公约数。注意，查找的范围应为两个数中较小的数到 1，步长为–1。

5.4　循环表达式的嵌套

将一个循环表达式放在另一个循环表达式的循环体内，可以构成嵌套的循环表达式。

在嵌套循环中，可以将内层循环当做外层循环的循环体来看待，即外层循环每执行一次，内层循环就会被完整地执行一遍。举例如下：

```
main() {
    for (i in 0..3) {
        for (j in 4..6) {
            println("i:${i} j:${j}")
        }
    }
}
```

编译并执行以上代码，输出结果为：

```
i:0 j:4
i:0 j:5
i:1 j:4
i:1 j:5
i:2 j:4
i:2 j:5
```

以上是双重嵌套的 for-in 表达式。外层的 for-in 表达式每循环一次，内层的 for-in 表达式就完整执行一遍。当 i 的值为 0 时，j 的值依次由 4 变为 5，内层的循环执行完毕。接着 i 的值变为 1，内层的循环又完整执行一遍，j 的值依次由 4 变为 5。最后 i 的值变为 2，内层的循环又完整执行一遍，j 的值依次由 4 变为 5。外层的循环执行了 3 次，内层的循环执行了 2 次，因此以上循环中的循环体总共执行了 6 次。

仓颉对循环嵌套的层数没有限制，不过考虑到程序的效率，应当尽量避免书写过于复杂的嵌套循环。

5.4.1 寻找完全数

完全数，又称完数、完美数或完备数，是特殊的自然数。完全数所有的真因子（除了自身以外的约数）之和，恰好等于它本身。例如，6 的真因子为 1、2、3，而 1 + 2 + 3 之和恰好等于 6，因此 6 是一个完全数。

代码清单 5-10 的作用是找出 1000 以内所有的完全数。

代码清单 5-10　find_perfect_numbers.cj

```
01   main() {
02       // 使用穷举法寻找 1000 以内的完全数
03       for (number in 1..=1000) {
04           var sum = 0   // 表示 number 的所有真因子之和
05           for (i in 1..=(number / 2)) {   // number 的最大的真因子不会大于 number / 2
06               // 如果 i 是 number 的真因子，则把 i 累加到 sum 上去
07               if (number % i == 0) {
08                   sum += i
09               }
10           }
11
```

```
12            if (sum == number) {
13                println(number)
14            }
15        }
16    }
```

编译并执行以上程序，输出结果为：

```
6
28
496
```

在以上示例中，使用了双重嵌套的 for-in 表达式来寻找 1000 以内的完全数。外层的 for-in 表达式用于穷举 1～1000 的数（第 3～15 行代码），内层的 for-in 表达式用于判断当前的 number 值是不是一个完全数。

在判断每一个数是不是完全数时，首先将该数的所有真因子之和 sum 计算出来（第 4～10 行代码），再比较 sum 和 number 是否相等。如果相等，那么该数是一个完全数，将其输出（第 12～14 行代码）。

第 4 行代码声明了一个初始值为 0 的变量 sum，该变量用于存储 number 的真因子之和。变量 sum 是一个局部变量，其作用范围只限于外层的 for-in 表达式的循环体之内（第 4～14 行代码）。当外层的 for-in 表达式的循环体开始执行时，sum 被创建，当循环体执行完毕时，sum 就被释放了。当下一轮循环开始时，又重新创建了一个名为 sum 且值为 0 的变量，如此重复。因此，每一轮循环开始时，sum 都是一个值为 0 的全新变量。

第 5～10 行代码使用了一个 for-in 表达式来查找 number 的所有真因子并求和，其基本思想仍是穷举法。对自然数 number 来说，其最大的真因子不会大于 number / 2，因此可以将查找的范围确定为 1～number / 2。对区间 1..=(number / 2) 中的数 i 来说，如果 number 对 i 取模的结果为 0，那么说明 i 是 number 的一个真因子。把 number 的所有真因子都累加到 sum 上去，就得到了 number 的所有真因子之和 sum。

提示　当我们说变量被释放或被销毁时，意思是变量占用的内存空间被回收，变量的生命周期结束，它不再可用。

练习

寻找所有三位的水仙花数。三位的水仙花数是指满足以下条件的数：它的个、十、百位上的数字的 3 次方之和等于它本身。例如，153 等于 $1 ** 3 + 5 ** 3 + 3 ** 3$，153 即是一个水仙花数。注意，可以使用穷举法来寻找水仙花数。

5.4.2　寻找自除数

自除数是指可以被其包含的每一位数整除的数，并且自除数中不包含 0。例如，124 可以被

1、2、4 整除，并且 124 中不包含 0，所以 124 是一个自除数。

代码清单 5-11 的作用是找出 90 到 130 之间所有的自除数。

代码清单 5-11 find_self_dividing_numbers.cj

```
01   main() {
02       // 使用穷举法找出 90 到 130 之间的自除数
03       for (number in 90..=130) {
04           var n = number   // 将 number 存储在 n 中，便于之后对 n 重新赋值
05           var flag = true   // flag 为 true 表示 number 是自除数
06           var r: Int64   // 用于存储余数
07
08           while (n > 0) {
09               r = n % 10   // 取出 n 的最末位，存储在 r 中
10
11               // 包括 0 的数不是自除数，不能被 r 整除的数不是自除数
12               if (r == 0 || number % r != 0) {
13                   flag = false
14                   break
15               }
16
17               n /= 10   // 去掉 n 的最末位
18           }
19
20           if (flag) {
21               print("${number}\t")
22           }
23       }
24   }
```

编译并执行以上程序，输出结果为：

```
99        111       112       115       122       124       126       128
```

在以上示例中，使用外层的 for-in 表达式来寻找目标范围内的自除数（第 3～23 行代码）。在 for-in 表达式的循环体中，判断当前的 number 值是不是一个自除数。

在循环体中先定义了 3 个变量。首先，定义一个变量 n，将 number 的值赋给 n（第 4 行代码）。因为 number 作为 for-in 表达式的循环变量是不可变的，而在循环体中，需要反复将待判断的数的末位去掉，即需要反复对 n 进行赋值操作，所以定义了变量 n。接着，定义了一个布尔类型的变量 flag，该变量是表示 number 是否为自除数的标志，初始值为 true，表示在判断开始时，默认 number 是一个自除数（第 5 行代码）。然后，定义了一个变量 r，该变量用于存储 n 的末位数（第 6 行代码）。

判断一个数 number 是否为自除数，主要通过 while 表达式来实现（第 8～18 行代码）。当 n 大于 0 时，循环体会不断执行（第 8 行代码）。在循环体中，先将 n 的末位数取出，存入 r

（第 9 行代码）。接着对 r 进行测试，如果 r 等于 0 或者 r 不能整除 number，那么就说明 number 不是一个自除数。此时，就将 flag 的值置为 false，并使用 break 提前结束 while 循环，否则不作任何处理（第 12～15 行代码）。然后利用除法运算，去掉 n 的末位（第 17 行代码）。在一次循环结束之后，再次测试循环条件，若 n 仍然大于 0，则再执行一次循环体。如此重复，直至 while 表达式因为 n 变为 0 不满足循环条件而结束，或因为 number 不是自除数而通过 break 提前结束。

以两个具体的数 124 和 102 为例。

若 number 为 124，那么在 while 表达式开始时，n 的值为 124。

- 第一次循环开始，r 的值为 n % 10，即为 4。接着执行 if 表达式，测试 if 表达式的条件不通过，不作任何处理。最后执行 n /= 10，n 的值变为 12，去掉了末位的 4。
- 第二次循环开始，r 的值为 2，测试 if 表达式的条件不通过，去掉 n 的末位，n 变为 1。
- 第三次循环开始，r 的值为 1，测试 if 表达式的条件不通过，执行 n /= 10，n 的值变为 0。此时，循环条件 n > 0 为 false，结束 while 循环。

若 number 为 102，那么在 while 表达式开始时，n 的值为 102。

- 第一次循环开始，r 的值为 2。接着执行 if 表达式，测试 if 表达式的条件不通过，不作任何处理。最后执行 n /= 10，n 的值变为 10，去掉了末位的 2。
- 第二次循环开始，r 的值为 0，测试 if 表达式的条件通过，将 flag 的值置为 false，并通过 break 提前结束 while 循环。

从以上两个具体的例子可以看出，如果 number 是一个自除数，那么 while 表达式最终会因为 n 的值变为 0 而结束，此时 flag 的值自始至终都是 true，没有发生变化。如果 number 不是一个自除数，那么 while 表达式会通过 break 结束，而 flag 的值会在执行 break 之前被置为 false。

因此，在 while 表达式执行完毕后，通过检查 flag 的值，就可以知道 number 是不是一个自除数。第 20～23 行代码通过 if 表达式检查了 flag 的值，若 flag 为 true，则输出自除数 number。

通过以上示例程序可以发现，当 break 表达式位于嵌套循环中时，break 只作用于它所在的**当前循环**。例如，在以上程序中，break 只作用于 while 循环，而不会影响到 for-in 循环。

同理，当 continue 表达式位于嵌套循环中时，也只作用于它所在的当前循环。例如，我们可以将以上示例程序中的第 20～22 行代码修改为：

```
if (!flag) {
    continue
}
print("${number}\t")
```

以上代码中的 continue 表达式将只作用于外层的 for-in 表达式，而不会影响到 while 表达式。当然，这只是为了说明 continue 的用法而进行的修改，实际编程时，没有必要这样强行使用 continue 表达式。

本章需要达成的学习目标

- ☐ 掌握 do-while 表达式的用法。
- ☐ 掌握 while 表达式的用法。
- ☐ 学会使用 for-in 表达式遍历序列。
- ☐ 掌握 break 表达式和 continue 表达式的用法。
- ☐ 了解区间类型。
- ☐ 了解穷举法的基本思想。

第 6 章

函数初级

所谓函数，可以简单地理解为带有名字的、用于完成特定操作的代码块。在编程时，我们经常会遇到一些需要重复执行的特定操作。此时，可以将这些需要重复执行的代码定义为函数，当需要执行这些特定操作时，就通过函数名调用定义好的函数，从而实现代码的复用。

通过本章的学习，你将学会定义并调用函数。在定义时，你可以灵活地使用非命名参数和命名参数，并通过为命名参数设置默认值的方式为函数创建可选参数。在调用时，你可以使用多种等效的方式来调用函数。你还将了解函数重载的相关知识，并且了解不同的变量具有不同的作用域。

6.1　函数的定义和调用

仓颉已经为我们提供了大量内置的函数。例如，使用函数 println 和 print 可以向终端窗口输出内容，使用函数 format 可以格式化输出的数据，使用函数 toString 可以将其他类型的数据转换为 String 类型等。除了使用仓颉提供的函数，也可以自定义函数。

定义函数的语法格式如下：

```
func 函数名([参数列表])[: 返回值类型] {
    函数体
}
```

函数名必须是合法的标识符。在给函数命名时，建议使用**小驼峰命名风格**来命名。函数体中定义了函数被调用时执行的一系列操作。函数体中的所有代码作为一个整体，应该有一个级别的缩进。

6.1.1　一个简单的无参函数

首先看一个简单的函数示例，如代码清单 6-1 所示。

代码清单 6-1　print_book_name.cj

```
01    func printBookName() {
02        println("《图解仓颉编程》")   // 函数体
```

```
03    }
04
05    main() {
06        printBookName()
07    }
```

编译并执行以上程序，输出结果为：

《图解仓颉编程》

在以上示例程序中，定义并调用了一个函数 printBookName。第 1～3 行代码是函数的定义，在 main 中通过函数名调用了函数（第 6 行代码）。

该函数的定义很简单：

```
func printBookName() {
    println("《图解仓颉编程》")  // 函数体
}
```

在关键字 func 之后是函数名 printBookName，使用了**小驼峰命名风格**来命名。函数名之后应该是一对圆括号括起来的参数列表。由于该函数没有参数，因此函数名之后是一对空的圆括号。对于无参函数，这一对圆括号不能省略。参数列表之后是定义的函数返回值类型（可以缺省）。函数 printBookName 没有定义返回值类型，此时编译器将自动推断函数的返回值类型。该函数的函数体中只有一行代码，用于将书名输出。

在程序开始执行时，从 main 开始，逐行执行 main 中的代码。main 中只有一行代码：

```
printBookName()
```

这行代码通过函数名调用了函数 printBookName。在函数被调用之后，就开始执行函数体，将书名输出到终端窗口，程序执行完毕。

练习

定义并调用一个函数，输出你最喜欢的一句格言。

6.1.2　使用非命名参数

如果在调用函数时需要将一些数据传递给函数，那么可以为函数定义参数。函数参数的名称必须是合法的标识符，建议使用**小驼峰命名风格**来命名。一个函数可以没有参数或者有多个参数，这些参数定义在参数列表中。参数列表中的多个参数之间需要以逗号作为分隔符。

根据函数调用时是否需要指定参数名，可以将参数分为两类：**非命名参数**和**命名参数**。

非命名参数的定义方式为：

参数名: 参数类型

在第 5 章中，编写了循环表达式用于计算 1～10 的阶乘，在该示例中，计算了固定的数字

1~10 的阶乘。现在，可以编写一个函数，用于计算任意非负整数的阶乘。具体实现如代码清单 6-2 所示。

代码清单 6-2　calc_factorial.cj

```
01  func calcFactorial(number: Int64) {
02      var factorial: Int64 = 1
03      for (i in 1..=number) {
04          factorial *= i
05      }
06      println("${number}! : ${factorial}")
07  }
08
09  main() {
10      // 调用函数 calcFactorial 计算 10 的阶乘
11      calcFactorial(10)
12
13      // 调用函数 calcFactorial 计算 15 的阶乘
14      calcFactorial(15)
15  }
```

编译并执行以上程序，输出结果为：

```
10! : 3628800
15! : 1307674368000
```

在程序中，定义了一个函数 calcFactorial，用于计算阶乘。在函数定义中，我们使用了一个非命名参数 number，其数据类型为 Int64。在 main 中，我们通过函数名两次调用了函数 calcFactorial（第 11、14 行代码）。

1. 函数的调用

在**定义函数**时，参数列表中的参数被称为形参，用于接收调用函数时使用的数据，例如本示例中的 number。对应地，在**调用函数**时，传递给函数的参数被称为实参，可以是任意表达式，例如本示例中的 10、15。在调用函数时，首先会发生参数传递，将实参的值传递给相应的形参。**每个实参的类型必须是对应形参类型的子类型**。调用函数的语法格式如下：

函数名([参数1，参数2，……，参数n])

其中，参数 1 到参数 n 是 n 个调用时的参数（实参）。即使函数没有参数，在调用时函数名之后的 "()" 也不可以省略。

在执行示例程序时，首先执行 main 中的第 1 行代码（第 11 行代码）。这行代码调用了函数 calcFactorial，使用的实参是 10。此时 main 中的代码暂停执行，开始函数调用。函数被调用之后，先将实参 10 传递给形参 number，接着开始执行函数体中的代码，计算并输出 10 的阶乘，函数第一次调用完毕（第 1~7 行代码）。

在调用完函数之后，回到刚刚的调用点（main），继续执行 main 中的下一行代码（第 14 行代码）。这次又调用了函数 calcFactorial，使用的实参是 15。此时开始第二次函数调用，将实参 15 传递给形参 number，执行函数体中的代码，计算并输出 15 的阶乘，函数第二次调用完毕。函数的调用过程如图 6-1 所示。

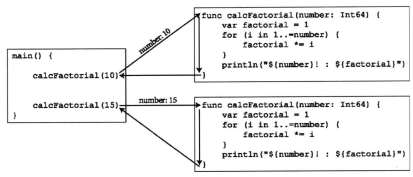

图 6-1　函数的调用过程

在这个示例中，只编写了一次函数，却通过多次调用计算了不同数字的阶乘，重复使用了函数中的代码。从这个示例中可以看出，通过编写函数，可以实现代码的一次编写、多次使用。

2. 非命名参数的传递

如果一个函数包含多个非命名参数，那么非命名参数的实参是**按照位置顺序**传递给形参的，即第 1 个实参传递给第 1 个形参，第 2 个实参传递给第 2 个形参，以此类推。

为了说明这个问题，我们将之前编写的寻找最小公倍数的程序改写为一个函数，如代码清单 6-3 所示。

代码清单 6-3　least_common_multiple.cj

```
01    func leastCommonMultiple(a: Int64, b: Int64) {
02        // 函数参数相当于不可变变量，在函数体内只能读取不能修改
03        var m = a
04        var n = b
05
06        // 如果 m 小于 n，则交换 m 和 n 的值
07        if (m < n) {
08            var temp = m
09            m = n
10            n = temp
11        }
12
13        // 在 m, 2m, ……, nm 之间搜索 m 和 n 的最小公倍数
14        for (i in m..=n * m : m) {
15            if (i % n == 0) {
16                println("${a}和${b}的最小公倍数为: ${i}")
```

```
17               break
18         }
19     }
20 }
21
22 main() {
23     // 计算 105 和 30 的最小公倍数
24     leastCommonMultiple(105, 30)
25
26     // 计算 9 和 45 的最小公倍数
27     leastCommonMultiple(9, 45)
28 }
```

编译并执行以上程序，输出结果为：

```
105 和 30 的最小公倍数为：210
9 和 45 的最小公倍数为：45
```

在示例程序中，我们定义了一个函数 leastCommonMultiple，用于计算两个数的最小公倍数。在函数中有两个非命名参数 a 和 b。

当我们第一次调用函数时（第 24 行代码），实参 105 被传递给形参 a，实参 30 被传递给形参 b。第二次调用函数时（第 27 行代码），实参 9 被传递给形参 a，实参 45 被传递给形参 b。

需要注意的是，**函数参数相当于在函数中定义的不可变的局部变量**。因此，在函数体中对函数参数不能赋值，只能读取。在示例程序中，为了能够对两个传入的数据进行交换操作，定义了两个可变变量 m 和 n（第 3、4 行代码），将传入的 a 和 b 的值分别赋给了 m 和 n。

练习

1. 编写一个函数，针对任意正整数 n，计算 1～n 中所有数累加的和。
2. 编写一个函数，查找任意 2 个自然数的最大公约数。

6.1.3 使用命名参数

命名参数的定义方式为：

参数名!: 参数类型[= 默认值]

命名参数的参数名和参数类型之间以 "!:" 连接。

命名参数对应的实参形式如下：

形参名: 实参

其中，形参名是命名参数的名字，实参是一个表达式。在调用函数时，系统会**根据形参名**将实参传递给对应的形参，因此在书写时不必在意命名参数的实参的位置顺序。

1. 命名参数的传递

例如，我们可以将代码清单 6-3 中的函数参数修改为命名参数，代码如下：

```
func leastCommonMultiple(a!: Int64, b!: Int64) {
    // 函数体略
}

main() {
    // 计算 105 和 30 的最小公倍数
    leastCommonMultiple(a: 105, b: 30)

    // 计算 9 和 45 的最小公倍数
    leastCommonMultiple(b: 45, a: 9)
}
```

将函数 leastCommonMultiple 的参数修改为命名参数之后，在调用时，就必须为实参指定形参名。在以上代码中，第一次调用函数时将实参 105 传递给形参 a，将实参 30 传递给形参 b；第二次调用时，将实参 9 传递给形参 a，将实参 45 传递给形参 b。

2. 为命名参数设置默认值

在定义函数时，我们可以为命名参数设置默认值。通过以下方式可以将表达式的值设置为命名参数的默认值：

```
参数名!: 参数类型 = 表达式
```

我们可以定义一个根据长、宽和高计算长方体体积的函数 calcVolume，其中包含 3 个命名参数，并为参数 height 设置默认值，如代码清单 6-4 所示。

代码清单 6-4　calc_volume.cj

```
01   // 计算长方体体积
02   func calcVolume(length!: Int64, width!: Int64, height!: Int64 = 3) {
03       println("体积为：${length * width * height}")
04   }
05
06   main() {
07       // 为 height 传入实参
08       calcVolume(length: 3, width: 4, height: 5)
09
10       // 不为 height 传入实参，使用 height 的默认值
11       calcVolume(length: 3, width: 2)
12   }
```

编译并执行以上程序，输出结果为：

```
体积为：60
体积为：18
```

当命名参数在定义时设置了默认值，该参数就变成了一个可选参数。如果在调用函数时为

该命名参数提供了实参，就将该实参传递给形参，否则函数执行时会使用默认值作为实参。

在示例程序中，为命名参数 height 设置了默认值 3（第 2 行代码）。在两次调用函数时，第一次传入了实参（第 8 行代码），函数执行时使用实参 5 作为 height 值参与了运算；第二次没有传入实参（第 11 行代码），函数执行时使用默认值 3 作为 height 值参与了运算。

> **提示** 在一般情况下，我们会将形参的典型取值作为默认值。这样既可以指出函数的常规用法，也可以在典型应用场景下减少输入实参的工作量。

3. 等效的函数调用

在参数列表中，可以同时定义非命名参数和命名参数，但是**非命名参数必须定义在命名参数之前**。例如，我们可以将 calcVolume 的定义修改为：

```
func calcVolume(length: Int64, width!: Int64, height!: Int64 = 3) {
    println("体积为: ${length * width * height}")
}
```

其中，命名参数 length 被修改为非命名参数。在调用这样的函数时，实参列表中也应该将非命名参数放在命名参数之前。例如，可以使用以下代码调用函数 calcVolume：

```
calcVolume(3, height: 5, width: 4)
```

因为在定义参数列表时可以同时使用非命名参数、命名参数和默认值，所以对于包含多个参数的函数，就产生了多种等效的函数调用方式。例如，对于以上修改过后的函数 calcVolume，使用以下代码调用函数的效果都是相同的：

```
main() {
    // 等效的函数调用
    calcVolume(2, width: 4)
    calcVolume(2, width: 4, height: 3)
    calcVolume(2, height: 3, width: 4)
}
```

只要能够得到需要的结果，具体使用哪种调用方式都是可以的。

练习

定义一个函数，用于根据矩形的宽和高来计算矩形的面积。在参数列表中使用非命名参数、命名参数，并为命名参数指定默认值，并尝试使用不同的方式来调用这个函数。

6.1.4 使用 return 返回值

前面的示例都是使用 println 函数来将运算结果输出到终端的。在很多时候，我们需要函数的运算结果以进行后续的操作，而不是简单地输出到终端。在函数体中，可以使用 return 表达式来返回函数的返回值。

return 表达式的语法格式如下：

```
return [expr]
```

式中的 expr 是一个表达式，其值即为函数的返回值。如果在关键字 return 后缺省 expr，就相当于 return ()。即：

```
return
```

相当于：

```
return ()
```

return 表达式本身的类型为 Nothing，与 expr 的类型无关。

在函数体的任意位置可以出现 1 到多个 return 表达式。只要函数被调用并执行了任何一个 return 表达式，那么函数会**立即终止运行并携带返回值返回**。下面我们来看一个例子，如代码清单 6-5 所示。

代码清单 6-5 describe_number.cj

```
01    // 根据输入的整数值返回相应的描述
02    func describeNumber(number: Int64) {
03        if (number < 0) {
04            return "负数"
05        } else if (number == 0) {
06            return "零"
07        } else {
08            return "正数"
09        }
10    }
11
12    main() {
13        println(describeNumber(-99))
14        println(describeNumber(0))
15        println(describeNumber(1))
16    }
```

编译并执行以上程序，输出结果为：

```
负数
零
正数
```

在以上示例中，有 3 个 return 表达式。根据调用时传入的整数值不同，程序会使用不同的 return 表达式来返回不同的描述字符串。

我们可以对之前编写的函数进行一些修改，在其中使用 return 表达式来返回值。

接下来，对代码清单 6-2 进行修改，使用 return 表达式将阶乘的计算结果返回给 main，如代码清单 6-6 所示。

代码清单 6-6   calc_factorial.cj

```
01  func calcFactorial(number: UInt64) {
02      var factorial: UInt64 = 1
03      for (i in 1..=number) {
04          factorial *= i
05      }
06      return factorial
07  }
08
09  main() {
10      // 调用函数 calcFactorial 计算 10 的阶乘
11      println("10 的阶乘为: ${calcFactorial(10)}")
12
13      // 调用函数 calcFactorial 计算 15 的阶乘
14      println("15 的阶乘为: ${calcFactorial(15)}")
15  }
```

编译并执行以上程序，输出结果为：

```
10 的阶乘为: 3628800
15 的阶乘为: 1307674368000
```

在代码清单 5-11 中，我们找出了 90 到 130 之间所有的自除数，我们将所有的代码都放在 main 中，在学习了函数之后，就可以将程序拆解为多个函数了。具体实现如代码清单 6-7 所示。

代码清单 6-7   find_self_dividing_numbers.cj

```
01  // 使用穷举法找出 start~end 以内的自除数
02  func findSelfDividingNumbers(start: Int64, end: Int64) {
03      for (number in start..=end) {
04          if (isSelfDividingNumber(number)) {
05              print("${number}\t")
06          }
07      }
08  }
09
10  // 判断 number 是不是一个自除数
11  func isSelfDividingNumber(number: Int64) {
12      var n = number
13      var r: Int64
14
15      while (n > 0) {
16          r = n % 10
17          // 包含 0 的数不是自除数，不能被 r 整除的数不是自除数
18          if (r == 0 || number % r != 0) {
19              return false
20          }
```

```
21          n /= 10
22      }
23
24      return true
25  }
26
27  main() {
28      // 找出 90 到 130 之间的自除数
29      findSelfDividingNumbers(90, 130)
30  }
```

编译并执行以上程序，输出结果为：

```
99      111     112     115     122     124     126     128
```

在以上示例中，定义了一个函数 isSelfDividingNumber，用于判断一个整数是否为自除数（第 11～25 行代码）。在这个函数中，一旦发现一个数不是自除数，就立刻使用 return 表达式返回 false 值并结束函数调用（第 18～20 行代码）。最后，如果一个数通过了所有检查，就使用 return 表达式返回 true 值并结束函数调用（第 24 行代码）。

另外，程序中定义了一个函数 findSelfDividingNumbers（第 2～8 行代码），用于通过 for-in 表达式来查找目标范围内所有的自除数。在这个函数中，通过调用函数 isSelfDividingNumber 来判断当前的 number 是不是自除数，如果是自除数，就输出该数到终端（第 4～6 行代码）。在 main 中，只需要给定合适的实参来调用函数 findSelfDividingNumbers 就可以。

通过将程序分解为独立的、可重用的函数，可以使代码更加模块化、易于阅读和维护。建议在编程时，尽量让每个函数完成单一且明确的任务。

练习

修改第 5 章中寻找完全数的代码（详见代码清单 5-10），将其拆解为多个函数，使程序更清晰、易读、易维护。

6.1.5　了解函数的返回值类型

函数的返回值类型是函数被调用后得到的值的类型。在定义函数时，可以显式地定义返回值类型，也可以缺省返回值类型，交由编译器自动推断。

在讨论函数返回值之前，需要先了解函数体的类型和值。

1. 函数体的类型和值

函数体也是有类型和值的。函数体的类型和值即是函数体内最后一项的类型和值。

■ 若最后一项为表达式，则函数体的类型是此表达式的类型，值是该表达式的值。

■ 若最后一项为变量声明或函数定义，或函数体为空，则函数体的类型为 Unit，值为()。

例如，对于以下函数，其函数体的类型为 Int64，值为表达式 length * width * height 的值。

```
func calcVolume(length: Int64, width: Int64, height: Int64): Int64 {
    length * width * height
}
```

再如，对于以下函数，其函数体的最后一项为 return 表达式，而 return 表达式的类型为 Nothing，因此函数体的类型为 Nothing。

```
func calcVolume(length: Int64, width: Int64, height: Int64): Int64 {
    return length * width * height
}
```

2. 函数返回值

当显式地定义了函数的返回值类型时，要求**函数体的类型**、函数体内**所有 return 表达式中的表达式 expr 的类型**必须是定义的返回值类型的子类型。

例如，对于下面的函数：

```
func calcVolume(length: Int64, width: Int64, height: Int64): Int64 {
    return length * width * height
}
```

函数 calcVolume 显式定义了返回值类型为 Int64。return 表达式中的表达式 expr 为 length * width * height，其类型也为 Int64，而任何类型都可以看作是其自身的子类型。函数体的类型为 Nothing，而 Nothing 类型是任何类型的子类型。以上函数定义满足了对函数返回值类型的要求。

如果将其中的 return 表达式修改一下，将表达式 expr 的类型修改为 Float64，将会引发编译错误，代码如下：

```
// 编译错误：Float64 类型不是 Int64 类型的子类型
func calcVolume(length: Int64, width: Int64, height: Int64): Int64 {
    // return 表达式中 expr 的类型为 Float64
    return Float64(length * width * height)
}
```

如果在函数定义时缺省了返回值类型，编译器将尝试自动推断函数的返回值类型。函数返回值类型将被推断为**函数体的类型**、函数体内**所有 return 表达式中的表达式 expr 的类型**的最小公共父类型。

对于以下函数 describeNumber，在定义时缺省了返回值类型。

```
func describeNumber(number: Int64) {
    if (number < 0) {
        return "负数"
    } else if (number == 0) {
        return "零"
    } else {
        return "正数"
    }
}
```

首先判断函数体的类型。这个函数的函数体中只有一个嵌套的 if 表达式，根据前面所学的知识，当双分支 if 表达式的值被使用时，双分支 if 表达式的类型是 if 分支类型和 else 分支类型的最小公共父类型。在本示例中，该 if 表达式的值被用作判断函数体的类型，因此该 if 表达式的类型应该是 if 分支、else if 分支和 else 分支类型的最小公共父类型。

因为这个 if 表达式的各分支中都只有一个 return 表达式，所以各分支的类型都是 Nothing。因此整个 if 表达式的类型为 Nothing，函数体的类型也为 Nothing。

然后，判断所有 return 表达式中的表达式 expr 的类型。该函数的 3 个 return 表达式中的表达式 expr 的类型都是 String。

综上所述，函数 describeNumber 的返回值类型将被推断为 Nothing 类型和 String 类型的最小公共父类型，即 String 类型（因为 Nothing 类型是任何类型的子类型）。

需要注意的是，函数的返回值类型并不总是可以被推断出来的。如果推断失败，那么编译器会报错。

函数返回值主要取决于函数执行时的情况：

- 若函数是执行了某个 return 表达式而结束的，则函数返回值为该 return 表达式中 expr 的计算结果。
- 若函数没有执行任何一个 return 表达式，而是正常将函数体执行完毕而结束的，则函数返回值为函数体的值。

例如，对于以下函数 isEvenNumber，如果传入的参数是偶数，那么函数将执行 return 表达式，返回 true；如果传入的参数是奇数，那么函数将不会执行 return 表达式，而是正常将函数体执行完毕而结束，返回函数体的值 false。

```
func isEvenNumber(number: Int64): Bool {
    if (number % 2 == 0) {
        return true
    }
    false
}
```

6.2 函数的重载

有时，同一种功能的函数有多种实现方式。例如，对于计算长方体体积的函数 calcVolume，根据传入参数类型的不同，该函数将有多种实现方式，以下列出了其中两种：

```
func calcVolume(length: Int64, width: Int64, height: Int64)
func calcVolume(length: Float64, width: Float64, height: Float64)
```

这两个函数的函数名是相同的，不同的是参数类型的列表。

如果在某个作用域中，同一个函数名对应多个函数定义，但这些函数的**参数类型列表**不同，这就构成了函数的重载（overload）。

6.2.1 定义重载函数

在定义重载函数时，需要注意，重载函数的参数类型列表**必须**是不同的，主要包括以下两种情况：

- 参数个数不同；
- 参数个数相同但对应位置的参数类型不同。

例如，在下面的示例代码中，定义了 4 个函数。它们的函数名都是 printInfo，但是形参类型的列表各不相同。因此，这些函数构成了函数重载。

```
func printInfo(value: Int64, name: String) {
    println("${name}的值为: ${value}")
}

func printInfo(value: Float64, name: String) {
    println("${name}的值为: ${value}")
}

func printInfo(value: Int64) {
    println("参数的值为: ${value}")
}

func printInfo(value: Float64) {
    println("参数的值为: ${value}")
}
```

需要强调的是，函数重载的条件是多个有公共作用域的函数的**函数名相同，形参类型列表不同**，与形参名没有关系。如果在某个作用域中，多个函数的名称相同、形参类型列表也相同，这不构成重载，这只会引发编译错误。

例如，下面的示例代码定义了两个函数名相同、形参类型列表相同的函数（尽管形参名不同），编译时将会报错。

```
func printInfo(value: Int64, name: String) {
    println("${name}的值为: ${value}")
}

// 编译错误: 重载冲突
func printInfo(paramA: Int64, paramB: String) {
    println("${paramB}的值为: ${paramA}")
}
```

6.2.2 调用重载函数

如果多个函数构成重载，那么在通过函数名调用函数时，系统会**根据传递的实参类型列表**来决定到底调用哪一个函数。举例如下：

```
func printInfo(value: Int64, name: String) {
    println("${name}的值为：${value}")
}

func printInfo(value: Float64, name: String) {
    println("${name}的值为：${value}")
}

func printInfo(value: Int64) {
    println("参数的值为：${value}")
}

func printInfo(value: Float64) {
    println("参数的值为：${value}")
}

main() {
    printInfo(5, "长度")   // 调用 printInfo(value: Int64, name: String)
    printInfo(19.8, "单价")  // 调用 printInfo(value: Float64, name: String)
    printInfo(60)   // 调用 printInfo(value: Int64)
    printInfo(4.12)   // 调用 printInfo(value: Float64)
}
```

编译并执行以上代码，输出结果为：

```
长度的值为：5
单价的值为：19.800000
参数的值为：60
参数的值为：4.120000
```

提示　关于函数重载的更多内容，将在第 10 章中进一步介绍。

6.3　变量的作用域

程序中的变量只在一定的范围内起作用。变量起作用的范围被称为变量的作用域。在变量的作用域之内，可以正常访问变量；超出了变量的作用域，变量就无效了。

6.3.1　程序的基本结构

在讨论变量的作用域之前，先了解一下仓颉程序的基本结构。

仓颉源文件以 cj 作为扩展名。在 cj 文件的顶层，可以定义**变量**、**函数**以及自定义类型（class、interface、struct 和 enum 类型）。在源文件**顶层**定义的变量和函数被称为全局变量和全局函数。此外，cj 文件中也可能包含一些其他的代码，例如 main、包声明、导入顶层声明的代码等。在全局函数和自定义类型中，也可以定义变量和函数。

在全局函数中定义的变量和函数分别被称作局部变量和局部函数（嵌套函数）。在局部函数内定义的变量也属于局部变量。

在自定义类型中定义的变量和函数分别被称作成员变量和成员函数（在 interface 和 enum 类型中仅支持定义成员函数，不支持定义成员变量）。另外，在 class 和 struct 类型中还有一种特别的函数被称作构造函数。在成员函数和构造函数内定义的变量也属于局部变量。示例代码如代码清单 6-8 所示。

代码清单 6-8　source_file_structure.cj

```
01    var i = 100  // 全局变量 i
02    var j = 90    // 全局变量 j
03
04    // 全局函数 fn1
05    func fn1() {
06        var x = 80  // 局部变量 x
07
08        // 局部函数 fn3
09        func fn3() {
10            var y = 70  // 局部变量 y
11            println("fn1 中的局部函数 fn3")
12        }
13    }
14
15    // 全局函数 fn2
16    func fn2() {}
17
18    // 自定义类型：class 类型 C
19    class C {
20        var m = 60  // 成员变量 m
21
22        // 成员函数 fn4
23        func fn4() {
24            var z = 50  // 局部变量 z
25            println("C 中的成员函数 fn4")
26        }
27    }
28
29    // 自定义类型：struct 类型 S
30    struct S {}
31
32    main() {}
```

在代码清单 6-8 中，在程序顶层定义了 2 个全局变量 i 和 j，2 个全局函数 fn1 和 fn2，1 个 class 类型 C 和 1 个 struct 类型 S。在全局函数 fn1 中，定义了局部变量 x 和局部函数 fn3，在局部函数 fn3 中定义了局部变量 y。在 class 类型 C 中，定义了成员变量 m 和成员函数 fn4，在成员函数 fn4 中定义了局部变量 z。

6.3.2 全局变量的作用域

仓颉源文件顶层声明的变量被称为全局变量。

由于全局变量的作用域默认是包内可见的，因此在定义全局变量的源文件中，全局变量也是全局可见的。全局变量在声明时**必须**初始化，否则会引发编译错误。

```
var str = "test"

func printInfo(s: String) {
    println(s)
}

func printStr() {
    println(str)
}

main() {
    printInfo(str)
    printStr()
}
```

编译并执行以上代码，输出结果为：

```
test
test
```

在以上示例代码中，声明了 1 个全局变量 str，其作用域覆盖了全局，包括 main、函数 printInfo 和函数 printStr。因此 main、函数 printInfo 和函数 printStr 都可以正常访问 str（在本示例中，函数 printInfo 没有直接访问 str）。

提示　关于包的相关知识详见第 13 章。

6.3.3 局部变量的作用域

定义在函数或代码块中的变量，被称作局部变量。例如，定义在全局函数、成员函数中的变量，定义在 for-in 表达式的循环体中的变量，都属于局部变量。局部变量的作用域仅仅局限于某个局部范围。如果在作用域之外访问变量，就会引发编译错误。接下来，归纳一下到目前为止出现过的局部变量。

1. 插值表达式中的局部变量

在插值字符串的插值表达式中声明的变量都是局部变量，其作用域从声明处开始，到插值表达式结束处结束。举例如下：

```
main() {
    println("圆的面积: ${let r = 2.0; 3.14 * r * r}")
```

```
        println(r)   // 编译错误：变量 r 未定义
}
```

在上面的插值表达式中，声明了一个局部变量 r，其作用域只限于插值表达式的{}中。如果在作用域之外访问 r，将会引发编译错误。

2. if 表达式中的局部变量

在 if 表达式分支的代码块中声明的变量都是局部变量，其作用域从声明处开始，到分支结束处结束。举例如下：

```
func fn(x: Int64) {
    if (x >= 0) {
        let a = x ** 3
        return a
    } else {
        let b = -x + 100
        return b
    }
}
```

对于上面的 if 表达式，在 if 分支中声明的局部变量 a，其作用域只限于 if 分支的{}中；在 else 分支中声明的局部变量 b，其作用域只限于 else 分支的{}中。

3. 循环表达式中的局部变量

在 do-while 表达式、while 表达式和 for-in 表达式的循环体中声明的变量都是局部变量，其作用域都是从声明处开始，到循环体结束处结束。需要注意的是，for-in 表达式中的循环变量也是一个局部变量。

例如，在 5.4 节举了一个用于找出 1000 以内所有完全数的例子（代码清单 5-10）。在该示例中，我们在 for-in 表达式的循环体中定义了一个局部变量 sum。另外，其中两个 for-in 表达式的循环变量 number 和 i 也都是局部变量。

4. 函数中的局部变量

函数的函数体内声明的变量都是局部变量。另外，函数的形参也是不可变的局部变量。对于函数形参，其作用域是整个函数体；对于函数体内声明的局部变量，其作用域是从声明处开始到函数体结束处结束。

6.3.4　同名变量

在同一个作用域中，不允许声明同名的变量。但是，如果变量不是在同一作用域中，那么变量是可以同名的。举例如下：

```
func fn() {
    // 编译错误：不能重定义变量 x
    var x = 10
    var x = true
}
```

在以上示例代码中，在函数 fn 中定义了两个同名的变量 x，引发了编译错误。

再看一个示例：

```
var x = 10

func fn() {
    var x = true
}
```

在以上示例代码中，两个同名的变量 x 的作用域是不同的，因此可以同名。

1. 没有公共作用域的同名变量

如果同名变量的作用域没有重叠的部分，那么同名变量只在各自的作用域内起作用，互不影响。举例如下：

```
func fn1() {
    var x = 10
    println(x)
}

func fn2() {
    var x = "test"
    println(x)
}

main() {
    fn1()
    fn2()
}
```

编译并执行以上代码，输出结果为：

```
10
test
```

在示例代码中，函数 fn1 中的变量 x 的作用域只限于函数 fn1 的函数体。在函数 fn1 中使用变量名 x 访问的是 fn1 的局部变量 x。同理，在函数 fn2 中使用变量名 x 访问的是 fn2 的局部变量 x。

2. 有公共作用域的同名变量

如果同名变量的作用域有重叠的部分，那么就需要考虑同名变量冲突了。当有同名变量发生冲突时，**优先访问作用域小的变量，作用域大的变量将被作用域小的变量屏蔽**，即内层的作用域级别高于外层的作用域。具体示例如代码清单 6-9 所示。

代码清单 6-9　variables_with_the_same_name.cj

```
01  var x = "test"
02
03  func fn1() {
04      println(x)
05
```

```
06        var x = 10    // 局部变量 x 的作用域从此处开始
07        println(x)
08    }
09
10    func fn2() {
11        println(x)
12    }
13
14    main() {
15        fn1()
16        fn2()
17        println(x)
18    }
```

编译并执行以上程序，输出结果为：

```
test
10
test
test
```

在示例程序中，定义了一个全局变量 x（第 1 行代码），在函数 fn1 中定义了一个局部变量 x（第 6 行代码）。

在函数 fn2 和 main 中，全局变量 x 和局部变量 x 的作用域没有重叠，因此在函数 fn2 和 main 中使用变量名 x，访问的都是全局变量 x（第 11、17 行代码）。

在函数 fn1 中，局部变量 x 的作用域从声明处开始（第 6 行代码）至函数体结束处结束（第 7 行代码），在这个范围内，如果同名的全局变量 x 和局部变量 x 发生冲突，那么局部变量 x 将屏蔽全局变量 x。在局部变量 x 的作用域内，使用未加前缀限定的变量名 x 访问的都是局部变量 x。因此，第 4 行代码访问的是全局变量 x，第 7 行代码访问的是局部变量 x。

提示　当全局变量被同名的局部变量屏蔽时，可以通过给全局变量加上包名作为前缀的方式来访问全局变量。具体内容详见第 13 章。

本章需要达成的学习目标

- ☐ 学会定义并调用函数。
- ☐ 了解形参和实参的概念。
- ☐ 学会使用非命名参数。
- ☐ 学会使用命名参数。
- ☐ 学会使用 return 表达式。
- ☐ 能够推断函数的返回值类型。
- ☐ 学会定义并调用重载函数。
- ☐ 了解不同的变量有不同的作用域。

第 7 章

面向对象编程

面向对象编程（Object Oriented Programming，OOP）是一种以对象为核心的编程范式。在面向对象编程中，类和对象是两个关键概念。"类"表示对某一类事物的抽象描述，而"对象"则是类的实例。

以"动物"为例，它是一个通用的概念，描述了一种具有生命的生物体，具备繁殖、呼吸和消化等特征。尽管"动物"这个概念本身并不表示某一具体的生物个体，但所有动物都具备这一概念的特点。在现实生活中，我们所见到的各种动物，如猫、狗、鸡等，都是"动物"这个抽象概念（"类"）的具体实例（"对象"）。

类是对象的抽象，对象则由类实例化而来。类定义了一组对象所共有的数据指标和行为，但每个对象的数据指标取值可能各不相同。例如，所有动物都具有年龄和体重等数据指标，但每个具体动物个体的这些数据的取值可能是不同的。

面向对象编程的核心思想在于将问题分解成多个独立的对象，并通过这些对象之间的协作来实现程序功能。封装、继承和多态构成了面向对象编程的三大特征。

抽象类是一种特殊的类，它具备一定的抽象能力。在抽象类中可以定义抽象函数和抽象属性，抽象函数和抽象属性可以只有签名，没有具体实现。当子类继承了抽象类之后，可以根据子类的需求来实现抽象函数和抽象属性。但是，从抽象的层次来说，抽象类还只是一个半成品。如果将抽象进行得更彻底，就可以得到另一种自定义类型——接口（interface 类型）。在本章中，我们将通过一个模拟课务管理的小型项目来说明与面向对象编程相关的一系列重要概念。

7.1 类的定义和对象的创建

要创建对象，首先要定义类（class 类型）。仓颉有 4 种自定义类型，class 类型是其中一种，其余 3 种分别是 interface、struct 和 enum 类型。

7.1.1 定义类

下面我们来定义一个表示体育课的类 PhysicalEducation。在工程文件夹的目录 src 下新建一个仓颉源文件 physical_education.cj。程序代码如代码清单 7-1 所示。

代码清单 7-1 physical_education.cj

```
01  class PhysicalEducation {
02      let studentID: String   // 学生学号
03      var examScore: Int64    // 考试得分
04
05      init(studentID: String, examScore: Int64) {
06          this.studentID = studentID
07          this.examScore = examScore
08      }
09
10      // 计算课程总评分
11      func calcTotalScore() {
12          examScore
13      }
14  }
```

类以关键字 class 定义。class 之后是类的名称，类名称必须是合法的标识符。建议使用大驼峰命名风格来命名，即每个单词的首字符大写，其余字符都小写，中间不使用下画线，例如，本例中的类名为 PhysicalEducation。

类名称之后是以一对花括号括起来的 class 定义体。class 定义体中可以定义一系列类的成员，如成员变量、构造函数和成员函数等。

类（class 类型）**必须**定义在源文件的顶层。每定义一个类，就创建了一个新的自定义类型。

1. 实例成员变量

在类中定义的变量被称为成员变量，成员变量分为实例成员变量和静态成员变量。

实例成员变量用于存储实例的数据，在类的外部只能通过对象访问。声明实例成员变量的语法格式如下：

let|var 变量名[: 数据类型] [= 初始值]

以上语法和之前介绍的声明变量的语法是完全一致的。如果在声明实例成员变量时没有设置初始值，则不能缺省数据类型。

在 PhysicalEducation 类的定义体中，定义了两个实例成员变量 studentID 和 examScore，分别用于表示一个学生的学号和体育课考试得分（第2、3行代码）。对于每一个学生（对应不同的 PhysicalEducation 对象），其学号都是不同的，并且体育课的考试得分也可能不同，因此 studentID 和 examScore 被声明为实例成员变量。

2. 构造函数

构造函数是一种特殊的函数，它的作用是初始化类的对象（实例）。当创建类的新实例时，构造函数会自动被调用。如果有实例成员变量在声明时没有设置初始值，那么**必须**在构造函数**中对所有没有初始值的实例成员变量**进行初始化，否则会引发编译错误。

在以上示例中，在声明实例成员变量 studentID 和 examScore 时，都没有设置初始值。因此，在构造函数中对这两个变量进行了初始化（第6、7行代码）。

在定义构造函数时，使用关键字 init 而不是 func，并且不能为其指定返回值类型。下面我们仔细研究一下 PhysicalEducation 类的构造函数：

```
init(studentID: String, examScore: Int64) {
    this.studentID = studentID
    this.examScore = examScore
}
```

构造函数的形参以及**在构造函数的函数体中声明的变量**都是局部变量，作用域仅限于构造函数的函数体内；类的成员变量的作用域是整个类。当构造函数中的局部变量和类的成员变量同名时，**局部变量将会屏蔽成员变量**。

在以上构造函数中，由于形参 studentID 和 examScore 与 PhysicalEducation 类的两个实例成员变量同名了，因此在该构造函数中未加前缀的 studentID 和 examScore 均指的是函数形参。在这种情况下，可以通过以下方式来访问**实例成员变量** studentID 和 examScore：

```
this.studentID
this.examScore
```

在**类的内部**，使用**关键字 this** 来引用对象自身。因此，在类的内部可以使用如下语法来访问实例成员变量：

```
[this.]实例成员变量     // this 视情况可以省略
```

在类的内部访问实例成员变量时，如果实例成员变量没有被同名的局部变量屏蔽，那么可以省略前缀 this，此时系统会隐式地为实例成员变量加上 this 作为前缀。

如果上述构造函数的两个形参没有和成员变量同名，那么成员变量前面的 this 就可以被省略：

```
init(sdtID: String, eScore: Int64) {
    // 由于形参 sdtID 和 eScore 不与成员变量同名，因此省略了实例成员变量的前缀 this
    studentID = sdtID
    examScore = eScore
}
```

3. 实例成员函数

在类中，以关键字 func 定义的函数被称为成员函数。成员函数同样分为实例成员函数和静态成员函数。

实例成员函数用于描述实例的行为，在类的外部只能通过对象调用实例成员函数。实例成员函数定义的语法和前面介绍的普通函数定义的语法是完全一致的。

在 PhysicalEducation 类中，定义了 1 个实例成员函数 calcTotalScore，用于计算体育课的课程总评分。在本示例中，假设体育课的课程总评分完全由考试得分构成，因此课程总评分（课程得分）即为考试得分。

在类的内部，可以使用如下语法来调用实例成员函数：

```
[this.]实例成员函数([参数列表])     // this 总是可以省略的
```

在类的内部调用实例成员函数时，前缀 this 总是可以省略的，此时系统会隐式为实例成员函数加上前缀 this。

例如，我们可以在 PhysicalEducation 类中再定义一个实例成员函数，代码如下：

```
// 输出课程总评分
func printTotalScore() {
    println(this.calcTotalScore())  // this 可以省略
}
```

在以上实例成员函数 printTotalScore 中，使用 this.calcTotalScore()调用了实例成员函数 calcTotalScore。当然，其中的 this 是可以直接省略的。

与构造函数类似，**成员函数的形参以及在成员函数的函数体中声明的变量**也是局部变量。因此，当成员函数中的局部变量和类的成员变量同名时，局部变量将会屏蔽成员变量，此时只能通过 this 访问实例成员变量。

7.1.2 创建类的实例

在定义好 PhysicalEducation 类之后，就可以创建该类的实例了。继续在 physical_education.cj 中添加作为程序入口的 main，在其中创建一个 PhysicalEducation 类的对象 physicalEducation。修改后的代码如代码清单 7-2 所示。

代码清单 7-2　physical_education.cj

```
01  class PhysicalEducation {
02      // 代码略
03  }
04
05  main() {
06      // 构造 PhysicalEducation 类的实例
07      let physicalEducation: PhysicalEducation = PhysicalEducation("0011", 90)
08
09      // 访问实例成员变量
10      println("学号: ${physicalEducation.studentID}")
11      println("考试得分: ${physicalEducation.examScore}")
12
13      // 调用实例成员函数
14      println("课程得分: ${physicalEducation.calcTotalScore()}")
15  }
```

在 main 中，通过以下代码构造了一个 PhysicalEducation 类的对象 physicalEducation：

```
let physicalEducation: PhysicalEducation = PhysicalEducation("0011", 90)
```

创建对象主要通过调用类的构造函数来实现，**使用类名**可以调用类的构造函数。例如，在上面的代码中，通过 PhysicalEducation("0011", 90)创建了一个 PhysicalEducation 对象，并将其赋给变量 physicalEducation。在创建对象时，系统自动调用了 PhysicalEducation 类的构造函数。

在这个过程中，实参"0011"和 90 分别被传递给了构造函数的形参 studentID 和 examScore，之后构造函数使用这些数据对相应的实例成员变量进行了初始化。

在**类的外部**，只能通过**对象**访问类的**实例成员**，访问的语法格式如下：

```
对象名.实例成员变量
对象名.实例成员函数([参数列表])
```

在代码清单 7-2 中，分别使用 physicalEducation.studentID 和 physicalEducation.examScore 访问了对象 physicalEducation 的实例成员变量 studentID 和 examScore（第 10、11 行代码）。第 14 行代码调用了对象 physicalEducation 的实例成员函数 calcTotalScore，计算了该对象的课程得分。

编译并执行以上代码，输出结果为：

```
学号：0011
考试得分：90
课程得分：90
```

7.1.3 声明并使用静态成员变量

静态成员变量用于存储类的数据。声明静态成员变量的语法格式如下：

```
static let|var 变量名[: 数据类型] [= 初始值]
```

静态成员变量在定义时使用关键字 static 修饰。没有设置初始值的静态成员变量必须在静态初始化器中完成初始化，否则会引发编译错误。

静态成员变量只能通过**类名**访问，不能通过对象访问。访问静态成员变量的语法格式如下：

```
[类名.]静态成员变量      // 在类的内部访问时，类名视情况可以省略
```

在类的**内部**访问静态成员变量时，如果静态成员变量没有被同名的局部变量屏蔽，那么可以省略作为前缀的类名，此时系统会隐式地为静态成员变量加上类名作为前缀。但是，如果有同名的局部变量屏蔽了静态成员变量，那么前缀类名不能省略。

在类的**外部**访问静态成员变量时，**必须**加上类名作为前缀。

接下来，为 PhysicalEducation 类添加一个静态成员变量 counter，用于统计该类所构造的实例的个数。由于每次创建 PhysicalEducation 对象时，系统都会自动地调用构造函数，因此，在构造函数中让静态成员变量 counter 自动加 1。修改后的 PhysicalEducation 类如代码清单 7-3 所示。

代码清单 7-3 physical_education.cj 中的 PhysicalEducation 类

```
01    class PhysicalEducation {
02        static var counter = 0   // 用于统计 PhysicalEducation 类的实例个数的静态成员变量
03        let studentID: String   // 学生学号
04        var examScore: Int64   // 考试得分
05
06        init(studentID: String, examScore: Int64) {
```

```
07              this.studentID = studentID
08              this.examScore = examScore
09              counter++   // counter 也可以写为 PhysicalEducation.counter
10          }
11
12          // 其他代码略
13      }
```

程序声明并初始化了一个静态成员变量 counter（第 2 行代码）。如果在声明时没有给 counter 设置初始值，那么可以在静态初始化器中为其设置初始值。

静态初始化器的语法格式如下：

```
static init() {
    // 初始化静态成员变量的代码
}
```

静态初始化器以关键字 static 和 init 开头，关键字之后是无参的参数列表及函数体，在函数体中通过赋值表达式来初始化静态成员变量。静态初始化器不能被可见性修饰符修饰（可见性修饰符见 7.2.2 节）。一个类中最多允许定义一个静态初始化器。例如，以上 PhysicalEducation 类也可以改写为：

```
class PhysicalEducation {
    static var counter: Int64   // 没有设置初始值

    // 在静态初始化器中初始化 counter
    static init() {
        counter = 0
    }

    // 其他代码略
}
```

如果在构造函数中有一个形参 counter 和静态成员变量同名，那么作为局部变量的形参就会屏蔽同名的静态成员变量。此时，如果要在构造函数中访问静态成员变量 counter，就必须使用类名作为前缀，如下所示：

```
PhysicalEducation.counter
```

反之，如果静态成员变量 counter 没有被同名的局部变量屏蔽，如代码清单 7-3 中的情况，那么访问静态成员变量 counter 时就可以省略前缀的类名。

接着，修改 main，在其中创建多个 PhysicalEducation 对象，多次访问并输出 PhysicalEducation 类的静态成员变量 counter，以观察其变化，如代码清单 7-4 所示。

代码清单 7-4　physical_education.cj 中的 main

```
01  main() {
02      let physicalEducation1 = PhysicalEducation("0011", 90)
```

```
03          println("学号: ${physicalEducation1.studentID}")
04
05          // 访问静态成员变量
06          println("创建的对象个数为: ${PhysicalEducation.counter}")
07
08          let physicalEducation2 = PhysicalEducation("0012", 88)
09          println("学号: ${physicalEducation2.studentID}")
10
11          // 再次访问静态成员变量
12          println("创建的对象个数为: ${PhysicalEducation.counter}")
13      }
```

第 6 行和 12 行代码通过 PhysicalEducation.counter 先后两次访问了静态成员变量。在 main 中（类的外部）对静态成员变量进行访问，使用了"类名.静态成员变量"的方式。

编译并执行以上代码，输出结果为：

```
学号: 0011
创建的对象个数为: 1
学号: 0012
创建的对象个数为: 2
```

从以上示例中可以发现，每创建一个 PhysicalEducation 对象，PhysicalEducation 类的静态成员变量 counter 的值就自动加 1。总之，**静态成员变量是属于类的，实例成员变量是属于实例的**，每个实例都有一份属于自己的实例成员变量。静态成员变量 counter 是属于 PhysicalEducation 类的，physicalEducation1 和 physicalEducation2 都有一个自己的实例成员变量 studentID 和 examScore，如图 7-1 所示。

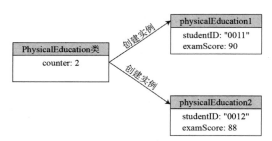

图 7-1　示例代码中的静态成员变量和实例成员变量

7.1.4　定义并调用静态成员函数

静态成员函数用于描述类的行为，在定义时需要在 func 前面加上关键字 static。

静态成员函数只能通过**类名**调用，不能通过对象调用。调用静态成员函数的语法格式如下：

```
[类名.]静态成员函数([参数列表])     // 在类的内部调用时，类名总是可以省略的
```

在类的**内部**调用静态成员函数时，类名总是可以省略的，此时系统会隐式地为静态成员函数加上类名作为前缀。在类的**外部**调用静态成员函数时，**必须**加上类名作为前缀。

我们可以为 PhysicalEducation 类添加一个静态成员函数 printCounter，用于输出静态成员变量 counter 的值。修改后的 PhysicalEducation 类如代码清单 7-5 所示。

代码清单 7-5　physical_education.cj 中的 PhysicalEducation 类

```
01  class PhysicalEducation {
02      // 成员变量声明略
03
04      init(studentID: String, examScore: Int64) { }    // 代码略
05
06      // 静态成员函数
07      static func printCounter() {
08          println("创建的对象个数为: ${counter}")
09      }
10
11      // 其他代码略
12  }
```

然后，修改 main，在 main 中通过类名调用 PhysicalEducation 类的静态成员函数 printCounter（删除了直接访问 counter 的两行代码），如代码清单 7-6 所示。

代码清单 7-6　physical_education.cj 中的 main

```
01  main() {
02      let physicalEducation1 = PhysicalEducation("0011", 90)
03      println("学号: ${physicalEducation1.studentID}")
04
05      println("创建的对象个数为: ${PhysicalEducation.counter}")
06      PhysicalEducation.printCounter()    // 调用静态成员函数
07
08      let physicalEducation2 = PhysicalEducation("0012", 88)
09      println("学号: ${physicalEducation2.studentID}")
10
11      println("创建的对象个数为: ${PhysicalEducation.counter}")
12      PhysicalEducation.printCounter()    // 再次调用静态成员函数
13  }
```

编译并执行程序，输出的结果和修改之前是一样的。

> **提示**　类的静态成员函数只可以访问类的静态成员，不允许访问类的实例成员。类的构造函数和实例成员函数既可以访问类的静态成员，也可以访问类的实例成员。

7.1.5　重载构造函数

当通过类名来创建类的实例时，系统会自动调用构造函数，然后返回构造的实例。在一个类中，可以有多个构造函数，但是这些构造函数必须构成重载（参数类型的列表必须各不相同）。

例如，之前在构造 PhysicalEducation 对象时，需要传入学生的学号和考试得分这两个参数。

为了简便起见，可以为考试得分设置一个默认的初始值，例如 0 分，这样在创建对象时就不必同时传入考试得分。之后在需要的时候可以再对考试得分进行修改。为了实现这一目标，可以为 PhysicalEducation 类再定义一个构造函数，代码如下：

```
class PhysicalEducation {
    // 成员变量声明略

    init(studentID: String, examScore: Int64) {
        this.studentID = studentID
        this.examScore = examScore
    }

    // 重载的构造函数
    init(studentID: String) {
        this.studentID = studentID
        this.examScore = 0   // 缺省的考试得分为 0
    }

    // 其他代码略
}
```

接着，就可以传入不同的实参来创建对象，系统会根据实参类型列表自动决定要调用哪一个重载的构造函数：

```
main() {
    // 调用 init(studentID: String, examScore: Int64)
    let physicalEducation1 = PhysicalEducation("0011", 90)

    // 调用 init(studentID: String)
    let physicalEducation2 = PhysicalEducation("0012")
}
```

当类中存在多个重载的构造函数时，可以使用以下语法，在其中一个构造函数中调用另一个构造函数：

```
this(参数列表)
```

系统会自动根据关键字 this 之后的参数列表来调用匹配的构造函数。注意，以上这行代码**必须**是构造函数中的第 1 行代码（注释不算有效代码）。

例如，可以在以上示例代码中的第 2 个构造函数中调用第 1 个构造函数，以实现相同的目标。修改后的代码如下：

```
class PhysicalEducation {
    // 成员变量声明略

    init(studentID: String, examScore: Int64) {
        this.studentID = studentID
```

```
            this.examScore = examScore
        }

        // 重载的构造函数
        init(studentID: String) {
            // 调用 init(studentID: String, examScore: Int64)
            this(studentID, 0)
        }

        // 其他代码略
    }
```

另外，在构造函数中，也可以对传入参数的合理性进行验证。例如，对于 PhysicalEducation 对象，其考试得分的取值应为 0 到 100 之间的整数（本示例采用百分制）。如果在创建对象时，传入的考试得分是不合理的，那么最后计算出来的总评分也是错误的。为了解决这一问题，可以在构造函数中加入对考试得分进行验证的逻辑。修改后的代码如下：

```
class PhysicalEducation {
    // 成员变量声明略

    init(studentID: String, examScore: Int64) {
        this.studentID = studentID

        // 验证 examScore 的合理性，如果传入的值不合理，就将该值设置为 0
        if (examScore >= 0 && examScore <= 100) {
            this.examScore = examScore
        } else {
            this.examScore = 0
        }
    }

    // 其他代码略
}

main() {
    let physicalEducation1 = PhysicalEducation("0011", -90)
    println("学号: ${physicalEducation1.studentID}")
    println("课程得分: ${physicalEducation1.calcTotalScore()}")

    let physicalEducation2 = PhysicalEducation("0012", 50)
    println("学号: ${physicalEducation2.studentID}")
    println("课程得分: ${physicalEducation2.calcTotalScore()}")
}
```

编译并执行以上代码，输出结果为：

```
学号: 0011
课程得分: 0
```

```
学号：0012
课程得分：50
```

7.1.6 类是引用类型

在前面介绍的基本数据类型中，除了 Nothing 类型，其他都是值类型，例如整数类型、浮点类型、字符串类型、布尔类型等。除了值类型，还有一种类型是引用类型，例如，class 类型就是一种引用类型。值类型和引用类型在内存管理和数据存储方面有着很明显的区别。本节主要讨论这两种类型在行为上的区别。

1. 值类型

对于值类型的数据，在执行赋值、函数传参或函数返回的操作时，系统会对数据的值进行复制，生成一个副本（拷贝）。之后对副本的各种操作，不会影响到原数据本身。举例如下：

```
main() {
    var x = 6
    var y = x
    println("x:${x} y:${y}")

    x = 10
    println("x:${x} y:${y}")

    y = 15
    println("x:${x} y:${y}")
}
```

编译并执行以上代码，输出结果为：

```
x:6 y:6
x:10 y:6
x:10 y:15
```

在以上示例代码中，将一个值类型的变量 x 赋给另一个值类型的变量 y 作为初始值。此时系统创建了 x 的一个副本，并将该副本赋给变量 y。之后变量 x 和 y 独立存在，互不影响。

2. 引用类型

对于引用类型的数据，在执行赋值、函数传参或函数返回的操作时，传递的是实例的引用（可以简单理解为实例的内存地址），之后对引用的各种操作都会影响到实例本身。下面仍以赋值操作来举一个例子，具体实现如代码清单 7-7 所示。

代码清单 7-7　physical_education.cj

```
01    class PhysicalEducation {
02        let studentID: String   // 学生学号
03        var examScore: Int64    // 考试得分
04
05        init(studentID: String, examScore: Int64) {
```

```
06              this.studentID = studentID
07              this.examScore = examScore
08          }
09
10      // 其他代码略
11  }
12
13  main() {
14      let physicalEducation1 = PhysicalEducation("0011", 90)
15      println("physicalEducation1 的考试得分: ${physicalEducation1.examScore}")
16
17      physicalEducation1.examScore = 70 // 修改 physicalEducation1 的成员变量 examScore
18      println("修改后 physicalEducation1 的考试得分: ${physicalEducation1.examScore}")
19
20      // 将 physicalEducation1 赋给 physicalEducation2
21      let physicalEducation2 = physicalEducation1
22      println("physicalEducation2 的考试得分: ${physicalEducation2.examScore}")
23
24      physicalEducation2.examScore = 80 // 修改 physicalEducation2 的成员变量 examScore
25      println("修改后 physicalEducation1 的考试得分: ${physicalEducation1.examScore}")
26      println("修改后 physicalEducation2 的考试得分: ${physicalEducation2.examScore}")
27  }
```

编译并执行以上程序，输出结果为：

```
physicalEducation1 的考试得分: 90
修改后 physicalEducation1 的考试得分: 70
physicalEducation2 的考试得分: 70
修改后 physicalEducation1 的考试得分: 80
修改后 physicalEducation2 的考试得分: 80
```

在 main 中，首先创建了一个 PhysicalEducation 类的对象 physicalEducation1（第 14 行代码）。在这个过程中，系统创建了一个 PhysicalEducation 类的实例，接着将这个实例的引用赋给变量 physicalEducation1。因此，physicalEducation1 中存储的不是实例本身，而是指向实例的引用。此时，physicalEducation1 所引用实例的成员变量 examScore 的值为 90。

接着，将 physicalEducation1 的成员变量 examScore 的值修改为 70（第 17 行代码）。这个操作实际上是修改了 physicalEducation1 所引用的实例的成员变量 examScore 的值。注意，第 14 行代码声明 physicalEducation1 时使用的是关键字 let，因此 physicalEducation1 是不可变变量，但是对 examScore 的重新赋值仍然生效了。这说明尽管 physicalEducation1 是不可变变量，通过 physicalEducation1 仍可以修改其引用的实例的成员。这是因为引用类型的变量 physicalEducation1 中存储的内容并没有发生变化，physicalEducation1 中存储的始终都是对应实例的引用，而发生变化的是对应的实例本身。

之后我们声明了变量 physicalEducation2（第 21 行代码），将 physicalEducation1 赋给 physicalEducation2 作为初始值。此时，physicalEducation2 和 physicalEducation1 引用的是同

一个实例，通过这两个变量中的任意一个对实例进行修改操作，都会影响所有引用该实例的变量。第 24 行代码通过 physicalEducation2 将成员变量 examScore 的值修改为 80，最后通过 physicalEducation1 和 physicalEducation2 读取到的 examScore 值都变为了 80（第 25、26 行代码）。

7.1.7 组织代码

随着开发的进行，physical_education.cj 中的代码会越来越多。在开发一定规模的项目时，最好将代码组织到不同的文件中，让每个文件可以专注于实现一个特定的功能或者包含一组相关的类型（或函数），这样可以提高代码的可读性、可维护性和可复用性，同时有助于团队协作、命名空间管理、测试和调试等。

包（package）是最小的编译单元，一个包可以包含若干个仓颉源文件。模块（module）是第三方开发者发布的最小单元，一个模块可以包含若干个包。

提示　关于包管理的相关知识将在第 13 章进行详细介绍。

在继续实现课务管理项目之前，先整理一下代码。首先在目录 src 下新建一个文件夹，命名为 course_management，将 physical_education.cj 移动到目录 course_management 下。然后在该目录下新建一个仓颉源文件 main.cj，并在 main.cj 和 physical_education.cj 的第 1 行都加上以下代码：

```
package course_management      // 声明包，包名为 course_management
```

通过以上代码就声明了 course_management 包，该包中包含 2 个仓颉源文件 physical_education.cj 和 main.cj。注意，一个包中的文件**必须**存放在同一个目录下。然后，将 physical_education.cj 中的 main 稍作修改并移动到 main.cj 中，使 physical_education.cj 中只包含 PhysicalEducation 类。整理过后的 physical_education.cj 和 main.cj 如代码清单 7-8 和代码清单 7-9 所示。

代码清单 7-8　physical_education.cj

```
01    package course_management
02
03    class PhysicalEducation {
04        let studentID: String   // 学生学号
05        var examScore: Int64     // 考试得分
06
07        init(studentID: String, examScore: Int64) {
08            this.studentID = studentID
09            this.examScore = examScore
10        }
11
12        // 计算课程总评分
13        func calcTotalScore() {
```

```
14              examScore
15          }
16      }
```

代码清单 7-9　main.cj

```
01  package course_management
02
03  main() {
04      let physicalEducation = PhysicalEducation("0011", 90)
05      println("学号: ${physicalEducation.studentID}")
06      println("考试得分: ${physicalEducation.examScore}")
07      println("课程得分: ${physicalEducation.calcTotalScore()}")
08  }
```

编译并执行 course_management 包，输出结果为：

```
学号: 0011
考试得分: 90
课程得分: 90
```

下面以目录 src 下的 course_management 包为例，介绍如何编译并执行包。以 Windows 操作系统为例，在代码编辑器中打开终端窗口，输入以下命令将 course_management 包编译为可执行文件 cm.exe：

```
cjc -p src\course_management -o cm.exe
```

然后输入以下命令执行生成的可执行文件：

```
cm
```

提示　如果读者对上述操作有疑问，可以到作者的抖音或微信视频号（九丘教育）查看相应的视频教程。

7.2　封装

封装是面向对象编程的三大特征之一。通过封装可以隐藏类的内部实现细节，只暴露必要的接口供外部访问（这里的接口泛指供外部进行访问的成员，与 7.6 节的"接口"类型不是同一个概念）。

7.2.1　直接修改实例成员变量

修改实例成员变量是一个很常规的操作。例如，在创建 PhysicalEducation 对象时为了简便起见，我们先将考试得分设置为 0，在考试结束后再将考试得分修改为正确的分数。

要修改实例成员变量，最简单的方式是通过对象直接修改。下面的代码直接在 main 中通过 PhysicalEducation 对象将考试得分修改为 90：

```
main() {
    let physicalEducation = PhysicalEducation("0011", 0)
    println("考试得分：${physicalEducation.examScore}")

    // 通过对象直接修改实例成员变量
    physicalEducation.examScore = 90
    println("考试得分：${physicalEducation.examScore}")
}
```

通过这种方式直接修改实例成员变量，是比较简单的操作，但却不是一个安全的操作。例如，我们可以在 main 中再添加几行代码：

```
main() {
    let physicalEducation = PhysicalEducation("0011", 0)
    println("考试得分：${physicalEducation.examScore}")

    // 通过对象直接修改实例成员变量
    physicalEducation.examScore = 90
    println("考试得分：${physicalEducation.examScore}")

    // 将实例成员变量修改为一个不合理的数值
    physicalEducation.examScore = -20
    println("考试得分：${physicalEducation.examScore}")
}
```

编译并执行程序，输出结果为：

```
考试得分：0
考试得分：90
考试得分：-20
```

在上面的代码中，通过 physicalEducation 将实例成员变量 examScore 修改为-20，这个数值虽然合法、程序不会报错，但却不合理，因为分数不可能是负数。因此，直接从类的外部修改实例成员变量这个操作是不安全的，它可能会引入错误的数据。要解决这个问题，可以使用面向对象编程中的"封装"机制。

7.2.2　通过函数读写 private 实例成员变量

对一个类的良好封装，可以隐藏类的内部实现细节，让访问者只能通过预设的方式来访问类成员，从而保护类成员，防止不合理的修改。良好的封装需要确保以下两点：第一点，将需要保护的类成员隐藏，不允许外部直接访问；第二点，将用于安全访问成员的类成员公开，以确保可以对类的成员进行安全的访问和操作。这两点均需要通过访问控制来实现。

类的成员（包括成员变量、构造函数、成员属性和成员函数）可以使用 3 种可见性修饰符：public、protected 和 private，分别对应不同的成员可见性。如果缺省了可见性修饰符，那么成员仅包内可见。对应的访问控制级别为 4 级，如表 7-1 所示。

表 7-1 类成员的访问控制级别

可见性修饰符	访问控制级别			
	本类	本包	子类	所有
private	○			
缺省	○	○		
protected	○	○	○	
public	○	○	○	○

注：○表示允许访问。

不同的可见性修饰符对应的访问控制级别从大到小依次为：public > protected > 缺省 > private。使用 public 修饰的成员在所有范围都是可见的。使用 protected 修饰的成员在本包、本类以及本类的子类（见 7.3 节）中可见。如果缺省了可见性修饰符，那么类的成员仅在本包可见，从包的外部无法访问。使用 private 修饰的成员仅在类的内部可见，从类的外部无法访问。

另外，类成员可见的前提是，类是可见的。类的访问控制级别有 2 种，要么是本包，要么是所有，如表 7-2 所示。

表 7-2 类的访问控制级别

可见性修饰符	访问控制级别	
	本包	所有
缺省	○	
public	○	○

注：○表示允许访问。

例如，以下代码定义了一个 ClassA 类，其中有一个 public 函数 fn1，因为 ClassA 类本身没有使用 public 修饰，所以从包外无法访问 ClassA 类，因而也无法访问 public 函数 fn1。

```
class ClassA {
    public func fn1() {}
}
```

再如，以下代码定义了一个 public 类 ClassB，该类在所有范围内都是可见的。ClassB 中的 public 函数 fn2 在所有范围内也都是可见的。

```
// 使用修饰符 public 定义所有范围都可见的类
public class ClassB {
    public func fn2() {}
}
```

在访问类的成员之前，必须要先确认类的可见性。

回到 PhysicalEducation 类，如果希望隐藏成员变量 examScore，可以为其添加修饰符 private，这样从类的外部就无法访问 examScore 了。接着，添加两个实例成员函数 getExamScore 和 setExamScore，分别用于在类的外部读取和修改 examScore 的值。在这两个实例成员函数中可以添加一些验证的逻辑，以确保传入参数的合理性。修改过后的 PhysicalEducation 类如代码清单 7-10 所示。

代码清单 7-10 physical_education.cj 中的 PhysicalEducation 类

```
01  class PhysicalEducation {
02      let studentID: String   // 学生学号
03      private var examScore: Int64   // 考试得分
04
05      init(studentID: String, examScore: Int64) { }    // 代码略
06
07      func calcTotalScore() { }    // 代码略
08
09      // 获取考试得分
10      func getExamScore() {
11          examScore
12      }
13
14      // 修改考试得分
15      func setExamScore(examScore: Int64) {
16          // 只有传入的参数合理时才能修改成员变量 examScore
17          if (examScore >= 0 && examScore <= 100) {
18              this.examScore = examScore
19          } else {
20              println("对不起，参数错误无法修改! ")
21          }
22      }
23  }
```

在函数 setExamScore 中，对传入的参数进行了检查（第 17～21 行代码），只有当传入的参数大于等于 0 且小于等于 100 时，才可以将成员变量 examScore 修改为传入的数值。这样就确保了成员变量 examScore 不会被修改为任何异常的值。

然后，修改 main.cj 中的 main，分别通过 PhysicalEducation 类的成员函数 getExamScore 和 setExamScore 来获取和修改分数值。修改后的 main 如代码清单 7-11 所示。

代码清单 7-11 main.cj 中的 main

```
01  main() {
02      let physicalEducation = PhysicalEducation("0011", 0)
03      println("考试得分: ${physicalEducation.examScore}") // 错误，不可以直接访问 examScore
04      // 通过成员函数 getExamScore 读取 private 成员变量 examScore
05      println("考试得分: ${physicalEducation.getExamScore()}")
06
07      // 通过成员函数 setExamScore 修改 private 成员变量 examScore
08      physicalEducation.setExamScore(-20)   // 参数错误，无法修改
09      physicalEducation.setExamScore(90)    // 修改成功
```

```
10          println("考试得分: ${physicalEducation.getExamScore()}")
11      }
```

由于 examScore 变成了 private 成员，因此在 main 中无法访问 examScore，需要将直接访问 examScore 的第 3 行代码删除掉。

编译 course_management 包，编译器会给出如下警告信息：

```
warning: unused function:'calcTotalScore'
```

这个信息提示我们函数 calcTotalScore 没有被使用。在编译命令之后加上 "-Woff unused" 选项可以关闭这样的警告信息。

```
cjc -p src\course_management -o cm.exe -Woff unused
```

执行生成的可执行文件 cm.exe，输出结果为：

```
考试得分: 0
对不起，参数错误无法修改！
考试得分: 90
```

7.2.3 通过成员属性读写成员变量

在 7.2.2 节中，我们定义了两个实例成员函数 getExamScore 和 setExamScore 来对成员变量 examScore 进行读写操作。仓颉提供了成员属性来对类似的操作进行简化，以便在类的外部可以像直接读写非 private 成员变量一样读写 private 成员变量。

接下来，修改一下 PhysicalEducation 类，使用成员属性来对成员变量 examScore 进行读写操作：删除实例成员函数 getExamScore 和 setExamScore，并定义一个成员属性 propExamScore。修改后的 PhysicalEducation 类如代码清单 7-12 所示。

代码清单 7-12 physical_education.cj 中的 PhysicalEducation 类

```
01  class PhysicalEducation {
02      let studentID: String    // 学生学号
03      private var examScore: Int64    // 考试得分
04
05      init(studentID: String, examScore: Int64) { }    // 代码略
06
07      // 定义成员属性 propExamScore
08      mut prop propExamScore: Int64 {
09          // 成员属性 propExamScore 的 getter
10          get() {
11              examScore
12          }
13
14          // 成员属性 propExamScore 的 setter
15          set(examScore) {
16              if (examScore >= 0 && examScore <= 100) {
```

```
17                     this.examScore = examScore
18               } else {
19                     println("对不起，参数错误无法修改！")
20               }
21           }
22       }
23
24       // 其他代码略
25   }
```

接着，在 main 中，通过成员属性 propExamScore 来读取和修改成员变量 examScore。修改后的 main 如代码清单 7-13 所示。

代码清单 7-13　main.cj 中的 main

```
26   main() {
27       let physicalEducation = PhysicalEducation("0011", 0)
28
29       // 通过成员属性 propExamScore 读取成员变量 examScore
30       println("考试得分：${physicalEducation.propExamScore}")
31
32       // 通过成员属性 propExamScore 修改成员变量 examScore
33       physicalEducation.propExamScore = -20   // 参数错误，无法修改
34       physicalEducation.propExamScore = 90    // 修改成功
35       println("考试得分：${physicalEducation.propExamScore}")
36   }
```

修改后的程序运行结果与 7.2.2 节中的程序运行结果是完全一样的。

在 main 中使用 physicalEducation.propExamScore 访问了成员属性 propExamScore（第 30 行代码），此时成员属性是作为表达式来使用的。当成员属性作为表达式时，程序会自动调用成员属性的 getter（第 10~12 行代码），这样就通过成员属性 propExamScore 读取了成员变量 examScore 的值。

通过成员属性的 setter 可以设置对应的成员变量的值。第 33 行和第 34 行代码分别直接对 propExamScore 进行了赋值。对成员属性 propExamScore 进行赋值时，程序会自动调用 propExamScore 的 setter（第 15~21 行代码）以修改成员变量 examScore 的值。

在上面的例子中，我们在类的外部通过成员属性 propExamScore 对成员变量 examScore 进行了读写操作，而外部对成员变量 examScore 毫无感知，实现了有效的封装。

定义成员属性的语法格式如下：

```
[public|protected|private] [static] [mut] prop 属性名：数据类型 {
    // getter（取值）对应的函数，该函数的返回值类型必须和属性的类型一致
    get() {
        函数体
    }

    // setter（赋值）对应的函数，该函数的参数类型必须和属性的类型一致，返回值类型必须是 Unit
```

```
    [set(参数) {
        函数体
    }]
}
```

仓颉使用关键字 prop 定义成员属性。prop 之后是属性名，建议采用**小驼峰命名风格**来命名，属性名之后是成员属性的数据类型。

与成员变量类似，成员属性也分为实例成员属性和静态成员属性，静态成员属性在定义时必须加上 static 修饰。成员属性在定义时也可以加上各种可见性修饰符。

成员属性包含一个**必选**的 getter 和一个**可选**的 setter。

■　没有使用 mut 修饰的成员属性类似于使用 let 定义的变量，只可以读取值而不可以被赋值，只可以包含 getter，不可以包含 setter。

■　使用 mut 修饰的成员属性类似于使用 var 定义的变量，既可以读取值也可以被赋值，**必须**同时包含 getter 和 setter。

接下来，可以将成员变量 studentID 也改为 private 成员，并为其添加相应的属性 propStudentID。修改后的 PhysicalEducation 类如代码清单 7-14 所示。

代码清单 7-14　physical_education.cj 中的 **PhysicalEducation** 类

```
01  class PhysicalEducation {
02      private let studentID: String    // 学生学号
03      private var examScore: Int64      // 考试得分
04
05      init(studentID: String, examScore: Int64) { }    // 代码略
06
07      // 没有使用 mut 修饰的成员属性不允许赋值
08      prop propStudentID: String {
09          // 成员属性 propStudentID 只有 getter
10          get() {
11              studentID
12          }
13      }
14
15      // 使用 mut 修饰的成员属性可以赋值
16      mut prop propExamScore: Int64 { }    // 代码略
17
18      func calcTotalScore() { }    // 代码略
19  }
```

在以上代码中，成员属性 propStudentID 没有使用 mut 修饰（第 8 行代码），只包含一个 getter（第 10～12 行代码）。

我们可以在 main 的最后添加以下代码，从而通过成员属性 propStudentID 访问成员变量 studentID：

```
// 通过成员属性 propStudentID 访问成员变量 studentID
println("学号: ${physicalEducation.propStudentID}")
```

从以上示例中可以看出，**成员属性的使用方式和成员变量是一致的。**

提示　尽管类成员的排列顺序对程序的执行没有任何影响，但是建议按照如下的先后顺序来排列类的成员：成员变量（静态→实例）→静态初始化器→构造函数→成员属性→成员函数。

　　除了按照以上整体顺序来排列类成员，对于实例成员变量和构造函数，最好能够按照可见性从大到小排列（public→protected→缺省→private）。

　　静态成员变量要按初始化顺序来，可以不遵循按可见性修饰符从大到小排列的建议。如果一个静态成员变量的初始化依赖于另一个，那么被依赖的静态成员变量应该被放在依赖它的静态成员变量之前。

7.3　继承

继承是面向对象编程的三大特征之一。继承是一种创建新类的方式，新创建的类（子类）可以继承现有的类（父类）的成员，而无须在新类中重复定义这些成员。继承使得子类可以重用父类的代码，减少重复编写的操作。子类也被称为派生类，父类也被称为基类或超类。

7.3.1　定义并继承父类

接下来，继续实现课务管理项目。现在我们已经有了一个 PhysicalEducation 类，其中主要包括两个实例成员变量 studentID 和 examScore（对应的还有两个实例成员属性 propStudentID 和 propExamScore），分别表示学生学号和考试得分，以及一个实例成员函数 calcTotalScore，用于计算课程得分。

如果需要定义一个表示其他课程的类，那么该类的成员变量肯定也包括学生学号和考试得分，并且也需要计算课程得分。因此，可以基于 PhysicalEducation 类抽象出一个 Course 类，作为所有课程的模板，这样就可以基于 Course 类继续创建表示其他课程的类了。

在目录 course_management 下新建一个仓颉源文件 course.cj，在其中创建 Course 类，如代码清单 7-15 所示。

代码清单 7-15　course.cj

```
01    package course_management
02
03    // 关键字 class 前面加上了修饰符 open
04    open class Course {
05        private let studentID: String    // 学生学号
06        private var examScore: Int64      // 考试得分
07
08        init(studentID: String, examScore: Int64) {
09            this.studentID = studentID
10            this.examScore = examScore
```

```
11          }
12
13          // 用于访问 studentID 的成员属性
14          prop propStudentID: String {
15              get() {
16                  studentID
17              }
18          }
19
20          // 用于访问 examScore 的成员属性
21          mut prop propExamScore: Int64 {
22              get() {
23                  examScore
24              }
25
26              set(examScore) {
27                  if (examScore >= 0 && examScore <= 100) {
28                      this.examScore = examScore
29                  } else {
30                      println("对不起，参数错误无法修改！")
31                  }
32              }
33          }
34
35          // 计算课程总评分
36          func calcTotalScore() {
37              examScore
38          }
39      }
```

Course 类的大部分代码和 PhysicalEducation 类都是相同的，不同的地方主要在于在定义类时，在关键字 class 前面加上了一个修饰符 open。

如果定义一个类时在关键字 class 前面使用了关键字 open 修饰，那么这个类就可以被继承。在本示例对 Course 类的定义中，使用了修饰符 open（第 4 行代码）。

然后，修改 PhysicalEducation 类，使其继承 Course 类。修改后的 physical_education.cj 如代码清单 7-16 所示。

代码清单 7-16　physical_education.cj

```
01      package course_management
02
03      // PhysicalEducation 类继承了 Course 类
04      class PhysicalEducation <: Course {
05          init(studentID: String, examScore: Int64) {
06              super(studentID, examScore)   // 通过 super 调用父类 Course 的构造函数
07          }
08      }
```

在 PhysicalEducation 类的定义处使用 "<:" 指定了子类 PhysicalEducation 的父类为 Course 类（第 4 行代码）。

子类 Sub 继承父类 Base 的语法格式为：

```
class Sub <: Base {}   // 在子类的定义处通过 <: 指定其继承的父类
```

子类会继承父类中**除构造函数和 private 成员之外**的所有成员。

在本示例中，子类 PhysicalEducation 会继承父类 Course 的两个实例成员属性 propStudentId 和 propExamScore，以及实例成员函数 calcTotalScore。

因为子类在继承父类时不会继承父类的构造函数，所以为了复用父类的构造函数，在子类中使用了关键字 super 来调用父类的构造函数（第 6 行代码）。

编译并执行以上程序，运行结果和之前是一样的。

通过示例可以发现，子类继承父类之后，就可以直接复用父类的成员了。另外，在子类中可以添加子类独有的成员。在设计继承关系时，应该将共同的数据和行为抽象到父类中，这样子类可以更容易重用这些共享的特征。

1. 关键字 super

在子类的构造函数中，可以使用关键字 super 来调用父类的构造函数，以对父类中的实例成员变量进行初始化：

```
super(参数列表)
```

在使用以上代码时，该行代码必须作为构造函数的第 1 行代码。前面介绍过可以使用 "this(参数列表)" 来调用本类中重载的其他构造函数，该行代码也必须作为构造函数的第 1 行代码。因此，"super(参数列表)" 和 "this(参数列表)" 在同一个构造函数中不能同时使用。

2. 继承的规则

如果在定义 Sub 类时使用 "<:" 继承了 Base 类，那么 Base 类型是 Sub 类型的父类型，Sub 类型是 Base 类型的子类型。Base 类被称作 Sub 类的直接父类。因为仓颉不支持类的多继承，只支持类的单继承，所以一个类最多只能有一个直接父类。

尽管一个类最多只能有一个直接父类，但一个类却可能有多个间接父类。例如，如果 Sub 类的直接父类 Base 继承了 Base1 类，Base1 类继承了 Base2 类，那么，Base1 类和 Base2 类都是 Sub 类的间接父类。此时，Sub 类型也是 Base1 类型或 Base2 类型的子类型。

子类将继承所有父类（包括直接父类和间接父类）中除构造函数和 private 成员之外的所有成员。 举例如下：

```
open class ClassA {
    var x = 1
}

// ClassB 继承了 ClassA
open class ClassB <: ClassA {
    var y = 2
```

```
    }

    // Sub 继承了 ClassB
    class Sub <: ClassB {
        // 代码略
    }
```

在以上示例中，Sub 类继承了 ClassB 类，ClassB 类继承了 ClassA 类，因此 Sub 类将继承 ClassA 类和 ClassB 类中除构造函数和 private 成员外的所有成员（ClassA 类的成员变量 x 和 ClassB 类的成员变量 y）。

如果定义某个类时没有使用 "<:" 继承其他类，那么这个类的直接父类是 Object。Object 是所有类的父类，Object 没有直接父类，且 Object 中不包含任何成员。

7.3.2 创建新的子类

在 Course 类之后，再来定义一个表示数学课的类 Math，存储在目录 course_management 下的 math.cj 中。与体育课不同的是，数学课的课程总评分是这样计算的：

课程总评分 = 出勤得分 * 出勤得分在总评分中的占比 + 考试得分 * 考试得分在总评分中的占比

其中，出勤得分和考试得分的取值都是 0 到 100 之间的整数，两种得分在总评分中的占比之和为 100%，并且考试得分在总评分中的占比不得低于 50%。因此，需要为 Math 类添加几个新成员。Math 类如代码清单 7-17 所示。

代码清单 7-17   math.cj

```
01  package course_management
02
03  // Math 类继承了 Course 类
04  class Math <: Course {
05      private var attendanceScore: Int64   // 出勤得分
06      private var examRate: Int64    // 考试得分占课程总评分的百分比的整数部分
07
08      init(studentID: String, examScore: Int64, attendanceScore: Int64,
09          examRate: Int64) {
10          // 通过 super 调用父类的构造函数对 studentID 和 examScore 完成初始化
11          super(studentID, examScore)
12          // 对 attendanceScore 和 examRate 进行初始化
13          this.attendanceScore = attendanceScore
14          this.examRate = examRate
15      }
16
17      // 用于访问 attendanceScore 的成员属性
18      mut prop propAtdScore: Int64 {
19          get() {
20              attendanceScore
```

```
21                }
22
23            set(attendanceScore) {
24                this.attendanceScore = attendanceScore
25            }
26        }
27
28        // 用于访问 examRate 的成员属性
29        mut prop propExamRate: Int64 {
30            get() {
31                examRate
32            }
33
34            set(examRate) {
35                // 考试得分在课程得分中的占比不得低于50%
36                if (examRate >= 50 && examRate <= 100) {
37                    this.examRate = examRate
38                } else {
39                    println("对不起，您输入的比例有误，无法修改！")
40                }
41            }
42        }
43    }
```

Math 类继承了 Course 类（第 4 行代码），并且添加了成员变量 attendanceScore 和 examRate，以及对应的成员属性 propAtdScore 和 propExamRate。其中，attendanceScore 表示出勤得分，examRate 表示考试得分占课程总评分的百分比的整数部分。考试得分占比在 50%~100%，因此我们将 examRate 定义为 Int64 类型的可变变量，在实际计算时可以使用 Float64(examRate) / 100.0 将其换算为百分比数值，对应的出勤得分占比可以通过 100%减去考试得分占比得到。另外，在 Math 类的构造函数中，还可以对 attendanceScore 和 examRate 的数据合理性进行验证，以确保传入的参数是合理的。

修改 main，检查各个类的工作是否正常。修改后的 main 如代码清单 7-18 所示。

代码清单 7-18　main.cj 中的 main

```
01    main() {
02        // PhysicalEducation 对象
03        let physicalEducation = PhysicalEducation("0011", 90)
04        println("体育：")
05        println("\t 学号：${physicalEducation.propStudentID}")
06        println("\t 考试得分：${physicalEducation.propExamScore}")
07        println("\t 课程得分：${physicalEducation.calcTotalScore()}")
08
09        // Math 对象
10        let math = Math("0011", 85, 90, 60)
```

```
11          println("数学: ")
12          println("\t 学号: ${math.propStudentID}")
13          println("\t 考试得分: ${math.propExamScore}")
14          println("\t 课程得分: ${math.calcTotalScore()}")
15      }
```

编译并执行以上程序，输出结果为：

```
体育:
        学号: 0011
        考试得分: 90
        课程得分: 90
数学:
        学号: 0011
        考试得分: 85
        课程得分: 85
```

在以上计算结果中，数学课的课程得分是错误的。这是因为 Math 类继承了 Course 类的成员函数 calcTotalScore，而 Course 类的 calcTotalScore 在计算时直接将考试得分作为课程得分，与数学课的课程得分计算方法不同。这一问题将在 7.3.3 节中得到解决。

7.3.3 重写和重定义

当子类需要修改从父类中继承来的成员函数或属性时，可以在子类中重新实现继承的成员函数或属性。在子类中对继承的**实例成员函数（属性）**的重新实现被称为重写（override），对继承的**静态成员函数（属性）**的重新实现被称为重定义（redefine）。

由于子类没有继承父类的构造函数和 private 成员，因此子类无法重写或重定义父类中的构造函数和 private 成员。

1. 实例成员的重写

以课务管理项目为例，在 Course 类中有一个实例成员函数 calcTotalScore，用于计算课程总评分。在该函数中，直接将考试得分返回并作为课程总评分。这个计算方式只适用于体育课，而不适用于数学课。因此，需要在 Math 类中对函数 calcTotalScore 进行重写。

在对继承的实例成员进行重写时，对父类中对应的实例成员，**必须**在前面加上修饰符 open，并**确保**该成员的可见性修饰符为 public 或 protected。对子类中重写的实例成员，可以在前面加上修饰符 override，也可以省略 override，为了提高代码可读性，建议不要省略。

修改后的 Course 类如代码清单 7-19 所示（没有发生变动且无关的代码均被省略了）。

代码清单 7-19　course.cj 中的 Course 类

```
01  open class Course {
02      // 无关代码略
03
04      // 加上了 protected open
05      protected open func calcTotalScore() {
```

```
06              examScore
07          }
08      }
```

在 Math 类的末尾重写成员函数 calcTotalScore。修改后的 Math 类如代码清单 7-20 所示。

代码清单 7-20　math.cj 中的 Math 类

```
01  class Math <: Course {
02      // 无关代码略
03
04      // 重写父类的成员函数，加上了 protected override
05      protected override func calcTotalScore() {
06          // 课程总评分由出勤得分和考试得分两部分构成
07          let score1 = Float64(attendanceScore * (100 - examRate)) / 100.0
08          let score2 = Float64(propExamScore * examRate) / 100.0
09          Int64(score1 + score2)
10      }
11  }
```

编译并执行程序，输出结果为：

```
体育：
        学号：0011
        考试得分：90
        课程得分：90
数学：
        学号：0011
        考试得分：85
        课程得分：87
```

重写之后，数学课的课程得分计算结果是正确的，说明重写的代码起了作用。

2. 静态成员的重定义

在对继承的静态成员进行重定义时，对父类中对应的静态成员不需要做任何操作。对子类中重定义的静态成员，可以在前面加上修饰符 redef，也可以省略 redef，为了提高代码可读性，建议不要省略。举例如下：

```
open class Base {
    // 父类的静态成员函数
    static func test() {
        "Base"
    }
}

class Sub <: Base {
    // 子类重定义的静态成员函数
    static redef func test() {
        "Sub"
```

```
    }
}

main() {
    println(Base.test())   // 输出: Base
    println(Sub.test())    // 输出: Sub
}
```

3. 重写和重定义的规则

实例成员被重写后必须仍然为实例成员，不能变为静态成员。静态成员被重定义后必须仍然为静态成员，不能变为实例成员。

在子类中重写或重定义父类的成员函数时，需要同时满足以下条件。

- 函数名保持不变。
- 函数的形参类型列表保持不变；如果函数中使用了命名形参，那么命名形参的名称也必须保持不变。
- 函数返回值类型要么保持不变，要么是原类型的子类型。
- 函数的访问控制权限不能更严格，要么保持不变，要么更宽松。

在下面的示例代码中，子类 Sub 重写了父类 Base 的实例成员函数 test。重写后与重写前相比，函数名 test 和形参类型列表(Int64, Float64)都保持不变。但是，重写后的返回值类型 Sub 是重写前返回值类型 Base 的子类型，并且重写后的访问控制权限更宽松了。

```
open class Base {
    protected open func test(p1: Int64, p2: Float64): Base {
        println("Base")
        Base()
    }
}


class Sub <: Base {
    public override func test(p3: Int64, p4: Float64): Sub {
        println("Sub")
        Sub()
    }
}

main() {
    let sub = Sub()
    sub.test(18, 2.3)   // 输出: Sub
    ()   // main 的返回值类型应为 Unit 或整数类型
}
```

在以上示例代码中，父类 Base 的函数 test 的两个形参是非命名参数。在子类 Sub 重写 test 时，只需要保持形参类型列表不变，形参名是可以不一样的，在父类中使用的形参名为 p1 和

p2，在子类中使用的形参名为 p3 和 p4。如果 Base 的函数 test 的参数是命名参数，那么在 Sub 重写 test 时，不仅要保持形参类型列表不变，还要保持形参名不变，否则将会引发编译错误。举例如下：

```
open class Base {
    protected open func test(p1: Int64, p2: Int64, p3!: Float64) {
        println("Base")
    }
}

class Sub <: Base {
    // 重写时，非命名参数只需要保持形参类型列表一致，命名参数还需要保持形参名不变
    protected override func test(p4: Int64, p5: Int64, p3!: Float64) {
        println("Sub")
    }
}
```

在子类中重写或重定义父类的成员属性的方式与成员函数是一样的，但需要同时满足以下条件。

- 属性名保持不变。
- 属性是否被 mut 修饰必须保持不变。
- 属性的类型必须保持不变，不能是其子类型。
- 属性的访问控制权限不能更严格，要么保持不变，要么更宽松。

7.3.4 使用组合实现代码复用

继承是实现代码复用的重要手段，但是继承会导致父类和子类之间的耦合度较高，当父类发生改变时，可能会影响到子类的行为，这使得子类缺乏独立性，并且导致子类不容易维护。

除了继承，组合也是实现代码复用的重要手段。通过组合，一个类可以将其他类的对象作为成员变量，实现代码复用。组合可以降低类之间的耦合度，使用起来更加灵活。继承表达的是一种"父类——子类"的关系，类似于笔记本电脑（子类）是电脑（父类）中的一种；组合表达的是一种"整体——部分"的关系，类似于处理器（部分）是电脑（整体）的一部分。

接下来，继续修改课务管理项目，在课程中加入授课教师的相关信息，并使用组合来实现代码复用。首先在目录 course_management 下新建一个仓颉源文件 full_time_teacher.cj，在源文件中定义表示全职教师的 FullTimeTeacher 类，其中，成员函数 printInfo 用于输出授课教师的授课时间信息，如代码清单 7-21 所示。

代码清单 7-21　full_time_teacher.cj

```
01    package course_management
02
03    class FullTimeTeacher {
```

```
04        func printInfo() {
05            println("全职教师 授课时间：工作日 全天")
06        }
07    }
```

接着，在 PhysicalEducation 类中定义一个 FullTimeTeacher 类型的 private 实例成员变量 teacher，并添加一个实例成员函数 printTeacherInfo，用于输出授课教师的相关信息。修改后的 PhysicalEducation 类如代码清单 7-22 所示。

代码清单 7-22　physical_education.cj 中的 PhysicalEducation 类

```
01    class PhysicalEducation <: Course {
02        private var teacher = FullTimeTeacher()   // 授课教师
03
04        // 无关代码略
05
06        func printTeacherInfo() {
07            teacher.printInfo()
08        }
09    }
```

在 PhysicalEducation 类中，在添加成员变量 teacher 的同时，使用了一个 FullTimeTeacher 对象对其进行了初始化（第 2 行代码）。因为创建 FullTimeTeacher 对象不需要提供任何参数，所以在创建 PhysicalEducation 对象时，没有必要从外部传入实参来对成员变量 teacher 进行初始化，因而也不需要修改 PhysicalEducation 类的构造函数。

继续对 Math 类作相同的修改（代码略）。

最后修改 main 以输出授课教师的相关信息。修改后的 main 如代码清单 7-23 所示。

代码清单 7-23　main.cj 中的 main

```
01    main() {
02        let physicalEducation = PhysicalEducation("0012", 90)
03        println("physicalEducation 的授课教师信息：")
04        physicalEducation.printTeacherInfo()
05
06        let math = Math("0013", 85, 90, 60)
07        println("math 的授课教师信息：")
08        math.printTeacherInfo()
09    }
```

在 main 中，当使用 physicalEducation 调用 PhysicalEducation 类的实例成员函数 printTeacherInfo 时（第 4 行代码），会通过 PhysicalEducation 类的成员变量 teacher 调用 FullTimeTeacher 类的实例成员函数 printInfo。通过 math 调用 Math 类的实例成员函数 printTeacherInfo 也是同理（第 8 行代码）。

编译并执行以上程序，输出结果为：

physicalEducation 的授课教师信息：
全职教师 授课时间：工作日 全天
math 的授课教师信息：
全职教师 授课时间：工作日 全天

于是就使用组合实现了在 PhysicalEducation 类和 Math 类中对 FullTimeTeacher 类的代码的复用。每个 PhysicalEducation 对象和 Math 对象都有自己的 FullTimeTeacher 实例，这意味着 PhysicalEducation 和 Math 的行为可以通过改变组成部分 FullTimeTeacher 的实现来改变，而不需要改变 PhysicalEducation 和 Math 类本身。这提供了很好的灵活性和可维护性。

使用组合还有其他优势，例如它支持更松散的耦合，使代码的各个部分更加独立，从而更容易理解、测试和维护。同时，它也避免了继承可能带来的一些问题，如过度的类层次结构等。

7.4 多态

多态是面向对象编程的三大特征中的最后一个。多态指的是同一个引用类型的变量在访问同一个实例成员函数（属性）时呈现出不同的行为。多态是继承、重写和接口（见 7.6 节）的自然结果，可以提高代码的可扩展性和灵活性。

7.4.1 将子类对象赋给父类类型的变量

子类是特殊的父类。例如，在课务管理项目中，Math 可以被看作特殊的 Course，对于子类 Math 的某个对象，既可以说该对象的类型是 Math，也可以说该对象的类型是 Course。因此，可以将子类的对象赋给父类类型的变量（反之不行），这被称作向上转型。

修改 main，声明几个不同的引用类型的变量，修改后的 main 如代码清单 7-24 所示。

代码清单 7-24　main.cj 中的 main

```
01  main() {
02      // 将 Course 对象的引用赋给 Course 类型的变量 course1
03      let course1: Course = Course("0011", 70)
04      println("课程得分: ${course1.calcTotalScore()}")
05
06      // 将 Math 对象的引用赋给 Math 类型的变量 course2
07      let course2: Math = Math("0012", 70, 80, 50)
08      println("课程得分: ${course2.calcTotalScore()}")
09
10      // 将 Math 对象的引用赋给 Course 类型的变量 course3
11      let course3: Course = Math("0013", 90, 100, 60)
12      println("课程得分: ${course3.calcTotalScore()}")
13  }
```

编译并执行以上程序，输出结果为：

```
课程得分：70
课程得分：75
课程得分：94
```

引用类型的变量有两个类型：编译时类型和运行时类型。如果在声明时显式指明了类型，那么变量的编译时类型就是声明的类型；如果在声明时缺省了类型，那么变量的编译时类型就是编译器推断的类型。引用类型变量的运行时类型由实际赋给该变量的实例的类型决定。

在以上代码中，声明了 3 个引用类型的变量 course1、course2 和 course3。

变量 course1 的编译时类型是 Course，运行时类型也是 Course。变量 course1 的编译时类型和运行时类型是一致的。因此，使用 course1 调用函数 calcTotalScore 时（第 4 行代码），调用的总是 Course 的实例成员函数 calcTotalScore。

变量 course2 的编译时类型是 Math，运行时类型也是 Math。与变量 course1 一样，变量 course2 的编译时类型和运行时类型也是一致的。因此，使用 course2 调用函数 calcTotalScore 时（第 8 行代码），调用的总是 Math 的重写的实例成员函数 calcTotalScore。

对于变量 course3，其编译时类型为 Course，而运行时类型为 Math。在编译并执行时，系统自动将 Math 对象向上转型为父类类型 Course，因为子类是一种特殊的父类。由于变量 course3 的编译时类型是 Course，运行时类型是 Math，因此使用 course3 调用实例成员函数 calcTotalScore 时（第 12 行代码），调用的实际是子类重写的实例成员函数 calcTotalScore，而不是父类的实例成员函数 calcTotalScore，这就构成了多态。

> **注意** 向上转型是由系统自动完成的，这不是一种隐式的类型转换，因为子类型天然就是父类型，不存在类型转换的说法。

7.4.2 通过继承实现多态

在面向对象编程中，多态可以通过继承来实现：当子类**继承**了父类并**重写**了父类的实例成员时，如果将子类对象赋给父类类型的变量，那么使用该变量访问被重写的实例成员时，访问的将是子类的实例成员，而不是父类的实例成员，这样，就构成了**多态**。

继续完善课务管理项目，对 main 作一些修改。修改后的 main 如代码清单 7-25 所示。

代码清单 7-25　main.cj 中的 main

```
01    main() {
02        var course: Course = Course("0011", 70)
03        println("Course(\"0011\", 70): ")
04        println("\t 考试得分: ${course.propExamScore}")
05        println("\t 课程得分: ${course.calcTotalScore()}")
06
07        course = PhysicalEducation("0012", 80)
08        println("\nPhysicalEducation(\"0012\", 80): ")
09        println("\t 考试得分: ${course.propExamScore}")
```

```
10        println("\t 课程得分: ${course.calcTotalScore()}")
11
12        course = Math("0013", 90, 100, 60)
13        println("\nMath(\"0013\", 90, 100, 60): ")
14        println("\t 考试得分: ${course.propExamScore}")
15        println("\t 课程得分: ${course.calcTotalScore()}")
16    }
```

编译并执行以上程序，输出结果为：

```
Course("0011", 70):
        考试得分: 70
        课程得分: 70

PhysicalEducation("0012", 80):
        考试得分: 80
        课程得分: 80

Math("0013", 90, 100, 60):
        考试得分: 90
        课程得分: 94
```

首先，声明一个 Course 类型的变量 course，其初始值为 Course 类型的对象（第 2 行代码）。当我们通过 course 调用实例成员函数 calcTotalScore 时（第 5 行代码），调用的是父类的 calcTotalScore，而父类的 calcTotalScore 代码如下：

```
protected open func calcTotalScore() {
    examScore
}
```

因此计算出的课程得分为 70。

然后，修改了变量 course，将一个 PhysicalEducation 对象赋给了 course（第 7 行代码），再使用 course 调用了 calcTotalScore（第 10 行代码）。由于在子类 PhysicalEducation 中没有重写函数 calcTotalScore，因此这次调用的仍是父类 Course 的函数 calcTotalScore，计算出的课程得分为 80。

最后，将一个 Math 对象赋给了变量 course（第 12 行代码）。在子类 Math 中，重写了函数 calcTotalScore，代码如下：

```
protected override func calcTotalScore() {
    // 课程总评分由出勤得分和考试得分两部分构成
    let score1 = Float64(attendanceScore * (100 - examRate)) / 100.0
    let score2 = Float64(propExamScore * examRate) / 100.0
    Int64(score1 + score2)
}
```

当使用 course 调用函数 calcTotalScore 时（第 15 行代码），调用的是子类 Math 的 calcTotalScore，计算出的课程得分为 94。

当把子类类型的对象赋给父类类型的变量，并通过该变量访问实例成员函数（属性）时，在程序运行时，系统会进行**动态派发**：如果子类重写了父类的实例成员，就会派发子类重写后的实例成员，否则，会派发父类的实例成员。因此，多态是通过动态派发技术来实现的。

在以上示例中，全都使用 Course 类型的变量 course 来调用实例成员函数 calcTotalScore，从而利用多态统一了函数的调用方式。因此，我们可以继续修改程序，在 main.cj 中定义一个全局函数 calcScoreByCourse，该函数的形参是父类类型 Course。然后就可以传递 Course 类的任何子类对象给这个函数作为参数。这样就可以使用统一的方式处理所有的子类对象，从而增加了代码的复用性和灵活性。修改后的 main.cj 如代码清单 7-26 所示。

代码清单 7-26　main.cj

```
01  package course_management
02
03  func calcScoreByCourse(course: Course) {
04      println("\n考试得分: ${course.propExamScore}")
05      println("课程得分: ${course.calcTotalScore()}")
06  }
07
08  main() {
09      calcScoreByCourse(Course("0011", 70))
10      calcScoreByCourse(PhysicalEducation("0012", 80))
11      calcScoreByCourse(Math("0013", 90, 100, 60))
12  }
```

编译并执行以上程序，输出结果为：

```
考试得分: 70
课程得分: 70

考试得分: 80
课程得分: 80

考试得分: 90
课程得分: 94
```

7.5　抽象类

当设计一个类时，可能知道该类应该包含某些成员函数或成员属性，但无法预先知道如何实现这些成员函数或成员属性。

例如，我们定义了一个表示饮料的 Beverage 类，其中有一个成员函数 prepare，用于准备该饮料。但是不同的饮料如茶（Tea 类）、咖啡（Coffee 类）、果汁（Juice 类）等的准备过程和材料都是不一样的。因此在不同的子类中，该成员函数的实现方式都是不同的。

针对这个问题，我们很自然地想到两种解决方案：一是不在父类 Beverage 中定义成员函数

prepare，转而在每一个子类中都添加一个成员函数 prepare；二是在父类 Beverage 中选择一种饮料（例如茶）的准备过程实现成员函数 prepare，然后在其他饮料对应的子类中分别重写 prepare。以上两种解决方案显然都有弊端，即前者无法使用面向对象编程的多态特性，后者错误地将子类的业务逻辑放在了父类中。

使用抽象类可以解决这个问题。仓颉允许在抽象类中定义抽象函数和抽象属性，抽象函数和抽象属性可以只有签名，没有具体实现；当子类继承了抽象父类之后，再根据子类的需求来实现抽象函数和抽象属性。

7.5.1　将已有的类改造为抽象类

观察一下课务管理项目中父类 Course 和两个子类的函数 calcTotalScore，就会发现两个子类对课程得分的计算方法是不同的，而父类 Course 的计算方法和子类 PhysicalEducation 是一致的。这时，我们可以考虑在父类中只提供函数 calcTotalScore 的签名，而不提供具体实现，将 Course 类改造为一个抽象类。

改造过后的 Course 类如代码清单 7-27 所示，其中略去了没有改动的代码。对 Course 类的改动有两处：删除了关键字 class 前面的修饰符 open，并在关键字 class 前面加上了修饰符 abstract；删除了函数 calcTotalScore 前面的修饰符 open 以及函数体（包括一对花括号），只保留了函数的签名（签名中显式指明了返回值类型为 Int64）。

代码清单 7-27　course.cj 中的 Course 类

```
01   // 删除 open，加上 abstract
02   abstract class Course {
03       // 无关代码略
04
05       // 删除 open 和函数体，只保留函数签名（需要指明函数返回值类型）
06       protected func calcTotalScore(): Int64
07   }
```

在定义时以关键字 abstract 修饰的类是抽象类。**在 Course 类前面加上修饰符 abstract 之后，Course 类就变为了抽象类**。在抽象类中**只有签名而没有提供实现的实例成员函数**即为抽象函数，如 Course 类的函数 calcTotalScore。

接下来，将 Math 类的函数 calcTotalScore 前面的修饰符 override 删除（也可以不删除）。在 PhysicalEducation 类中实现抽象函数 calcTotalScore，代码如下：

```
   // 实现父类的抽象函数
protected func calcTotalScore() {
    propExamScore
}
```

这样，就在两个子类 PhysicalEducation 和 Math 中都实现了父类的抽象函数 calcTotalScore。当一个类变为抽象类之后，就不能再对其实例化了，因此以下的代码是错误的：

```
var course: Course = Course("0011", 70)   // 错误，不能将抽象类实例化
```

1. 抽象类的定义和成员

只要一个类的定义前面加上了**修饰符 abstract**，该类就变为了一个**抽象类**。如果一个类包含抽象成员（抽象函数或抽象属性），那么该类**必须**使用 abstract 修饰。

提示　包含抽象成员的类一定是抽象类，而抽象类却不一定包含抽象成员。

如果一个类是抽象类，那么这个类就不能被实例化了，其主要的意义在于作为父类被子类继承。

抽象类可以包括的成员有：

- 成员变量，包括实例成员变量和静态成员变量；
- 静态初始化器；
- 构造函数；
- 完全实现的成员函数，包括实例成员函数和静态成员函数；
- 完全实现的成员属性，包括实例成员属性和静态成员属性；
- 抽象函数，即只有签名而没有提供实现的**实例成员函数**；
- 抽象属性，即只有签名而没有提供实现的**实例成员属性**。

因为抽象类不能被实例化，所以抽象类中的构造函数**只能**用于被子类调用。

2. 抽象函数

抽象函数**只能**是**实例**成员函数，而不能是构造函数或静态成员函数。抽象函数用于描述函数具有什么功能，但不提供具体实现。在定义抽象函数时，有以下 3 点注意事项。

- 抽象函数只有签名，没有函数体。
- 抽象函数的签名中**必须**定义返回值类型。
- 抽象函数的可见性修饰符**必须**是 public 或 protected。

例如，以下代码定义了一个抽象类 Base，其中定义了一个抽象函数 fn，该函数的返回值类型为 Unit，可见性修饰符为 protected。

```
// 抽象类 Base
abstract class Base {
    // 抽象函数 fn
    protected func fn(): Unit
}
```

需要注意的是，抽象函数与空函数体的函数是不同的。例如，在以下的代码中，函数 fn1 是一个抽象函数，它的实现要由子类完成；而函数 fn2 是一个空函数体的函数，它已经被实现了，只不过它被调用之后不执行任何操作。

```
abstract class Base {
    // 抽象函数
    protected func fn1(): Int64
```

```
    // 空函数体的函数
    func fn2() {}
}
```

子类实现抽象父类的抽象函数，与子类重写或重定义父类的成员函数是类似的，需要同时满足以下 4 个条件。

- 函数名保持不变。
- 函数的形参类型列表保持不变；如果函数中使用了命名形参，那么命名形参的名称也必须保持不变。
- 函数返回值类型要么保持不变，要么是原类型的子类型。
- 函数的访问控制权限不能更严格，要么保持不变，要么更宽松。

3. 抽象属性

类似于抽象函数，我们也可以在抽象类中提供没有实现、只有签名的抽象属性。抽象属性只能是抽象**实例成员属性**。并且，抽象属性的可见性修饰符**必须**是 public 或 protected。

抽象属性可以使抽象类对一些数据操作能以更加易用的方式进行约定，相比函数的方式要更加直观。

例如，下面的示例代码在父类 Base 中定义了一个抽象属性 propName，接着在子类 Sub 中实现了该属性。

```
abstract class Base {
    // 抽象属性
    public mut prop propName: String
}

class Sub <: Base {
    var name = ""

    public mut prop propName: String {
        get() {
            name
        }

        set(value) {
            name = value
        }
    }
}
```

通过抽象函数达到相同目的的的代码如下：

```
abstract class Base {
    // 抽象函数 getName
    public func getName(): String
```

```
    // 抽象函数 setName
    public func setName(value: String): Unit
}

class Sub <: Base {
    var name = ""

    public func getName() {
        name
    }

    public func setName(value: String) {
        name = value
    }
}
```

通过对比可以发现，在对一个 name 值的读取和修改进行约定时，使用属性的方式相比使用函数的方式代码更简洁，也更加符合对数据操作的意图。

子类实现抽象父类的抽象属性，与子类重写或重定义父类的成员属性是类似的，需要同时满足以下 4 个条件。

- 属性名保持不变。
- 属性是否被 mut 修饰必须保持不变。
- 属性的类型必须保持不变，不能是其子类型。
- 属性的访问控制权限不能更严格，要么保持不变，要么更宽松。

4. 抽象类的继承规则

抽象类只有被子类继承才有意义，抽象成员只有被子类实现才有意义。因此，抽象类天然就是可以被继承的。抽象类及其中的抽象成员默认具有 open 语义，在定义抽象类及其抽象成员时，关键字 class、func、prop 前面的 open 都是可选的。当子类实现抽象父类的抽象成员时，关键字 func、prop 前面的 override 也是可选的。

如果子类没有实现父类所有的抽象成员，那么子类也必须定义为抽象类，否则编译出错。例如，在以下代码中，子类 Sub 只实现了抽象函数 getName，没有实现抽象函数 setName，因此会编译出错。

```
abstract class Base {
    public func getName(): String
    public func setName(value: String): Unit
}

// 编译错误，Sub 类必须定义为抽象类
class Sub <: Base {
    var name = ""
```

```
    public func getName() {
        name
    }
}
```

定义抽象类时，在关键字 class 前面可以使用 sealed 修饰符。被 sealed 修饰的抽象类只能在本包内被继承。举例如下，在 test 包中有以下 3 个抽象类：

```
package test

// C1 类可以在包内或包外被继承
public abstract class C1 {}

// C2 类只能在 test 包内被继承，但在包外可见
sealed abstract class C2 {}

// C3 类只能在 test 包内被继承，因为 C3 类是包内可见的，包外不可见
abstract class C3 {}
```

被 public 修饰的 C1 类可以在 test 包内被继承，也可以在其他包内被继承；被 sealed 修饰的 C2 类只能在 test 包内被继承；而 C3 类只在 test 包内可见，它也只能在 test 包内被继承。

修饰符 sealed 包含了 public 的语义，即被 sealed 修饰的类是所有范围可见的，因此被 sealed 修饰的类无须再使用 public 修饰，如上例中的 C2。

最后需要说明一点，子类继承抽象父类时，不会继承父类的 open 或 sealed 修饰符，也不受父类的修饰符限制。例如，父类被 sealed 修饰，若子类（非抽象类）没有使用任何修饰符，那么子类不可以被继承；若子类使用了 public open 修饰，那么子类可以在包外被继承。

7.5.2 通过抽象函数和抽象类实现多态

回到课务管理项目，对 main 作一些修改，修改后的 main.cj 如代码清单 7-28 所示。

代码清单 7-28 main.cj

```
01  package course_management
02
03  func calcScoreByCourse(course: Course) {
04      println("\n考试得分: ${course.propExamScore}")
05      println("课程得分: ${course.calcTotalScore()}")
06  }
07
08  main() {
09      calcScoreByCourse(Course("0011", 70))   // 删除了该行代码
10      calcScoreByCourse(PhysicalEducation("0012", 80))
11      calcScoreByCourse(Math("0013", 90, 100, 60))
12  }
```

编译并执行以上程序，输出结果为：

```
考试得分：80
课程得分：80

考试得分：90
课程得分：94
```

因为 Course 类是一个抽象类，所以不能对 Course 类进行实例化。因此，需要删除 main 中对 Course 类进行实例化的相关代码（第 9 行代码）。

函数 calcScoreByCourse 的形参类型为 Course。虽然不能对 Course 类进行实例化，但是我们可以将 Course 类的子类对象作为实参传给 Course 类型的形参，因为子类型天然是父类型。

在 main 中，我们分别通过 PhysicalEducation("0012", 80) 和 Math("0013", 90, 100, 60) 创建了 Course 类的两个子类对象，并将它们作为实参调用了函数 calcScoreByCourse（第 10、11 行代码）。

经过以上改造，我们得到了一个抽象类 Course，并利用抽象类的抽象函数 calcTotalScore 实现了多态，使得 Course 类型的变量 course（函数 calcScoreByCourse 的形参）在调用同一个函数 calcTotalScore 时呈现了不同的行为。

7.6 接口

与类（class 类型）一样，接口（interface 类型）也是一种自定义类型。接口不关心数据，只关心类型应该具备的行为和功能。因此，通常情况下，接口不包含实现的细节。

定义接口的语法格式如下：

```
[public] [sealed] [open] interface 接口名 {
    定义体    // 可以包含成员属性、成员函数
}
```

接口（interface 类型）使用关键字 interface 定义，其定义的格式同 class 类型类似。关键字 interface 之后是接口名，接口名必须是合法的标识符，建议使用**大驼峰命名风格**来命名。接口名之后是以一对花括号括起来的 interface 定义体，interface 定义体中可以定义一系列的成员属性和成员函数。

接口**必须**定义在仓颉源文件的顶层。接口的访问控制级别和类一样：要么是本包，要么是所有。当缺省了可见性修饰符时，接口只在本包内可见；当被 public 修饰时，接口在所有范围可见。另外，当被 sealed 修饰时，接口在所有范围可见，但只能在本包内被实现或继承（此时不建议同时使用 public 修饰符）。

因为接口默认具有 open 语义，所以定义接口时修饰符 open 是可选的。接口成员也可以使用 open 修饰，并且 open 也是可选的。

注意　接口中只能包含成员函数和成员属性，不能包含成员变量和构造函数。

7.6.1 定义接口

接下来，继续实现课务管理项目，在其中添加一门课程。在目录 course_management 下新建一个仓颉源文件 career_planning.cj，在其中定义一个用于表示职业生涯规划课的 CareerPlanning 类。这个类的大部分代码和 PhysicalEducation 类是相同的，只是没有与授课教师相关的成员。因为职业生涯规划课采取的是邀请不同的专家教授以专题讲座的形式来授课，所以 CareerPlanning 类不需要授课教师的相关成员。career_planning.cj 的代码如代码清单 7-29 所示。

代码清单 7-29　career_planning.cj

```
01    package course_management
02
03    class CareerPlanning <: Course {
04        init(studentID: String, examScore: Int64) {
05            super(studentID, examScore)   // 通过 super 调用父类 Course 的构造函数
06        }
07
08        // 计算课程总评分
09        protected func calcTotalScore() {
10            propExamScore
11        }
12    }
```

假设需要对课程得分进行等级划分，规则如下所示。

■ 不对体育课的课程得分进行等级划分。

■ 将数学课的课程得分划分为 4 个等级：不及格（0～59 分）、及格（60～79 分）、良好（80～89 分）、优秀（90～100 分）。

■ 将职业生涯规划课的课程得分划分为 2 个等级：不合格（0～59 分）和合格（60～100 分）。

如果定义一个名为 calcGrade 的函数，用于对课程得分进行等级划分，那么这个函数定义在哪里比较好呢？如果在父类 Course 中定义一个抽象函数 calcGrade，那么不需要划分等级的 PhysicalEducation 类也必须实现这个函数。如果在子类 Math 和 CareerPlanning 中分别定义一个实例成员函数 calcGrade，那么在调用该函数时将无法利用多态的特性。为了解决这个问题，可以将函数 calcGrade 定义在一个接口中。

在目录 course_management 下新建一个仓颉源文件 grade_calculable.cj，在其中定义一个名为 GradeCalculable 的接口，如代码清单 7-30 所示。

代码清单 7-30　grade_calculable.cj

```
01    package course_management
02
03    interface GradeCalculable {
04        func calcGrade(): String
05    }
```

在接口 GradeCalculable 中，定义了一个成员函数 calcGrade（第 4 行代码）。

7.6.2 实现接口

定义好接口之后，就可以实现接口了。同 class 类型的继承一样，实现接口也使用符号"<:"。如果一个类在继承了父类的同时还实现了接口，那么可以将父类和接口在符号"<:"之后使用符号"&"进行分隔，注意父类**必须**放在接口的前面。

修改 Math 类和 CareerPlanning 类，使这两个类都实现 GradeCalculable 接口。**接口中的所有成员都默认被 public 修饰**，因此，在实现函数 calcGrade 时必须要添加修饰符 public。修改后的 Math 类如代码清单 7-31 所示。

代码清单 7-31　math.cj 中的 Math 类

```
01    class Math <: Course & GradeCalculable {
02        // 无关代码略
03
04        public func calcGrade() {
05            let score = calcTotalScore()
06            if (score < 60) {
07                "不及格"
08            } else if (score < 80) {
09                "及格"
10            } else if (score < 90) {
11                "良好"
12            } else {
13                "优秀"
14            }
15        }
16    }
```

在 Math 类的定义中，通过添加"& GradeCalculable"实现了 GradeCalculable 接口（第 1 行代码）。之后在 Math 类中添加了对成员函数 calcGrade 的实现，注意该函数必须使用 public 修饰（第 4~15 行代码）。对 CareerPlanning 类也进行相同的修改，不过 CareerPlanning 类中的 calcGrade 函数的代码如下：

```
public func calcGrade() {
    let score = calcTotalScore()
    if (score < 60) {
        "不合格"
    } else {
        "合格"
    }
}
```

> **注意** 这里假定了在构造 Math 和 CareerPlanning 对象时，传入的 examScore 和 attendanceScore
> 均是 0 到 100 之间的整数且 examRate 是 50 到 100 之间的整数，因此通过 calcTotalScore
> 计算出的课程得分也一定是 0 到 100 之间的整数。在实际编程时，应该在构造函数
> 中对传入参数的合理性进行必要的验证，本示例中省略了这一步骤。

1. 接口的实现规则

接口可以被其他非接口类型实现，也可以被其他接口类型继承。同抽象类一样，接口不能被实例化。

仓颉的所有非接口类型都可以实现接口。所有非接口类型（除 class 类型外）在实现接口时**必须完全实现**，即**必须实现**接口中的**所有**成员。

对于 class 类型，可以部分实现接口，即只实现接口中的部分成员。但是如果一个类只实现了接口中的部分成员，那么这个类必须被定义为抽象类。举例如下：

```
interface Testable {
    func fn1(): String
    func fn2(): Int64
}


// 只实现了接口中的部分成员，必须定义为抽象类
abstract class TestClass <: Testable {
    // 实现了接口 Testable 的成员函数 fn1，没有实现成员函数 fn2
    public func fn1() {
        "test"
    }
}
```

在以上示例代码中，TestClass 类实现了接口 Testable，但是只实现了接口的成员函数 fn1，并没有实现成员函数 fn2，因此 TestClass 类只能被定义为抽象类。

一个类型可以实现一个或多个接口，当实现多个接口时，接口之间使用 "&" 进行分隔，接口之间没有顺序要求。举例如下：

```
interface Callable {
    func makeCall(phoneNumber: String): Unit
}


interface Photographable {
    func takePhoto(): Unit
}


class SmartPhone <: Callable & Photographable {
    // 实现了接口 Callable 的成员函数 makeCall
    public func makeCall(phoneNumber: String) {
        println("向${phoneNumber}拨打电话...")
    }
}
```

```
    // 实现了接口 Photographable 的成员函数 takePhoto
    public func takePhoto() {
        println("拍照...")
    }
}
```

在以上示例代码中，SmartPhone 类实现了两个接口：Callable 和 Photographable，并且实现了两个接口的所有成员。

由于仓颉只支持类的单继承，不支持类的多继承，任何一个类最多只能有一个直接父类，而任何一个类都可以直接实现多个接口，因此接口在某种程度上弥补了 class 类型单继承的不足。

2. 接口成员的实现规则

前面的示例已经简单地演示了如何实现接口成员，接下来我们详细讨论一下实现接口成员的规则。接口成员包括成员函数和成员属性，接口成员既可以是实例成员，也可以是静态成员。接口的成员默认就被 public 修饰，不可以添加额外的可见性修饰符。

当实现接口的成员函数时，需要同时满足以下 4 个条件。

- 函数名保持不变。
- 函数的形参类型列表保持不变（如果函数中使用了命名形参，那么命名形参的名称也必须保持不变）。
- 函数返回值类型要么保持不变，要么是原类型的子类型。
- 必须添加修饰符 public。

在下面的示例代码中，对于 MyClass 实现的成员函数 fn，不能改为其他函数名，形参类型列表也要保持不变，返回值类型既可以是 Base 也可以是 Sub，但是必须添加修饰符 public。

```
open class Base {}

// Sub 类是 Base 类的子类
class Sub <: Base {}

interface MyInterface {
    // 成员函数 fn 的返回值类型为 Base
    func fn(value: Int64): Base
}

// MyClass 实现了接口 MyInterface
class MyClass <: MyInterface {
    public func fn(x: Int64): Sub {
        Sub()
    }
}
```

当实现接口的成员属性时，需要同时满足以下 4 个条件。

- 属性名保持不变。
- 属性是否被 mut 修饰必须保持不变。
- 属性的类型必须保持不变，不能是其子类型。
- 必须添加修饰符 public。

在下面的示例代码中，对于 MyClass 实现的成员属性 propA，不能改为其他名称，不能去掉修饰符 mut，不能将 Base 改为 Sub，并且必须要添加修饰符 public。

```
open class Base {}
class Sub <: Base {}

interface MyInterface {
    mut prop propA: Base
}

class MyClass <: MyInterface {
    private var a = Base()

    public mut prop propA: Base {
        get() {
            a
        }

        set(value) {
            a = value
        }
    }
}
```

以上示例中实现的都是实例成员，下面举一个实现静态成员的例子。

```
interface MyInterface {
    // 静态成员函数
    static func getTypeName(): String
}

class MyClass <: MyInterface {
    // 实现了接口 MyInterface 的静态成员函数 getTypeName
    public static func getTypeName() {
        "MyClass"
    }
}

main() {
    println(MyClass.getTypeName())  // 输出: MyClass
}
```

提示　在实现接口的成员时，实例成员前面可以使用修饰符 override，静态成员前面可以使用修饰符 redef。这些修饰符可以省略。

3. 为接口成员提供默认实现

仓颉允许为接口成员提供默认实现。如果一个类型实现了某接口，而接口的成员拥有默认实现，那么该类型可以不提供自己的实现而直接使用接口的实现。举例如下：

```
interface MyInterface {
    // 拥有默认实现的静态成员函数
    static func getTypeName() {
        "MyInterface"
    }
}

class MyClass <: MyInterface {}

main() {
    println(MyClass.getTypeName())   // 输出: MyInterface
}
```

在以上代码中，MyClass 类实现了 MyInterface 接口，而 MyInterface 接口的静态成员函数 getTypeName 拥有默认实现。MyClass 类在实现 MyInterface 接口时，没有为函数 getTypeName 提供实现，因此在 main 中使用 MyClass 类调用 getTypeName 函数时，输出的结果为：

```
MyInterface
```

当然，在实现接口时也可以为拥有默认实现的接口成员提供新的实现，这样接口的默认实现就无效了。举例如下：

```
interface MyInterface {
    // 拥有默认实现的静态成员函数
    static func getTypeName() {
        "MyInterface"
    }
}

class MyClass <: MyInterface {
    // 为拥有默认实现的静态成员函数提供了新的实现
    public static func getTypeName() {
        "MyClass"
    }
}

main() {
    println(MyClass.getTypeName())   // 输出: MyClass
}
```

注意	如果一个类型在实现多个接口时，多个接口都提供了同一个成员的默认实现，这时所有的默认实现都会失效，实现接口的类型必须提供自己的实现，否则会引发编译错误。

7.6.3 通过接口实现多态

同 class 类型一样，接口也是**引用类型**。如果某个类型实现了某个接口，那么该类型就成为该接口的子类型，因此可以将该类型的实例赋给该接口类型的变量。

继续完善课务管理项目，修改 main，如代码清单 7-32 所示。

代码清单 7-32　main.cj 中的 main

```
01  main() {
02      var gradeCalculable: GradeCalculable
03
04      gradeCalculable = Math("0011", 90, 100, 60)
05      println("Math: ")
06      println("\t得分等级: ${gradeCalculable.calcGrade()}")
07
08      gradeCalculable = CareerPlanning("0012", 70)
09      println("CareerPlanning: ")
10      println("\t得分等级: ${gradeCalculable.calcGrade()}")
11  }
```

在 main 中声明一个 GradeCalculable 类型的变量 gradeCalculable，分别构造一个 Math 类和 CareerPlanning 类的实例并赋给引用类型的变量 gradeCalculable（第 4、8 行代码）。当通过该变量调用函数 calcGrade 时，其运行时类型分别是 Math 和 CareerPlanning 类型，从而分别调用这两个类的函数 calcGrade（第 6、10 行代码）。这样，就通过接口实现了**多态**，同一个接口类型的变量 gradeCalculable 在调用同一个函数 calcGrade 时呈现出了不同的行为。

编译并执行以上程序，输出结果为：

```
Math:
        得分等级: 优秀
CareerPlanning:
        得分等级: 合格
```

接口定义了一种规范（标准），实现接口的类型必须要实现这种规范。例如，对任何一部智能手机而言，只要它支持蓝牙接口，那么任何蓝牙设备，如耳机、键盘、手环等，都可以与这部智能手机连接并正常使用。这是因为所有生产厂家都实现了蓝牙接口的规范。因此，接口不是物理意义上的连接器。当我们说蓝牙接口时，指的是智能手机上的蓝牙功能实现了蓝牙规范，而具体的连接器只是蓝牙接口的实例。只要大家都实现了同一个蓝牙规范，那么智能手机厂商不需要关心用户使用的是哪个厂家生产的何种类型的蓝牙设备，蓝牙设备生产厂家也不需要关心用户使用的智能手机是何种品牌何种型号。接口将规范和实现进行了分离，降低了模块之间的耦合。

7.6.4 继承接口

一个接口可以继承一个或多个接口，接口继承也使用符号"<:"。子接口继承父接口后，子接口类型即成为父接口类型的子类型。子接口可以获得父接口定义的所有成员，并且可以添加新的接口成员。当一个接口继承多个接口时，接口之间使用"&"符号分隔，没有顺序要求。具体示例如代码清单 7-33 所示。

代码清单 7-33　example.cj

```
01    interface Callable {
02        func makeCall(phoneNumber: String): Unit
03    }
04
05    interface Photographable {
06        func takePhoto(): Unit
07    }
08
09    interface SmartPhone <: Callable & Photographable {
10        static func getDeviceName(): String
11    }
12
13    class SmartPhoneX5 <: SmartPhone {
14        public static func getDeviceName() {
15            "X5"
16        }
17
18        public func makeCall(phoneNumber: String) {
19            println("向${phoneNumber}拨打电话...")
20        }
21
22        public func takePhoto() {
23            println("拍照...")
24        }
25    }
26
27    main() {
28        let smartPhoneX5 = SmartPhoneX5()
29        println(SmartPhoneX5.getDeviceName())
30        smartPhoneX5.makeCall("114")
31        smartPhoneX5.takePhoto()
32    }
```

编译并执行程序，输出结果为：

```
X5
向 114 拨打电话...
拍照...
```

在以上示例代码中，接口 SmartPhone 继承了接口 Callable 和 Photographable，获得了实例成员函数 makeCall 和 takePhoto，同时，添加了一个获取设备名称的静态成员函数 getDeviceName。当 SmartPhoneX5 类（非抽象类）实现接口 SmartPhone 时，就必须同时实现以上 3 个成员函数。SmartPhoneX5 类既是接口 SmartPhone 的子类型，又是接口 Callable 和 Photographable 的子类型。

7.6.5 面向接口编程示例

如前文所述，接口成功地将规范与实现分离，从而赋予实现可替换性。只要遵守接口规范，就可以轻松地用一个实现替换另一个实现。在软件系统中，通过接口使各个模块或组件在相互耦合时以接口为导向，能够实现松耦合，提高系统的可维护性和可扩展性。另外，接口还弥补了类仅能进行单一继承的局限性。接下来，继续改造课务管理项目，实现面向接口编程。

授课教师除了全职教师还有兼职教师。我们已经有了表示全职教师的 FullTimeTeacher 类，下面再定义一个表示兼职教师的 PartTimeTeacher 类。首先将仓颉源文件 full_time_teacher.cj 重命名为 teacher.cj，该文件用于存储所有和教师相关的类型。在 teacher.cj 中定义兼职教师对应的类 PartTimeTeacher，如代码清单 7-34 所示。

代码清单 7-34　teacher.cj 中的 **PartTimeTeacher** 类

```
01    class PartTimeTeacher {
02        func printInfo() {
03            println("兼职教师 授课时间：周六 全天")
04        }
05    }
```

回顾一下 PhysicalEducation 类。当前 PhysicalEducation 类中的代码体现的是授课教师为全职教师时的情况，相关的代码如代码清单 7-35 所示。

代码清单 7-35　physical_education.cj 中的 **PhysicalEducation** 类

```
01    class PhysicalEducation <: Course {
02        private var teacher = FullTimeTeacher()    // 授课教师
03
04        // 无关代码略
05
06        func printTeacherInfo() {
07            teacher.printInfo()
08        }
09    }
```

如果将体育课的授课教师改为兼职教师，那么就需要对 PhysicalEducation 类中与授课教师相关的代码进行修改。修改后的 PhysicalEducation 类如代码清单 7-36 所示。

代码清单 7-36 physical_education.cj 中的 PhysicalEducation 类

```
01  class PhysicalEducation <: Course {
02      private var teacher = PartTimeTeacher()  // 授课教师
03
04      // 无关代码略
05
06      func printTeacherInfo() {
07          teacher.printInfo()
08      }
09  }
```

从上面的代码中可以看出，PhysicalEducation 类与具体类型的授课教师对应的类紧密地耦合在一起，当修改授课教师类型时，必须要修改 PhysicalEducation 类中相应的代码，使PhysicalEducation 类的可维护性变得很糟糕。理想的情况在修改授课教师类型时，不需要修改PhysicalEducation 类中的代码。接下来使用面向接口编程的思想来解耦，使得授课教师类型可以被任意修改。

在 teacher.cj 中定义一个名为 TeacherReplaceable 的接口，如代码清单 7-37 所示。

代码清单 7-37 teacher.cj 中的 TeacherReplaceable 接口

```
01  interface TeacherReplaceable {
02      func printInfo(): Unit
03  }
```

接着让 FullTimeTeacher 类和 PartTimeTeacher 类都实现 TeacherReplaceable 接口，如代码清单 7-38 和代码清单 7-39 所示。

代码清单 7-38 teacher.cj 中的 FullTimeTeacher 类

```
01  class FullTimeTeacher <: TeacherReplaceable {
02      public func printInfo() {
03          println("全职教师 授课时间：工作日 全天")
04      }
05  }
```

代码清单 7-39 teacher.cj 中的 PartTimeTeacher 类

```
01  class PartTimeTeacher <: TeacherReplaceable {
02      public func printInfo() {
03          println("兼职教师 授课时间：周六 全天")
04      }
05  }
```

然后修改 PhysicalEducation 类，修改后的 PhysicalEducation 类如代码清单 7-40 所示。

代码清单 7-40 physical_education.cj 中的 PhysicalEducation 类

```
01  class PhysicalEducation <: Course {
02      private var teacher: TeacherReplaceable  // 授课教师
```

```
03
04        init(studentID: String, examScore: Int64, teacher: TeacherReplaceable) {
05            super(studentID, examScore)
06            this.teacher = teacher
07        }
08
09        mut prop propTeacher: TeacherReplaceable {
10            get() {
11                teacher
12            }
13
14            set(teacher) {
15                this.teacher = teacher
16            }
17        }
18
19        protected func calcTotalScore() { }    // 代码略
20
21        func printTeacherInfo() {
22            teacher.printInfo()
23        }
24    }
```

在 PhysicalEducation 类中声明一个 TeacherReplaceable 类型的 private 实例成员变量 teacher（第 2 行代码），用于存储授课教师。由于授课教师类型是由创建 PhysicalEducation 对象时传入的参数决定的，因此在构造函数的参数列表中加上 teacher（第 4 行代码）。在构造函数中对成员变量 teacher 完成初始化（第 6 行代码）。然后为 private 成员变量 teacher 添加相应的属性 propTeacher，用于对成员变量 teacher 进行读写操作。

在完成对 PhysicalEducation 类的修改之后，修改 main 以验证修改的成果，如代码清单 7-41 所示。

代码清单 7-41　main.cj 中的 main

```
01    main() {
02        // 传入的是全职教师
03        let physicalEducation = PhysicalEducation("0011", 90, FullTimeTeacher())
04
05        physicalEducation.printTeacherInfo()    // 输出教师信息
06
07        physicalEducation.propTeacher = PartTimeTeacher()    // 更新教师为兼职教师
08        physicalEducation.printTeacherInfo()    // 再次输出教师信息
09    }
```

编译并执行以上程序，输出结果为：

```
全职教师 授课时间：工作日 全天
兼职教师 授课时间：周六 全天
```

这样，就实现了授课教师类型的任意更换，同时没有修改 PhysicalEducation 类的任何代码。同理，可以对 Math 类进行相同的修改操作，如代码清单 7-42 所示。

代码清单 7-42　math.cj 中的 Math 类

```
01  class Math <: Course & GradeCalculable {
02      private var attendanceScore: Int64  // 出勤得分
03      private var examRate: Int64   // 考试得分占课程总评分的百分比的整数部分
04      private var teacher: TeacherReplaceable  // 授课教师
05
06      init(studentID: String, examScore: Int64, attendanceScore: Int64,
07          examRate: Int64, teacher: TeacherReplaceable) {
08          super(studentID, examScore)
09          this.attendanceScore = attendanceScore
10          this.examRate = examRate
11          this.teacher = teacher
12      }
13
14      // 无关代码略
15
16      mut prop propTeacher: TeacherReplaceable {
17          get() {
18              teacher
19          }
20
21          set(teacher) {
22              this.teacher = teacher
23          }
24      }
25
26      func printTeacherInfo() {
27          teacher.printInfo()
28      }
29  }
```

最后，修改 main，修改后的 main 如代码清单 7-43 所示。

代码清单 7-43　main.cj 中的 main

```
01  main() {
02      // 传入的是全职教师
03      let physicalEducation = PhysicalEducation("0011", 90, FullTimeTeacher())
04      println("physicalEducation: ")
05      physicalEducation.printTeacherInfo()  // 输出教师信息
06      physicalEducation.propTeacher = PartTimeTeacher()  // 更新教师为兼职教师
07      physicalEducation.printTeacherInfo()  // 再次输出教师信息
08
09      // 传入的是兼职教师
```

```
10        let math = Math("0012", 88, 90, 50, PartTimeTeacher())
11        println("math: ")
12        math.printTeacherInfo()    // 输出教师信息
13        math.propTeacher = FullTimeTeacher()    // 更新教师为全职教师
14        math.printTeacherInfo()    // 再次输出教师信息
15    }
```

编译并执行以上程序，输出结果为：

```
physicalEducation:
全职教师  授课时间：工作日  全天
兼职教师  授课时间：周六  全天
math:
兼职教师  授课时间：周六  全天
全职教师  授课时间：工作日  全天
```

提示   仓颉语言具有多种子类型关系。所有的子类型关系都用符号"<:"来表示。
所有的子类型关系都满足"子类型多态"。
- 在赋值表达式中，"="右边的表达式类型既可以是"="左边的变量的类型 T，也可以是 T 的子类型。
- 在调用函数时，实参的类型既可以是形参的类型 T，也可以是 T 的子类型。
- 调用函数时返回值的类型，既可以是指定的返回值类型 T，也可以是 T 的子类型。

本章需要达成的学习目标

- ☐ 学会定义类并创建类的实例，了解类的成员。
- ☐ 学会定义抽象类，了解抽象类的成员，尤其是抽象函数和抽象属性。
- ☐ 学会定义接口，掌握接口实现和继承的规则。
- ☐ 学会通过封装来隐藏需要保护的类成员。
- ☐ 学会使用继承来创建新类，掌握重写实例成员和重定义静态成员的相关知识。
- ☐ 了解多态的概念，学会通过继承、抽象类或接口实现多态。
- ☐ 了解引用类型。
- ☐ 学会使用组合来实现代码复用。
- ☐ 了解面向接口编程的概念。

struct 类型

struct 类型是一种自定义类型。struct 类型在许多方面与之前介绍的 class 类型都很相似，在学习 struct 类型时，需要着重注意对比 struct 类型和 class 类型的异同点。

通过本章的学习，你将学会定义 struct 类型、创建 struct 类型的实例以及访问 struct 类型的成员。你还将学会使用 mut 函数修改 struct 类型的实例成员变量和实例成员属性，并了解 struct 类型是一种值类型。

8.1　struct 类型的定义和实例的创建

定义 struct 类型的语法格式如下：

```
struct 类型名 {
    定义体    // 可以包含成员变量、静态初始化器、构造函数、成员属性和成员函数
}
```

struct 类型的定义格式和 class 类型类似，区别在于 struct 类型是以关键字 struct 定义的。struct 类型的名称必须是合法的标识符，建议使用**大驼峰命名风格**来命名。在 struct 类型的定义体中，同样可以包含一系列的成员变量、静态初始化器、构造函数、成员属性和成员函数。同 class 类型一样，struct 类型也必须定义在仓颉源文件的顶层。

8.1.1　定义 struct 类型

代码清单 8-1 定义了一个表示圆的名为 Circle 的 struct 类型。

代码清单 8-1　circle.cj

```
01    struct Circle {
02        private var radius: Float64    // 成员变量
03
04        // 构造函数
05        init(radius: Float64) {
06            this.radius = radius
07        }
```

```
08
09        // 成员属性
10        mut prop propRadius: Float64 {
11            get() {
12                radius
13            }
14
15            set(radius) {
16                this.radius = radius
17            }
18        }
19
20        // 成员函数
21        func calcArea() {
22            3.14 * radius * radius
23        }
24    }
```

在 Circle 中，定义了表示圆半径的实例成员变量 radius（第 2 行代码）及其对应的实例成员属性 propRadius（第 10～18 行代码）、构造函数（第 5～7 行代码）以及实例成员函数 calcArea（第 21～23 行代码）。当然，在 struct 类型中，也可以定义静态成员函数和静态成员属性。

练习

定义一个表示矩形的名为 Rectangle 的 struct 类型，要求包含：

- 表示宽度和高度的实例成员变量 width 和 height，以及对应的实例成员属性 propWidth 和 propHeight；
- 构造函数；
- 用于计算矩形面积的实例成员函数 calcArea。

8.1.2 创建 struct 类型的实例并访问其成员

接下来创建 struct 类型的实例，并访问其成员。继续修改 circle.cj，如代码清单 8-2 所示。

代码清单 8-2　circle.cj

```
01    from std import format.*
02
03    struct Circle {
04        // 代码略
05    }
06
07    main() {
08        // 创建 Circle 的实例
```

```
09        var circle = Circle(3.0)
10
11        // 访问成员属性
12        println("圆的半径原为: ${circle.propRadius.format(".2")}")
13        circle.propRadius = 3.5
14        println("圆的半径现为: ${circle.propRadius.format(".2")}")
15
16        // 调用成员函数
17        println("圆的面积为: ${circle.calcArea().format(".2")}")
18    }
```

编译并执行以上程序，输出结果为：

```
圆的半径原为: 3.00
圆的半径现为: 3.50
圆的面积为: 38.47
```

通过以上示例可以看出，创建 struct 类型实例的方式和创建 class 类型对象的方式是一样的，都是通过类型名调用构造函数对类型进行实例化。通过 struct 类型的实例，可以访问 struct 类型的各种实例成员；通过 struct 类型名，可以访问 struct 类型的各种静态成员。

需要注意的是，与 class 类型不同，**struct 类型不支持继承**，这会带来两个结果：

- struct 中不允许出现抽象成员；
- struct 类型的成员可见性修饰符只能使用 public 和 private，不允许使用 protected。

提示　protected 修饰的成员在本包、本类以及本类的子类中可见。由于 struct 类型不支持继承，因此 struct 类型的成员可见性修饰符不能使用 protected。

> **练习**
>
> 继续修改 8.1.1 节的练习中的 cj 文件，在文件中添加 main。
> 1. 在 main 中创建一个 Rectangle 的实例。
> 2. 通过该 Rectangle 实例访问成员属性 propWidth 和 propHeight。
> 3. 通过该 Rectangle 实例调用成员函数 calcArea。

8.2　struct 类型和 class 类型的区别

8.1 节已经介绍了 struct 和 class 类型的一些区别。本节再来介绍 struct 和 class 类型的两个重要区别。

8.2.1　struct 类型是值类型

class 类型是**引用类型**，而 struct 类型是**值类型**。在对 struct 类型执行赋值、函数传参或函数返回的操作时，会生成 struct 实例的副本。struct 实例及其副本之间是各自独立、互不影响的。继续以代码清单 8-2 中的 struct 类型 Circle 举例，修改 circle.cj 中的 main，如代码清单 8-3 所示。

代码清单 8-3　circle.cj 中的 main

```
01   main() {
02       let circle1 = Circle(3.0)   // 不可变变量
03       var circle2 = circle1   // 可变变量
04       var circle3 = circle1   // 可变变量
05       println("circle1 的半径为: ${circle1.propRadius.format(".2")}")
06       println("circle2 的半径为: ${circle2.propRadius.format(".2")}")
07       println("circle3 的半径为: ${circle3.propRadius.format(".2")}")
08
09       // 修改 circle2 的半径
10       circle2.propRadius = 3.5
11       println("\ncircle1 的半径为: ${circle1.propRadius.format(".2")}")
12       println("circle2 的半径为: ${circle2.propRadius.format(".2")}")
13       println("circle3 的半径为: ${circle3.propRadius.format(".2")}")
14
15       // 修改 circle3 的半径
16       circle3.propRadius = 4.0
17       println("\ncircle1 的半径为: ${circle1.propRadius.format(".2")}")
18       println("circle2 的半径为: ${circle2.propRadius.format(".2")}")
19       println("circle3 的半径为: ${circle3.propRadius.format(".2")}")
20   }
```

编译并执行 circle.cj，输出结果为：

```
circle1 的半径为: 3.00
circle2 的半径为: 3.00
circle3 的半径为: 3.00


circle1 的半径为: 3.00
circle2 的半径为: 3.50
circle3 的半径为: 3.00


circle1 的半径为: 3.00
circle2 的半径为: 3.50
circle3 的半径为: 4.00
```

引用类型的变量中存储的是实例的引用，而**值类型的变量**中存储的是**实例本身**。

在以上示例中，通过 Circle(3.0) 创建了一个 Circle 类型的实例并将其赋给了变量 circle1（第 2 行代码）。因为 circle1 是一个不可变变量，所以 circle1 中存储的实例作为一个整体，是不能修改的。因此，在程序中，不能修改 circle1 的实例成员变量（属性）。

之后，将 circle1 分别赋给 circle2 和 circle3（第 3、4 行代码），程序创建了 circle1 的 2 个副本，并将它们分别赋给 circle2 和 circle3。通过修改 circle2 和 circle3 的属性 propRadius（第

10、16 行代码），可以发现对 circle2 的修改不会影响到 circle1 和 circle3，对 circle3 的修改不会影响到 circle1 和 circle2，struct 实例和副本之间各自独立、互不影响。

练习

修改 8.1.2 节的练习中的 main。创建一个 Rectangle 实例 rect1，将 rect1 赋给 rect2。分别通过 rect1 和 rect2 的成员属性修改成员变量，验证 rect1 和 rect2 是两个独立的、互不影响的变量。

8.2.2 修改 struct 的实例成员

在 class 类型中，我们可以通过类的实例成员函数对实例成员变量（属性）进行修改。而在 struct 类型中，实例成员函数在默认情况下无法修改实例成员变量（属性）。例如，如果在代码清单 8-2 的 struct 类型 Circle 中添加以下成员函数，将会引发编译错误：

```
// 编译错误
func setRadius(radius: Float64) {
    this.radius = radius
}
```

如果需要在 struct 类型中通过实例成员函数修改实例成员变量（属性），那么可以在实例成员函数前添加修饰符 mut，使该函数成为 mut 函数。修改一下代码清单 8-2，为 Circle 添加一个 mut 函数，如代码清单 8-4 所示。

代码清单 8-4　circle.cj

```
01  from std import format.*
02
03  struct Circle {
04      // 无关代码略
05
06      mut func setRadius(radius: Float64) {
07          this.radius = radius
08      }
09  }
10
11  main() {
12      var circle = Circle(3.0)
13      println("圆的半径原为：${circle.propRadius.format(".2")}")
14      println("圆的面积原为：${circle.calcArea().format(".2")}")
15
16      // 通过 mut 函数修改实例成员变量
17      circle.setRadius(3.5)
```

```
18        println("圆的半径现为：${circle.propRadius.format(".2")}")
19        println("圆的面积现为：${circle.calcArea().format(".2")}")
20    }
```

编译并执行以上程序，输出结果为：

```
圆的半径原为：3.00
圆的面积原为：28.26
圆的半径现为：3.50
圆的面积现为：38.47
```

在使用 mut 函数修改 struct 类型的实例成员变量（属性）时，需要注意以下两点。

■ 被修改的实例成员变量（例如本例中的 radius）必须是使用关键字 var 声明的，被修改
   的实例成员属性必须是使用 mut 修饰的，否则无法修改。

■ 被修改的实例对应的变量（例如本例中的 circle）必须是使用关键字 var 声明的，否则
   无法修改。

练习

继续修改 8.2.1 节的练习中的 cj 文件。

1. 修改 Rectangle 的定义，在其中添加两个 mut 函数 setWidth 和 setHeight，用于修改
矩形的宽度和高度。

2. 修改 main，将其中通过实例成员属性修改实例成员变量的代码改为通过 mut 函数
修改实例成员变量的代码。

本章需要达成的学习目标

☐ 学会定义 struct 类型并创建 struct 类型的实例。

☐ 了解 struct 类型的各种成员。

☐ 了解 struct 类型是一种值类型。

☐ 学会使用 mut 函数修改 struct 类型的实例成员变量（属性）。

enum 类型和模式匹配

前面已经介绍了 3 种自定义类型：class、interface 和 struct 类型。本章将介绍仓颉的最后一种自定义类型——enum 类型。enum 类型也称作枚举类型，这种类型通过列举一个类型的所有可能取值来定义一个新类型。在对 enum 值进行解构时，需要使用到模式匹配的相关知识。模式匹配可以与 enum 类型一起使用，用于处理 enum 类型的各种可能取值。此外，模式也可以用于一些其他场合。

通过本章的学习，你将学会定义 enum 类型，创建 enum 值，以及使用 match 表达式对 enum 值进行模式匹配。你将掌握模式匹配的相关知识，包括各种模式、模式的 refutability 和模式在 match 表达式之外的各种用法。最后，你还将学会使用一种特殊的 enum 类型——Option 类型，Option 类型是一种很实用的 enum 类型。

9.1 enum 类型的定义和 enum 值的创建

如果一个变量的取值可以被一一列出来，那么就可以将该变量定义为 enum 类型。在定义 enum 类型时，将该类型所有可能的取值列出来，这些值就被称为 enum 类型的构造器（constructor）。

9.1.1 定义 enum 类型

定义 enum 类型的语法格式如下：

```
[public] enum 类型名 {
    [|]构造器1[(参数类型列表)] | 构造器2[(参数类型列表)] | …… | 构造器n[(参数类型列表)]
}
```

enum 类型以关键字 enum 定义，enum 之后是类型名，类型名必须是合法的标识符，建议使用**大驼峰命名风格**来命名。类型名之后是一对花括号括起来的 enum 体，其中定义了若干构造器。多个构造器之间以"|"分隔，第 1 个构造器前面的"|"是可选的。构造器名称也必须是合法的标识符，建议使用**大驼峰命名风格**来命名。

enum 类型必须定义在仓颉源文件的顶层。enum 类型的访问控制级别和其他自定义类型一样，即要么是本包，要么是所有。当缺省了可见性修饰符时，enum 类型只在本包内可见；当被 public 修饰时，enum 类型在所有范围可见。

举例如下：

```
enum Weekday {
    | Monday | Tuesday | Wednesday | Thursday | Friday | Saturday | Sunday
}
```

以上示例代码定义了一个表示星期的 enum 类型 Weekday，其中包含了 7 个表示星期一到星期日的构造器。这些构造器都没有携带参数，被称作无参构造器。对于无参构造器，在定义时，其后的 "()" 可以省略。

enum 类型的构造器也可以携带参数。如果构造器携带了参数，就被称作有参构造器。对于有参构造器，在定义时其后的 "()" 内是参数类型的列表。如果有 1 个以上的参数，参数类型之间以逗号进行分隔。举例如下：

```
enum PaymentMethod {
    | Cash | CreditCard(String) | BankTransfer(String, String)
}
```

以上示例代码定义了一个表示付款方式的 enum 类型 PaymentMethod，它包含以下 3 个构造器。

- Cash 表示现金支付，不需要参数。
- CreditCard 表示信用卡支付，需要一个 String 类型的参数，表示信用卡号。
- BankTransfer 表示银行转账支付，需要两个 String 类型的参数，表示银行名称和银行账号。

仓颉支持在同一个 enum 中定义多个同名构造器，但是要求同名构造器的参数个数必须不同。举例如下：

```
enum Coffee {
    | Small | Medium | Large
    | Small(String) | Medium(String) | Large(String)
    | Small(String, String) | Medium(String, String) | Large(String, String)
}
```

在以上示例中，定义了一个表示咖啡点单参数的 enum 类型 Coffee，其中包含了一些同名但参数个数不同的构造器。例如，无参构造器 Small 表示普通的小杯咖啡，没有额外要求；带一个参数的构造器 Small(String)可以传入一个描述咖啡冷热的参数；带两个参数的构造器 Small(String, String)除了可以传入描述冷热的参数，还可以传入一个表示甜度的参数。

提示　在 enum 中也可以定义成员函数和成员属性，但是要求 enum 的构造器、成员函数和成员属性之间不能重名（成员函数本身可以重载）。

> **练习**
>
> 定义一个表示订单状态的 enum 类型 OrderStatus。OrderStatus 包含以下 3 个构造器。
> - NewOrder 表示新订单，不需要参数。
> - ProcessingOrder 表示处理中的订单，需要一个 Int64 类型的参数，表示待发货订单的序号。
> - ShippedOrder 表示已发货的订单，需要两个 String 类型的参数，分别表示承运人和追踪号。

9.1.2 创建 enum 值

在定义好 enum 类型之后，就可以创建 enum 值了。所谓 enum 值，就是 **enum 类型的实例**。创建 enum 值的语法格式如下：

```
[enum 类型名.]构造器[(参数列表)]
```

enum 值只能取 enum 类型中的一个构造器。如果构造器是有参数的，在创建 enum 值时必须传入相应个数、对应类型的实参。

在创建 enum 值时，enum 类型名视情况可以省略。如果省略了 enum 类型名之后，构造器的名称不会产生歧义，那么就可以省略 enum 类型名，否则不能省略。举例如下：

```
enum PaymentMethod {
    | Cash | CreditCard(String) | BankTransfer(String, String)
}

enum PaymentMethod2 {
    | Cash(Float64) | CreditCard(String)
}

func BankTransfer(str1: String, str2: String) {}

main() {
    let paymentMethod1 = Cash   // 识别为 PaymentMethod.Cash
    let paymentMethod2 = Cash(99.8)   // 识别为 PaymentMethod2.Cash(Float64)

    // PaymentMethod 和 PaymentMethod2 的构造器同名且参数类型列表相同，不能省略 enum 类型名
    let paymentMethod3 = PaymentMethod2.CreditCard("0001")

    // 全局函数与构造器同名且参数类型列表相同，不能省略 enum 名
    let paymentMethod4 = PaymentMethod.BankTransfer("某银行", "0010")
}
```

在以上示例代码中，定义了两个 enum 类型 PaymentMethod 和 PaymentMethod2。它们都包含了一个构造器 CreditCard(String)。另外定义了一个全局函数，该函数的名称和参数类型列表与 PaymentMethod 的构造器 BankTransfer(String, String)是相同的。

在使用构造器 Cash 和 Cash(Float64)创建 enum 值时，构造器名称不会引起歧义；因此在省略 enum 类型名的情况下系统可以正确地识别这两个构造器。在使用 CreditCard(String)这个构造器创建 enum 值时，由于系统无法确定到底是哪一个 enum 类型的构造器，因此 enum 类型名不能省略。在使用 BankTransfer(String, String)这个构造器创建 enum 值时，因为系统无法确定到底是调用函数还是创建 enum 值，所以也不能省略 enum 类型名。

综上所述，在定义 enum 类型时，最好避免不同 enum 类型的构造器同名，并且避免 enum 构造器与顶层声明同名。

注意 如果严格遵循我们建议的命名风格，即构造器使用大驼峰命名风格，函数名使用小驼峰命名风格，那么就不会出现构造器的名称和函数名冲突的情况。

练习

在 9.1.1 节的练习中的 cj 文件中添加 main。在 main 中分别通过省略 enum 类型名和不省略 enum 类型名的方式创建 OrderStatus 的 3 个不同构造器对应的枚举值。

9.2 enum 值的模式匹配

一般来讲，对于一个 enum 值，我们会针对不同的构造器执行不同的操作。使用 match 表达式可以对 enum 值进行匹配。

9.2.1 使用 match 表达式匹配 enum 值

match 表达式有两种：包含待匹配值的 match 表达式和不含待匹配值的 match 表达式。无论哪种 match 表达式，都与 if 表达式有一定的相似之处。

对 enum 值的模式匹配，主要通过包含待匹配值的 match 表达式来实现。

1. 包含待匹配值的 match 表达式

包含待匹配值的 match 表达式的语法格式如下：

```
match (待匹配的表达式) {
    case 模式 1 [where guard 条件 1] => 代码块 1
    case 模式 2 [where guard 条件 2] => 代码块 2
    ……
    case 模式 n [where guard 条件 n] => 代码块 n
}
```

包含待匹配值的 match 表达式以关键字 match 开头。match 之后是要匹配的表达式，它可以是任意表达式，之后是定义在一对花括号之内的若干 case 分支。

每一个 case 分支以关键字 case 开头。case 之后是一个模式（pattern）。模式之后可以有一个以关键字 where 引导的可选的 guard 条件；guard 条件必须是一个布尔类型的表达式，表示本条 case 匹配成功需要额外满足的条件。可选的 guard 条件之后是符号 "=>"。符号 "=>" 之后是本条 case 分支匹配成功后需要执行的代码块（不需要用花括号括起来），该代码块可以包含一系列表达式、变量或函数定义。在该代码块中定义的变量和函数均为局部变量和局部函数，作用域只限于该代码块内。

以上 match 表达式的**执行流程**为：自上往下依次将待匹配表达式的值与 case 分支中的模式进行匹配，直到与某个 case 分支中的模式匹配成功且 guard 条件为 true（如果有的话）。然后执行此 case 分支中的代码块。执行完毕之后退出 match 表达式，执行 match 表达式之后的代码。此时 match 表达式中的其他分支将不会再被匹配和执行。

提示　关于模式的相关内容详见 9.3 节。

---

match 表达式的**类型和值**的判断方法与 if 表达式类似。

当 match 表达式的值没有被使用时，match 表达式的类型为 Unit，值为()，不要求所有 case 分支类型有最小公共父类型。当 match 表达式的值被使用时，match 表达式的类型是所有 case 分支类型的最小公共父类型，其值是在运行时根据实际执行情况确定的。

match 表达式的 case 分支的类型和值是由 "=>" 之后的代码块的类型和值决定的。

- 若代码块的最后一项为表达式，则 case 分支的类型是此表达式的类型，值即为此表达式的值。
- 若代码块的最后一项为变量或函数定义，则 case 分支的类型为 Unit，值为()。

另外，如果上下文对 match 表达式的类型有明确要求，那么所有 case 分支的类型必须是上下文所要求的类型的子类型。

最后，需要注意的是，无论是哪种 match 表达式，都要求所有 case 分支**必须是穷尽的**，即所有 case 分支取值范围的并集，必须覆盖待匹配表达式的所有可能取值。如果 match 表达式不是穷尽的，或者编译器判断不出是否穷尽时，都会引发编译错误。为了避免这种错误，常用的做法是在最后一个 case 分支中使用通配符 "_"，因为 "_" 可以匹配任意值。

2. 匹配无参构造器

了解了包含待匹配值的 match 表达式之后，就可以对 enum 值进行模式匹配了。示例代码如代码清单 9-1 所示。

代码清单 9-1　**match_constructors_without_parameters.cj**

```
01    enum Weekday {
02        | Monday | Tuesday | Wednesday | Thursday | Friday | Saturday | Sunday
03    }
04
05    func matchEnumValue(enumValue: Weekday) {
```

```
06      match (enumValue) {
07          case Monday => "Constructor: Monday"
08          case Tuesday => "Constructor: Tuesday"
09          case Wednesday => "Constructor: Wednesday"
10          case Thursday => "Constructor: Thursday"
11          case Friday => "Constructor: Friday"
12          case Saturday => "Constructor: Saturday"
13          case Sunday => "Constructor: Sunday"
14      }
15  }
16
17  main() {
18      let weekday1 = Saturday
19      let weekday2 = Monday
20      println(matchEnumValue(weekday1))
21      println(matchEnumValue(weekday2))
22  }
```

编译并执行以上代码，输出结果为：

```
Constructor: Saturday
Constructor: Monday
```

在代码清单 9-1 中，定义了一个表示星期的 enum 类型 Weekday（第 1～3 行代码），其中包含了 7 个表示星期一到星期日的无参构造器。在 main 中，定义了两个 enum 值 weekday1 和 weekday2（第 18、19 行代码），之后调用了函数 matchEnumValue 分别对 weekday1 和 weekday2 进行了模式匹配（第 20、21 行代码），成功匹配到了 Weekday 的构造器 Saturday 和 Monday。

我们来重点研究一下函数 matchEnumValue 中的 match 表达式（第 6～14 行代码）。该 match 表达式中待匹配的表达式是一个 Weekday 类型的 enum 值 enumValue（第 6 行代码）。接着，在 match 表达式中自上往下依次将 enumValue 与各 case 分支中的模式进行匹配。一旦某个 case 分支匹配成功，就会执行该 case 分支之后的代码块，函数会返回相应的描述字符串。

在对 enum 值进行匹配时，使用的是枚举模式。如果要匹配的构造器是无参的，在 match 表达式的关键字 case 之后直接使用构造器的名称就可以了。

在这个 match 表达式中，共有 7 个 case 分支，每个分支对应 Weekday 的一个构造器。这 7 个分支穷尽了 Weekday 类型的所有可能取值。如果删除其中的某一条或某几条分支，那么程序会报错。

有时，我们可能只对 Weekday 的某几个取值感兴趣，此时，可以考虑在分支中使用通配符"_"。示例代码如代码清单 9-2 所示。

代码清单 9-2　use_wildcards.cj

```
01  enum Weekday {
02      | Monday | Tuesday | Wednesday | Thursday | Friday | Saturday | Sunday
03  }
04
```

```
05    func matchEnumValue(enumValue: Weekday) {
06        match (enumValue) {
07            case Saturday => "Constructor: Saturday"
08            case Sunday => "Constructor: Sunday"
09            case _ => "neither Saturday or Sunday"   // 在最后一个case分支中使用通配符
10        }
11    }
12
13    main() {
14        let weekday1 = Saturday
15        let weekday2 = Monday
16        println(matchEnumValue(weekday1))
17        println(matchEnumValue(weekday2))
18    }
```

编译并执行以上程序，输出结果为：

```
Constructor: Saturday
neither Saturday or Sunday
```

在代码清单 9-2 中，我们修改了之前的 match 表达式，删去了用于匹配星期一到星期五的 case 分支，并在最后一个 case 分支中使用了通配符 "_"。通配符可以匹配任意值。这样，就不必将 Weekday 的所有构造器一一列出了。

提示　使用通配符的模式被称为通配符模式。

3.　匹配有参构造器

在使用 match 表达式对 enum 值进行匹配时，如果匹配的构造器是有参的，那么可以解构出有参构造器中参数的值，示例代码如代码清单 9-3 所示。

代码清单 9-3　match_constructors_with_parameters.cj

```
01    enum PaymentMethod {
02        | Cash | CreditCard(String) | BankTransfer(String, String)
03    }
04
05    func matchEnumValue(enumValue: PaymentMethod) {
06        match (enumValue) {
07            case Cash => println("现金支付\n")
08            case CreditCard(cardId) => println("信用卡支付\n\t 信用卡号：${cardId}\n")
09            case BankTransfer(bankName, userId) =>
10                println("银行转账\n\t 银行名称：${bankName}\n\t 银行账号：${userId}\n")
11        }
12    }
13
14    main() {
15        var paymentMethod = Cash
16        matchEnumValue(paymentMethod)
```

```
17
18        paymentMethod = BankTransfer("某银行", "0110")
19        matchEnumValue(paymentMethod)
20    }
```

编译并执行以上程序，输出结果为：

```
现金支付

银行转账
        银行名称：某银行
        银行账号：0110
```

在代码清单 9-3 中，定义了一个表示支付方式的 enum 类型 PaymentMethod（第 1~3 行代码），其中包含两个有参构造器 CreditCard 和 BankTransfer。在函数 matchEnumValue 中使用 match 表达式对 PaymentMethod 的 enum 值进行了匹配。CreditCard(cardId) 和 BankTransfer(bankName, userId) 分别用于匹配 PaymentMethod 的两个有参构造器（第 8、9 行代码）。

在 main 中第 2 次调用函数 matchEnumValue 时（第 19 行代码），匹配到的是 BankTransfer(String, String) 这个构造器，解构出的两个参数"某银行"和"0110"依次被赋给**局部不可变变量** bankName 和 userId。

如果在匹配 enum 值时，还有额外需要满足的条件，可以考虑使用 guard 条件。例如，在对 PaymentMethod 的 enum 值进行匹配时，如果是使用信用卡进行支付，那么我们可以对信用卡号进行一些检查。例如，对某些卡号暂停支付功能。修改后的代码如代码清单 9-4 所示。

代码清单 9-4　use_pattern_guard.cj

```
01    enum PaymentMethod {
02        | Cash | CreditCard(String) | BankTransfer(String, String)
03    }
04
05    func matchEnumValue(enumValue: PaymentMethod) {
06        match (enumValue) {
07            case Cash => println("现金支付\n")
08
09            // 如果信用卡号为"0001"，就暂停该卡号的支付功能
10            case CreditCard(cardId) where cardId == "0001" =>
11                println("对不起，请更换支付方式")
12            case CreditCard(cardId) =>
13                println("信用卡支付\n\t 信用卡号：${cardId}\n")
14
15            case BankTransfer(bankName, userId) =>
16                println("银行转账\n\t 银行名称：${bankName}\n\t 银行账号：${userId}\n")
17        }
18    }
19
20    main() {
21        var paymentMethod = CreditCard("0099")
```

```
22      matchEnumValue(paymentMethod)
23
24      paymentMethod = CreditCard("0001")
25      matchEnumValue(paymentMethod)
26  }
```

编译并执行以上程序，输出结果为：

```
信用卡支付
        信用卡号：0099

对不起，请更换支付方式
```

在代码清单 9-4 中，match 表达式的第 2 个 case 分支中使用了一个 guard 条件（第 10 行代码），用于判断解构出的 cardId 是否为"0001"。如果 cardId 为"0001"，那么就暂停该信用卡的支付功能。

由于 match 表达式的各分支在匹配时是严格按照从上到下的顺序进行的，因此第 3 个 case 分支（第 12 行代码）中的模式没有必要写成如下的形式：

```
case CreditCard(cardId) where cardId != "0001"
```

因为如果匹配到第 3 个分支，那么第 2 个分支一定匹配失败了，cardId 一定不是"0001"。

练习

在 9.12 节的练习的 cj 文件中，定义一个函数 matchEnumValue，用于对 OrderStatus 类型的参数 enumValue 进行模式匹配。要求：

- 如果匹配的构造器是有参的，解构出有参构造器中的参数值。
- 当订单状态为处理中时，创建两个 case 分支并使用 guard 条件来判断待发货的订单序号是否小于 100。

最后修改 main，创建多个 OrderStatus 值，调用函数 matchEnumValue 对创建的枚举值进行匹配。

9.2.2 了解另一种 match 表达式

与包含待匹配值的 match 表达式相比，不含待匹配值的 match 表达式在关键字 match 之后没有待匹配的表达式，并且 case 之后是**布尔类型的表达式**，而不再是模式（通配符模式除外）和 guard 条件。不含待匹配值的 match 表达式的语法格式如下：

```
match {
    case 条件 1 => 代码块 1
    case 条件 2 => 代码块 2
    ......
```

```
        case  条件 n => 代码块 n
    }
```

以上 match 表达式的执行流程为：自上往下依次判断 case 之后的条件的值，直到遇到某个条件的值为 true，就执行该条件之后的代码块。执行完毕之后退出 match 表达式，执行 match 表达式之后的代码。此时 match 表达式中的其他分支将不会再被匹配和执行。

在不含待匹配值的 match 表达式中，除了通配符模式之外，不允许使用其他模式。在这种 match 表达式中，"_" 表示 true。

需要再次强调的是，不含待匹配值的 match 表达式中的所有 case 分支仍然**必须是穷尽的**。

在 4.2 节中，我们编写了一个根据信用评分来确定贷款利率的示例程序。现在，我们可以使用 match 表达式来改写一下该程序，具体实现如代码清单 9-5 所示。

代码清单 9-5　get_loan_interest_rate.cj

```
01    from std import format.*
02
03    func getInterestRate(creditScore: UInt16) {
04        match {
05            case creditScore < 600 => 0.08
06            case creditScore < 800 => 0.06
07            case creditScore < 900 => 0.05
08            case creditScore <= 1000 => 0.04
09            case _ => 0.0    // 使用通配符表示 true
10        }
11    }
12
13    main() {
14        var interestRate = getInterestRate(350)
15        println(interestRate.format(".2"))
16
17        interestRate = getInterestRate(850)
18        println(interestRate.format(".2"))
19    }
```

编译并执行以上代码，输出结果为：

```
0.08
0.05
```

> **提示**　在以上示例的函数 getInterestRate 中，当 creditScore 大于 1000 时，返回值为 0.0。实际上，若 creditScore 大于 1000 则应该属于错误数据。这里因为函数的返回值类型为 Float64 类型，所以针对错误数据返回了 0.0。
>
> 面对这种情况，我们有一种更合适的类型可以选择: Option 类型 (详见 9.5 节)。Option 类型允许使用 None 值，表示没有值。如果将以上示例中的函数 getInterestRate 的返回值类型定义为 Option<Float64> 类型，就可以很好地表示错误数据了。

练习

定义一个用于判断汽车速度的函数 checkCarSpeed，它包含一个 UInt8 类型的参数 speed。在函数体中使用不含待匹配值的 match 表达式对参数 speed 进行匹配。匹配条件分别是 speed 小于等于 60、speed 小于等于 80、speed 小于等于 100、speed 小于等于 120 和 speed 大于 120。然后，在 main 中多次调用函数 checkCarSpeed。

9.3 模式

仓颉支持 6 种模式，包括常量模式、通配符模式、绑定模式、类型模式、元组模式和枚举模式。本节将首先依次介绍这 6 种模式在包含待匹配值的 match 表达式中的用法，然后介绍模式的 refutability（某个模式是否一定能匹配成功）。

9.3.1 使用常量模式

常量模式的形式如下：

字面量

其中，字面量可以是整数类型、浮点类型、字符类型、字符串类型、布尔类型和 Unit 类型的字面量，但是不支持插值字符串。

例如，编写一个程序，用于处理不同的状态码。我们只关心几个特定的状态码，其他的状态码可以统一处理，这时就可以使用常量模式来匹配特定的状态码。具体实现如代码清单 9-6 所示。

代码清单 9-6　handle_status_codes_0.cj

```
01  func handleStatus(statusCode: Int64) {
02      match (statusCode) {
03          case 404 => "服务器找不到请求的网页"
04          case 403 => "服务器拒绝请求"
05          case 505 => "HTTP 版本不受支持"
06          case _ => "其他状态"
07      }
08  }
09
10  main() {
11      var statusInfo = handleStatus(404)
12      println(statusInfo)
13
14      statusInfo = handleStatus(501)
15      println(statusInfo)
16  }
```

编译并执行以上程序，输出结果为：

```
服务器找不到请求的网页
其他状态
```

在以上程序的 match 表达式中，有 3 个 case 分支使用了常量模式（第 3～5 行代码）。

在包含待匹配值的 match 表达式中使用常量模式时，要求表示常量模式的字面量的类型必须与待匹配值的类型相同。如果表示常量模式的字面量与待匹配的值相等，那么匹配成功。在这种 match 表达式的 case 分支中，可以使用符号 "|" 连接多个常量模式。此时待匹配值只要能与多个并列的常量模式中的其中一个匹配，就代表此 case 分支匹配成功。举例如下：

```
func handleStatus(statusCode: Int64) {
    match (statusCode) {
        case 403 | 404 | 408 => "请求错误"
        case 500 | 502 | 504 | 505 => "服务器错误"
        case _ => "其他状态"
    }
}


main() {
    var statusInfo = handleStatus(404)
    println(statusInfo)

    statusInfo = handleStatus(501)
    println(statusInfo)

    statusInfo = handleStatus(505)
    println(statusInfo)
}
```

编译并执行以上程序，输出结果为：

```
请求错误
其他状态
服务器错误
```

值得注意的是，在以上示例中使用包含待匹配值的 match 表达式时，都是对简单的表达式（变量）进行匹配，实际上这种 match 表达式是可以对复杂的表达式进行匹配的。下面举一个简单的例子。我们知道，在 HTTP 状态码中，所有形如 "4XX" 的都是客户端错误，形如 "5XX" 的都是服务器错误，而不仅限于以上代码列出的几个。因此，我们可以对表达式 statusCode / 100 进行匹配。如果匹配的常量模式是 4，就是 "4XX" 状态码，如果匹配的常量模式是 5，就是 "5XX" 状态码。具体实现如代码清单 9-7 所示。

代码清单 9-7　handle_status_codes_1.cj

```
01    func handleStatus(statusCode: Int64) {
02        match (statusCode / 100) {
```

```
03              case 4 => "客户端错误"
04              case 5 => "服务器错误"
05              case _ => "其他状态码"
06          }
07  }
08
09  main() {
10      var statusInfo = handleStatus(404)
11      println(statusInfo)
12
13      statusInfo = handleStatus(501)
14      println(statusInfo)
15
16      statusInfo = handleStatus(301)
17      println(statusInfo)
18  }
```

编译并执行以上程序，输出结果为：

```
客户端错误
服务器错误
其他状态码
```

> **练习**
>
> 定义一个用于判断颜色的函数 checkColor，它包含一个 String 类型的参数 color。在函数体中使用符号 "|" 连接的多个常量模式对参数 color 进行匹配。其中，第 1 个 case 分支与常量模式"red"、"blue"或"green"进行匹配，第 2 个 case 分支与常量模式"cyan"、"magenta"、"yellow"或"black"进行匹配。然后，在 main 中多次调用函数 checkColor。

9.3.2 使用通配符模式

通配符模式使用下画线（_）表示，可以匹配任意值。通配符模式一般用作 match 表达式中最后一个 case 分支中的模式，用于匹配其他 case 分支没有覆盖到的范围，以确保 match 表达式的所有分支是穷尽的。

例如，在代码清单 9-6 和代码清单 9-7 中，前面的 case 分支都是常量模式，而 statusCode 作为 Int64 类型的变量可以取 Int64 类型取值范围内的所有值，使用常量模式列出 statusCode 的所有可能取值显然是不现实的，因此在程序的最后一个 case 分支都使用了通配符模式。

9.3.3 使用绑定模式

绑定模式的形式如下：

```
        id
```

其中，id 是任意一个合法的标识符，但不能和 enum 构造器同名。

绑定模式也可以匹配任意值。但是，与通配符模式不同的是，在 match 表达式中，绑定模式会将匹配成功的值与 id 进行绑定。对于匹配成功的 case 分支，在 "=>" 之后的代码块中可以通过 id 访问其绑定的值。例如，我们可以修改一下代码清单 9-6 中的最后一个模式，将通配符模式修改为绑定模式，并将其他状态码转换为字符串返回，如代码清单 9-8 所示。

代码清单 9-8　handle_status_codes.cj

```
01  func handleStatus(statusCode: Int64) {
02      match (statusCode) {
03          case 404 => "服务器找不到请求的网页"
04          case 403 => "服务器拒绝请求"
05          case 505 => "HTTP 版本不受支持"
06          case code => "其他状态码：${code}"
07      }
08  }
09
10  main() {
11      var statusInfo = handleStatus(301)
12      println(statusInfo)
13  }
```

编译并执行以上程序，输出结果为：

```
其他状态码：301
```

在以上示例程序中，使用了一个绑定模式 code（第 6 行代码）。在这个示例中，绑定模式 code 可以匹配除 404、403 和 505 外的任意值，被 code 匹配成功的值将被绑定到 code 上。

绑定模式 code 相当于定义了一个**局部**的**不可变变量**，该变量的作用域从引入处开始，到该 case 分支结束处结束。

如前所述，在处理同名变量时，要注意内层的作用域级别高于外层的作用域，作用域小的变量将屏蔽作用域大的变量（详见 6.3 节）。

```
main() {
    let x = "abc"
    let n = 10

    match (n) {
        case 0 => println(0)
        case 1 => println(1)
        case x => println(x)
    }
}
```

编译并执行以上代码，输出结果为：

```
false
```

在以上示例代码中，出现了 2 个作用域不同的同名变量 x，其中，String 类型的 x 作用域大于 Int64 类型的 x。在 "=>" 之后的代码块中，println 访问的是 Int64 类型的 x，String 类型的 x 被屏蔽了。

> **注意** 在 match 表达式中使用绑定模式时，不允许使用 "|" 连接多个绑定模式。

9.3.4 使用类型模式

类型模式的形式如下：

```
id: Type  或  _: Type
```

类型模式用于判断一个值的运行时类型是否是某个类型的子类型。在 match 表达式中，给定一个类型模式 id: Type 和待匹配值 v，如果 v 的运行时类型是 Type 的子类型，那么匹配成功。匹配成功之后，就相当于定义了一个 Type 类型的局部不可变变量 id，并且将 v 的值与 id 进行绑定，在该 case 分支的"=>"之后的代码块中可以通过 id 访问其绑定的值。对于类型模式_: Type，不存在绑定这一操作。示例代码如代码清单 9-9 所示。

代码清单 9-9　match_type.cj

```
01    // 表示炒锅的类
02    class Pot {
03        var name = "炒锅"
04
05        // 其他成员略
06    }
07
08    // 表示家用电器的类
09    open class Appliances {
10        var name = "家用电器"
11
12        // 其他成员略
13    }
14
15    // 表示吸尘器的类，是 Appliances 的子类
16    class VacuumCleaner <: Appliances {
17        init() {
18            name = "吸尘器"
19        }
20
21        // 其他成员略
22    }
```

```
23
24  func matchType(tool: Any) {
25      match(tool) {
26          case _: Pot => println("炒锅")
27          case appliances: Appliances => println(appliances.name)
28          case _ => println("匹配失败")
29      }
30  }
31
32  main() {
33      var tool: Any = VacuumCleaner()
34      matchType(tool)
35
36      tool = Pot()
37      matchType(tool)
38
39      tool = 9
40      matchType(tool)
41  }
```

编译并执行以上程序，输出结果为：

```
吸尘器
炒锅
匹配失败
```

在代码清单 9-9 中，定义了 3 个类：表示炒锅的 Pot 类，表示家用电器的 Appliances 类和表示吸尘器的 VacuumCleaner 类，其中 VacuumCleaner 类是 Appliances 类的子类。在这 3 个类中，都有一个成员变量 name。

在函数 matchType 中，使用 match 表达式对 Any 类型的 tool 进行了模式匹配。在 match 表达式中，使用了两个类型模式（第 26、27 行代码）和 1 个通配符模式（第 28 行代码）。

在 main 中，创建了一个 Any 类型的变量 tool，并将一个 VacuumCleaner 对象赋给 tool 作为初始值（第 33 行代码）。接着将 tool 作为实参调用了函数 matchType（第 34 行代码）。在这次调用中，match 表达式的第 2 个 case 分支匹配成功了（第 27 行代码）。因为 tool 的运行时类型 VacuumCleaner 是 Appliances 类型的子类型，所以匹配成功。tool 被绑定到局部变量 appliances 上，在该分支的 "=>" 之后可以通过 appliances 访问 tool 的成员变量 name，最后程序输出"吸尘器"。

之后将一个 Pot 对象赋给 tool，第二次调用函数 matchType（第 36、37 行代码）。在这次调用中，match 表达式的第 1 个 case 分支匹配成功了（第 26 行代码）。由于第 1 个 case 分支使用了类型模式_: Type，因此没有发生绑定的操作，在该分支的 "=>" 之后手动输出了字符串"炒锅"（或通过 tool.name 进行输出）。

最后将一个 Int64 类型的字面量 9 赋给 tool，第三次调用函数 matchType（第 39、40 行代码）。在这次调用中，match 表达式的第 3 个 case 分支匹配成功，程序输出"匹配失败"。

提示　Any 类型是仓颉内置的接口类型。仓颉中的所有接口类型都默认继承 Any，所有非接口类型都默认实现 Any，因此所有类型都是 Any 的子类型。

练习

　　定义 3 个类，分别为表示动物园的类 Zoo，表示动物的类 Animal 以及表示大熊猫的类 GiantPanda。其中，GiantPanda 类是 Animal 类的子类。接着，定义一个函数 matchType，用于对传入的实例进行类型匹配，要求在其中使用包含类型模式的 match 表达式。最后，在 main 中创建以上 3 种类型的实例，调用函数 matchType 对这些实例进行匹配。

9.3.5　使用元组模式

元组模式的形式如下：

```
(p1, p2, ……, pn)
```

其中，p1 到 pn 是模式。元组模式用于元组值的匹配，可以包含本章介绍的任何模式。举例如下：

```
("周一", "晴", 19)  // 包含 3 个常量模式的元组模式
(x, _, y)  // 包含 2 个绑定模式和 1 个通配符模式的元组模式
```

在进行模式匹配时，给定一个元组模式 tp 和待匹配的元组值 tv，**当且仅当** tp 中每个位置的模式都能与 tv 中对应位置的值相匹配时，才称 tp 和 tv 是匹配的。例如，元组模式("周一", "晴", 19)仅能匹配元组值("周一", "晴", 19)，元组模式(x, _, y)可以匹配任何三元组的元组值。举例如下：

```
func matchTupleValue(value: (String, String, Int64)) {
    match (value) {
        case ("周一", "晴", 18) => println("气温: 18 度")
        case ("周二", "晴", 19) => println("周二")
        case (weekday, "阴", temperature) => println("天气: 阴")
        case (weekday, _, temperature) =>
            println("${weekday} ${temperature}度")
    }
}

main() {
    var weather = ("周一", "晴", 19)
    matchTupleValue(weather)
}
```

编译并执行以上代码，输出结果为：

```
周一 19 度
```

在同一个元组模式中不允许存在同名的绑定模式。例如，元组模式(x, y)中包含两个不同名的绑定模式，这个元组模式可以匹配任何二元组的值。但是，如果将该元组模式修改为(x, x)，则会引发变量重复定义的错误。

在 match 表达式中使用元组模式时，如果元组模式中不包含绑定模式，那么多个元组模式之间可以通过符号"|"连接。待匹配值只要能够与"|"连接的多个模式中的其中一个匹配，就代表此 case 分支匹配成功。举例如下：

```
func matchTupleValue(value: (String, String, Int64)) {
    match (value) {
        case ("周一", "晴", 18) | ("周一", "晴", 19) => println("气温: 18 或 19 度")
        case (weekday, _, temperature) =>
            println("${weekday} ${temperature}度")
    }
}

main() {
    var weather = ("周一", "晴", 19)
    matchTupleValue(weather)
}
```

编译并执行以上代码，输出结果为：

气温: 18 或 19 度

如果将以上代码中的第 1 个 case 分支中的模式修改为绑定模式，就会引发编译错误：

```
// 编译错误：绑定模式不允许使用"|"连接
case ("周一", "晴", 18) | (weekday, "晴", 19) => println("气温: 18 或 19 度")
```

练习

使用 match 表达式对一个三元组的元组值进行匹配，需要满足以下两点要求。
- 在第 1 个 case 分支中使用符号"|"连接的多个元组模式。
- 在第 2 个 case 分支中使用包含 2 个绑定模式的元组模式。

9.3.6 使用枚举模式

枚举模式的形式如下：

```
C      // 无参构造器对应的枚举模式
```

或

```
C(p1, p2, ……, pn)      // 有参构造器对应的枚举模式
```

其中，C 是 enum 构造器的名称，p1 到 pn 是模式。枚举模式用于匹配 enum 值，可以包含

本章介绍的任何模式。另外，与元组模式类似，在 match 表达式中使用枚举模式时，如果枚举模式中不包含绑定模式，那么多个枚举模式之间可以使用"|"连接。

在介绍 enum 值的模式匹配时，已经举了一些例子。下面再看一个对 enum 类型的有参构造器进行匹配的例子，如代码清单 9-10 所示。

代码清单 9-10　match_enum_value.cj

```
01    enum TrafficLight {
02        | RedLight(UInt8) | GreenLight(UInt8) | YellowLight(UInt8)
03    }
04
05    func matchTrafficLight(light: TrafficLight) {
06        match (light) {
07            // 包含常量模式的枚举模式
08            case GreenLight(30) | GreenLight(20) => "绿灯 请尽快通过"
09            case GreenLight(60) => "绿灯 请通行 倒计时: 60 秒"
10
11            // 包含绑定模式的枚举模式
12            case GreenLight(countdown) => "绿灯 请通行 倒计时: ${countdown}秒"
13            case YellowLight(countdown) => "黄灯 请缓行 倒计时: ${countdown}秒"
14
15            // 包含通配符模式的枚举模式
16            case RedLight(_) => "红灯 请停止 注意交通安全"
17        }
18    }
19
20    main() {
21        var trafficLight = RedLight(15)
22        println(matchTrafficLight(trafficLight))
23
24        trafficLight = GreenLight(20)
25        println(matchTrafficLight(trafficLight))
26
27        trafficLight = GreenLight(45)
28        println(matchTrafficLight(trafficLight))
29
30        trafficLight = YellowLight(3)
31        println(matchTrafficLight(trafficLight))
32    }
```

编译并执行以上程序，输出结果为：

```
红灯 请停止 注意交通安全
绿灯 请尽快通过
绿灯 请通行 倒计时: 45 秒
黄灯 请缓行 倒计时: 3 秒
```

在示例程序的 match 表达式中，对 TrafficLight 类型的 enum 值进行了模式匹配。第 1 个和第 2 个分支使用的是包含常量模式的枚举模式（第 8、9 行代码）。其中第 1 个分支使用 "|" 连接了 2 个枚举模式，只要这 2 个模式中的任意一个匹配成功，该分支就匹配成功。第 3 个和第 4 个分支使用的是包含绑定模式的枚举模式（第 12、13 行代码）。最后一个分支使用的是包含通配符模式的枚举模式（第 16 行代码），当然，在本例中，这个分支可以直接修改为通配符模式，不一定要使用枚举模式。

需要注意的是，在使用 match 表达式对 enum 值进行模式匹配时，match 表达式各分支的取值必须能够覆盖 enum 值的所有可能取值，以保证 match 表达式的各分支是穷尽的。

提示 在使用 match 表达式进行模式匹配时，在仓颉支持的所有 6 种模式之中，只要模式中包含绑定模式，那么各模式之间就不允许使用 "|" 连接。

另外，"|" 只能连接相同的模式，例如，不能将一个常量模式和通配符模式以 "|" 连接。

练习

定义一个表示游戏难度等级的 enum 类型 DifficultyLevel，该类型包含 3 个有参构造器 Easy(UInt8)、Medium(UInt8) 和 Hard(UInt8)。然后，定义一个函数 matchDifficultyLevel，在其中使用 match 表达式对 DifficultyLevel 类型的 enum 值进行匹配，需要满足以下 3 点需求。

- 在第 1 个 case 分支中通过符号 "|" 连接 2 个包含常量模式的枚举模式。
- 在第 2 个和第 3 个 case 分支中都使用包含绑定模式的枚举模式。
- 在第 4 个 case 分支中使用包含通配符模式的枚举模式。

最后，在 main 中创建多个 DifficultyLevel 类型的 enum 值，调用函数 matchDifficultyLevel 对这些 enum 值进行匹配。

9.3.7 判断模式的 Refutability

模式的 refutability，指的是某个模式**是否一定能匹配成功**。根据模式的 refutability，可以将模式分为两类：irrefutable 模式和 refutable 模式。

对于类型匹配的一个待匹配值和一个模式，如果两者总是可以匹配成功，那么此模式为 irrefutable 模式；如果两者有可能匹配不成功，那么此模式为 refutable 模式。

1. 通配符模式和绑定模式

通配符模式和绑定模式可以匹配任意值，总是能匹配成功，因此这两种模式是 irrefutable 模式。

2. 常量模式和类型模式

常量模式和类型模式可能匹配不成功，因此这两种模式是 refutable 模式。

3. 元组模式和枚举模式

元组模式和枚举模式在限定条件下可以是 irrefutable 模式。

对于**元组模式，当且仅当**某元组模式包含的每个模式都是 irrefutable 模式时，该元组模式才是 irrefutable 模式。举例如下：

```
main() {
    var person = ("小明", 18)

    match (person) {
        // irrefutable 元组模式
        case (name, age) => println("姓名：${name} 年龄：${age}")
    }
}
```

编译并执行以上代码，输出结果为：

```
姓名：小明 年龄：18
```

在以上示例中，元组模式(name, age)中包含两个绑定模式，而绑定模式是 irrefutable 模式，因此，元组模式(name, age)是 irrefutable 模式。

对于**枚举模式，当且仅当**某枚举模式对应的 enum 类型只有一个有参构造器，并且该枚举模式中包含的模式都是 irrefutable 模式时，该枚举模式才是 irrefutable 模式。举例如下：

```
enum ClothingSize {
    Size(String)  // enum 类型 ClothingSize 只有一个有参构造器
}

func matchClothingSize(clothingSize: ClothingSize) {
    match (clothingSize) {
        // irrefutable 枚举模式 Size(size)
        case Size(size) => "size: ${size}"
    }
}

main() {
    var clothingSize = Size("L")
    println(matchClothingSize(clothingSize))
}
```

编译并执行以上代码，输出结果为：

```
size: L
```

在以上示例中，enum 类型 ClothingSize 只有一个有参构造器。在进行模式匹配时，使用的枚举模式 Size(size)中包含了一个绑定模式，而绑定模式是 irrefutable 模式，因此，枚举模式 Size(size)是 irrefutable 模式。

9.4 模式的其他用法

前面主要介绍了模式在包含待匹配值的 match 表达式中的用法。除了 match 表达式，模式还可以在变量声明、for-in 表达式、if-let 表达式和 while-let 表达式中使用。在使用时需要注意，不同的应用场景可以使用的模式是不同的，如表 9-1 所示。

表 9-1　不同应用场景可以使用的模式

应用场景	可以使用的模式
变量声明 for-in 表达式	所有 irrefutable 模式，包括： ■ 绑定模式； ■ 通配符模式； ■ irrefutable 元组模式； ■ irrefutable 枚举模式
if-let 表达式 while-let 表达式	除了类型模式之外的 5 种模式，包括： ■ 常量模式； ■ 通配符模式； ■ 绑定模式； ■ 元组模式； ■ 枚举模式

9.4.1　在变量声明中使用 irrefutable 模式

在变量声明中，赋值号左侧就是一个模式。例如：

```
var name = "铅笔"
```

在这个声明中，name 就是一个绑定模式。再如：

```
main() {
    // 在变量声明中使用 irrefutable 元组模式
    var (city, areaCode) = ("南京", "025")
    println("城市：${city} 区号：${areaCode}")
}
```

编译并执行以上代码，输出结果为：

```
城市：南京 区号：025
```

在以上变量声明中，使用了一个 irrefutable 元组模式(city, areaCode)，其中包含 2 个 irrefutable 绑定模式。

当然，也可以使用通配符模式，但是此时就不可以访问相应的值了。将以上示例修改一下：

```
main() {
    // 在变量声明中使用 irrefutable 元组模式
    var (city, _) = ("南京", "025")   // 使用了通配符模式
    println("城市：${city}")
}
```

编译并执行以上代码，输出结果为：

城市：南京

另外，在赋值表达式的赋值号左侧也可以使用 irrefutable 元组模式，用于对赋值号右侧的表达式进行解构。例如，继续修改上面的代码：

```
main() {
    var (city, areaCode) = ("南京", "025")
    println("城市：${city} 区号：${areaCode}")

    // 在赋值表达式中使用 irrefutable 元组模式
    (city, areaCode) = ("北京", "010")
    println("城市：${city} 区号：${areaCode}")
}
```

编译并执行以上代码，输出结果为：

城市：南京 区号：025
城市：北京 区号：010

再看一个使用 irrefutable 枚举模式的例子：

```
enum ClothingSize {
    Size(String)   // enum 类型 ClothingSize 只有一个有参构造器
}

main() {
    // 在变量声明中使用 irrefutable 枚举模式
    var Size(size) = Size("M")
    println(size)

    size = "L"
    println(size)
}
```

编译并执行以上代码，输出结果为：

M
L

在声明变量时使用了 irrefutable 枚举模式 Size(size)，用于对 Size("M")进行解构并将构造器的参数值"M"与变量 size 进行绑定，相当于创建了一个 String 类型的可变变量 size。如果以上代码中使用的是关键字 let 而不是 var，那么 size 将是一个不可变变量。

练习

声明并初始化 4 个变量，分别使用绑定模式、通配符模式、irrefutable 元组模式和 irrefutable 枚举模式。

9.4.2 在 for-in 表达式中使用 irrefutable 模式

在 for-in 表达式的关键字 for 和 in 之间就是一个模式，举例如下：

```
// 绑定模式i
for (i in 1..=10) {
    println(n)
}
```

以上 for-in 表达式的循环变量 i 就是一个绑定模式。如前所述，绑定模式相当于定义了局部的不可变变量，因此 for-in 表达式中的循环变量是不可变的，且作用域只限于 for-in 表达式的循环体。

除了绑定模式，在 for-in 表达式中也可以使用其他 irrefutable 模式。首先来看一个 irrefutable 元组模式的例子。

```
main() {
    var studentScore = [("小明", 70), ("小红", 85), ("小刚", 78)]

    // 在 for-in 表达式中使用了 irrefutable 元组模式
    for ((studentName, score) in studentScore) {
        println("姓名: ${studentName} 分数: ${score}")
    }
}
```

编译并执行以上代码，输出结果为：

```
姓名: 小明 分数: 70
姓名: 小红 分数: 85
姓名: 小刚 分数: 78
```

在以上示例代码中，定义了一个数组 studentScore，用于存储学生的姓名和分数。该数组的每个元素都是一个元组。在 for-in 表达式中，使用了一个 irrefutable 元组模式(studentName, score)，该元组模式包含两个 irrefutable 绑定模式。这个 for-in 表达式的作用是遍历数组，对数组的元素依次进行解构并分别与变量 studentName 和 score 进行绑定。

提示 关于数组的相关知识见第 11 章。

再来看一个使用 irrefutable 枚举模式的例子。

```
enum ClothingSize {
    Size(String)
}

main() {
    // 在 for-in 表达式中使用了 irrefutable 枚举模式
    for (Size(size) in [Size("S"), Size("M"), Size("L"), Size("XL")]) {
        println("size: ${size}")
```

```
    }
  }
```

编译并执行以上代码，输出结果为：

```
size: S
size: M
size: L
size: XL
```

以上示例仍然是使用 for-in 表达式遍历一个数组，该数组的每个元素都是一个 enum 值。在 for-in 表达式中，使用了一个 irrefutable 枚举模式 Size(size)用于对数组的元素依次进行解构，并将解构出的 enum 构造器的参数值与变量 size 进行绑定。

练习

编写一个 for-in 表达式，在其中使用 irrefutable 枚举模式。

9.4.3 在 if-let 表达式中使用模式

if-let 表达式是一种特殊的 if 表达式，其语法格式如下：

```
if (let 模式 <- 表达式) {
    代码块 1
} [else {
    代码块 2
}]
```

其中，模式可以是常量模式、通配符模式、绑定模式、元组模式和枚举模式，表达式可以是任意类型。

if-let 表达式在执行时首先对 "<-" 右边的表达式进行求值，如果表达式的值能够匹配 let 之后的模式，就执行代码块 1；否则执行代码块 2（如果有的话）。举例如下：

```
main() {
    var city = "重庆"

    if (let "成都" <- city) {   // 常量模式"成都"
        println("城市：成都")
    } else {
        println("匹配失败")
    }
}
```

编译并执行以上代码，输出结果为：

```
匹配失败
```

在以上 if-let 表达式中，使用了一个常量模式"成都"来匹配表达式 city。接下来，可以对其进行修改，使用一个绑定模式后匹配一定能够成功，代码如下：

```
main() {
    var city = "重庆"

    if (let "成都" <- city) {  // 常量模式"成都"
        println("城市：成都")
    } else if (let c <- city) {  // 绑定模式 c
        println("城市：${c}")
    }
}
```

编译并执行以上代码，输出结果为：

```
城市：重庆
```

与在 match 表达式中一样，if-let 表达式中绑定的变量也是**局部**的**不可变变量**。例如，以上示例中的变量 c，其作用域只限于 else if 分支。

> 提示 与 match 表达式相比，在使用 if-let 表达式对模式进行匹配时，不要求所有分支是穷
> 尽的。if-let 表达式可以只匹配特定的值。

再看一个在 if-let 表达式中使用枚举模式的示例。

```
enum PaymentMethod {
    | Cash | CreditCard(String) | BankTransfer(String, String)
}

main() {
    var paymentMethod = Cash
    // 枚举模式，匹配无参构造器
    if (let Cash <- paymentMethod) {
        println("现金支付")
    }

    paymentMethod = CreditCard("0110")
    // 枚举模式，匹配有参构造器
    if (let CreditCard(cardId) <- paymentMethod) {
        println("信用卡支付 卡号：${cardId}")
    }
}
```

编译并执行以上代码，输出结果为：

```
现金支付
信用卡支付 卡号：0110
```

以上示例使用 if-let 表达式对 enum 值进行了匹配。通过在 if-let 表达式中使用枚举模式，

可以快速解构出 enum 类型的有参构造器的参数值。

练习

编写两个使用枚举模式的 if-let 表达式，分别匹配无参构造器和有参构造器。

9.4.4 在 while-let 表达式中使用模式

while-let 表达式是一种特殊的 while 表达式，其语法格式如下：

```
while (let 模式 <- 表达式) {
    循环体
}
```

其中，模式可以是常量模式、通配符模式、绑定模式、元组模式和枚举模式，表达式可以是任意类型。if-let 表达式可以对单个的表达式进行模式匹配，而 while-let 表达式可以看作是升级后的 if-let 表达式，它可以对多个表达式（例如一个数组的所有元素）进行模式匹配。

while-let 表达式在执行时首先对 "<-" 右边的表达式进行求值。如果表达式的值能够匹配 let 之后的模式，则执行循环体，并在执行完循环体之后再次对表达式进行求值。只要表达式的值能匹配 let 之后的模式就执行循环体。如此重复，直到表达式的值不能匹配 let 之后的模式时循环结束，然后继续执行 while 表达式后面的代码。

例如，在以下示例程序的数组 names 中存储了一系列不重复的人名，现在我们需要获取 "小明" 这个名字对应的数组元素的索引。代码如下：

```
main() {
    var names = ["小刚", "小强", "小文", "小明", "小美", "小丽"]
    var index = 0  // 表示当前索引，从 0 开始搜索

    // 在 while-let 表达式中使用了绑定模式 name
    while (let name <- names[index]) {
        if (name == "小明") {
            println(index)
            break
        }

        // 处理索引
        index++
        if (index == names.size) {  // 如果索引越界，说明数组中没有要找的数据
            println("names 中不包含小明")
            break
        }
    }
}
```

编译并执行以上代码，输出结果为：

```
3
```

在以上示例的 while-let 表达式中，使用了绑定模式 name。在循环开始时，首先将数组的第一个元素 names[0]的值"小刚"与 name 绑定，接着在循环体中检查 name 的值是不是"小明"，如果是则输出当前索引，并退出 while 循环。否则，将 index 加 1，继续检查下一个元素 names[1]是不是"小明"。

注意，代码中的 names.size 表示数组 names 的元素个数。数组 names 的元素索引的取值范围为 0~names.size – 1，即 0~5。如果在使用 names[index]的方式访问数组元素时 index 超出取值范围，将会引发错误。因此，需要在循环体中检查索引的值，如果 index 的值在加 1 之后为 names.size，就说明已经检查完数组的所有元素，需要退出 while 循环了。

| 提示 | 数组元素的索引类似于元组元素的索引，第 1 个元素的索引为 0，第 2 个元素的索引为 1，以此类推。 |

如果数组中的元素是 enum 值，那么使用 while-let 表达式可以快速对数组中的 enum 值进行解构。举例如下：

```
// 表示中性笔订单的 enum 类型
enum GelPenOrder {
    | Samples  // 试用装
    | FormalOrder(UInt64)  // 正式订单，参数为订购的中性笔的数目
}

main() {
    var gelPenOrders = [FormalOrder(20), FormalOrder(10), FormalOrder(50)]

    var index = 0  // 表示当前索引，从 0 开始
    var order = gelPenOrders[index]

    // 在 while-let 表达式中使用枚举模式
    while (let FormalOrder(amount) <- order) {
        println(amount)

        // 处理索引，将索引加 1，操作下一个元素
        index++

        if (index < gelPenOrders.size) {
            // 如果索引没有越界，则将当前索引指向的数组元素赋给 order
            order = gelPenOrders[index]
        } else {
            // 将 order 的值赋为 Samples，这将使得 while-let 中的模式匹配失败，循环结束
            order = Samples
        }
```

```
        }
    }
```

编译并执行以上代码，输出结果为：

```
20
10
50
```

练习

定义一个表示学生课程等级的 enum 类型 StudentGrade，它包含两个构造器：Pass 表示该门课程通过，需要 1 个 UInt8 类型的参数，表示该课程的分数；Fail 表示未通过，不需要参数。然后，使用该 enum 类型，编写一个包含枚举模式的 while-let 表达式。

9.5 Option 类型

Option 类型是一个 enum 类型。仓颉提供了 Option 类型，以便处理可能没有值的情况。Option 类型是一个非常实用的类型，仓颉提供的很多函数的返回值类型都是 Option 类型。

9.5.1 了解 Option 类型的定义

Option 类型的定义如下：

```
public enum Option<T> {
    | Some(T)
    | None

    // 其他成员略
}
```

Option<T>中的 T 可以是任意类型，当 T 为不同类型时，将得到不同的 Option 类型。例如，Option<Int64>和 Option<String>是两个不同的 Option 类型。

Option 类型中包含两个构造器：Some 和 None，其中 Some 携带一个 T 类型的参数，表示有值；None 不带参数，表示没有值。

当需要表示某个类型可能有值，也可能没有值时，就可以使用 Option 类型。

9.5.2 创建 Option 值

创建 Option 值的方式为：

```
[Option<T>.]构造器[(T 类型的参数)]
```

举例如下：

```
let opt1: Option<Int64> = Some(10)   // Some(10)亦可写作 Option<Int64>.Some(10)
let opt2: Option<Int64> = None   // None 亦可写作 Option<Int64>.None
```

在创建 Option 值时，如果上下文有明确的类型要求，那么构造器前面的 Option 类型名是可以省略的，例如上面两行代码创建的两个 Option 值。

如果上下文没有明确的类型要求，那么构造器 Some 前面的 Option 类型名可以省略，None 前面的类型名不可以省略。例如：

```
let opt3 = Some(20)   // 根据参数 20（Int64 类型）可以推断出 opt3 的类型为 Option<Int64>
let opt4 = Option<Int64>.None   // Option 类型名不可以省略，否则无法推断出 opt4 的类型
```

因为构造器 Some 是有参构造器，所以在省略 Option 类型名时，可以根据参数的类型来推断 Option 类型；而构造器 None 是无参构造器，所以不能省略 Option 类型名。

不过可以使用 None<T>这样的语法来构造 Option<T>类型的 None 值。举例如下：

```
let opt5 = None<String>   // None<String>相当于 Option<String>.None
```

另外，虽然 T 和 Option<T>是两个不同的类型，但是当类型上下文明确知道某个位置需要的是 Option<T>类型的值时，可以直接传一个 T 类型的值。这时编译器会使用 Option<T>类型的构造器 Some 将 T 类型的值包装成 Option<T>类型的值。举例如下：

```
// 等价于 let opt6: Option<String> = Some("ok")
let opt6: Option<String> = "ok"

// 等价于 let opt7: Option<Int64> = Some(30)
let opt7: Option<Int64> = 30
```

这个特性在调用函数或返回函数的返回值时特别有用。如果函数定义中存在 Option<T>类型的形参，那么在调用函数时可以直接传入 T 类型的实参。如果函数返回值是 Option<T>类型的，那么函数体的类型或 return 表达式中表达式 expr 的类型可以是 T 类型。举例如下：

```
func fn1(optNum: Option<Int64>) {
    // 代码略
}

func fn2(): Option<String> {
    "仓颉"   // 函数体的类型为 String，编译器自动将其包装为 Option<String>.Some("仓颉")
}

main() {
    fn1(100)   // 将 Int64 类型的实参 100 传给 Option<Int64>类型的形参
    println(fn2())   // 输出：Some(仓颉)
}
```

最后，当 Option 类型用于非表达式的场合时，Option<T>可以简写为"?T"；当 Option 类型用于表达式中时，不可以简写。例如，以下简写是错误的：

```
let opt: Option<Int64> = ?Int64.Some(10)   // 编译错误
```

以下简写都是可以的：

```
func fn1(optNum: ?Int64) {
    // 代码略
}


func fn2(): ?String {
    "仓颉"   // 函数体的类型为 String，编译器自动将其包装为 Option<String>.Some("仓颉")
}
main() {
    let opt1: ?Int64 = Some(10)
    let opt2: ?Int64 = None
}
```

9.5.3　解构 Option 值

在仓颉标准库中，很多函数的返回值类型都是 Option 类型。例如，字符串函数 lastIndexOf 的定义如下：

```
public func lastIndexOf(str: String): Option<Int64>
```

该函数的作用是返回指定字符串 str 在字符串中最后 1 次出现时的首字节索引。字符串的索引类似于元组的索引。假设字符串中包含 N 个字节，那么字符串的第 1 个字节的索引为 0，第 2 个字节的索引为 1，以此类推，最后 1 个字节的索引为 $N-1$。当指定的字符串 str 在字符串中不存在时，lastIndexOf 函数的返回值是 Option<Int64>.None；否则，返回值是 Option<Int64>.Some(idx)，对应的首字节索引 idx 被包装在了 Some 中。为了能够从 Some 中得到索引 idx，需要对 Option 值进行解构。

仓颉提供了多种方式对 Option 值进行解构，这里介绍其中 4 种方式。

1.　match 表达式

Option 类型本就是 enum 类型，所以可以使用 match 表达式进行模式匹配。举例如下：

```
func matchOptionValue(optIndex: ?Int64) {
    // 使用 match 表达式解构 Option 值
    match (optIndex) {
        case Some(index) => println("最后一次出现时的起始索引为${index}")
        case None => println("您搜索的字符串不在目标字符串中")
    }
}


main() {
    let str = "CangjieLanguage"

    var optIndex = str.lastIndexOf("an")   // 返回 Option<Int64>.Some(8)
    matchOptionValue(optIndex)
```

```
        optIndex = str.lastIndexOf("pl")   // 返回 Option<Int64>.None
        matchOptionValue(optIndex)
}
```

编译并执行以上代码，输出结果为：

```
最后一次出现时的起始索引为 8
您搜索的字符串不在目标字符串中
```

2. getOrThrow 函数

除了可以使用 match 表达式，还可以调用 getOrThrow 函数来解构 Option 值。需要注意的是，getOrThrow 函数在解构 Option 值时，如果遇到 None 值，那么会抛出异常；如果遇到的不是 None 值，那么将得到解构的值。

以下示例调用了 getOrThrow 函数来对 Option 值进行了解构：

```
main() {
    let str = "CangjieLanguage"
    var optIndex = str.lastIndexOf("an")   // 返回 Option<Int64>.Some(8)

    let index = optIndex.getOrThrow()   // 使用 getOrThrow 函数解构 Option 值
    println(index)
}
```

编译并执行以上代码，输出结果为：

```
8
```

将搜索的字符串修改为"pl"，运行以上代码会抛出异常 NoneValueException。为了避免调用 getOrThrow 函数时遇到 None 值抛出异常，在解构 Option 值时可以结合使用 Option 类型的成员函数 isSome 或 isNone。这两个成员函数的定义如下（略去了函数体）：

```
// 判断当前实例值是否为 Some，如果是 Some，则返回 true，否则返回 false
public func isSome(): Bool

// 判断当前实例值是否为 None，如果是 None，则返回 true，否则返回 false
public func isNone(): Bool
```

修改示例代码，先调用 isSome 函数确认 optIndex 不为 None，再调用 getOrThrow 函数解构。修改后的示例代码如下：

```
main() {
    let str = "CangjieLanguage"
    var optIndex = str.lastIndexOf("an")   // 返回 Option<Int64>.Some(8)

    // 先判断 optIndex 是否为 None，如果不为 None 则使用 getOrThrow 解构，否则输出提示信息
    if (optIndex.isSome()) {   // 条件也可以写作: !optIndex.isNone()
        let index = optIndex.getOrThrow()
        println("最后一次出现时的起始索引为${index}")
    } else {
```

```
        println("您搜索的字符串不在目标字符串中")
    }
}
```

编译并执行以上代码，输出结果为：

最后一次出现时的起始索引为 8

3. if-let 表达式和 while-let 表达式

使用 if-let 表达式和 while-let 表达式也可以实现对 Option 值的解构。下面来看一个使用 if-let 表达式对 Option 值进行解构的示例。

```
main() {
    let str = "CangjieLanguage"
    var optIndex = str.lastIndexOf("an")  // 返回 Option<Int64>.Some(8)

    // 使用 if-let 表达式解构 Option 值
    if (let Some(index) <- optIndex) {
        println(index)
    } else {
        println("索引错误")
    }
}
```

编译并执行以上代码，输出结果为：

8

再看一个使用 while-let 表达式的例子。

```
main() {
    /*
     * 数组 codes 的元素类型为 Option<Int64>
     * 其中的元素依次为 Some(401)、Some(402)、Some(404)
     */
    let codes: Array<?Int64> = [401, 402, 404]

    var index = 0
    var optCode = codes[index]

    while (let Some(code) <- optCode) {
        println(code)
        index++

        if (index < codes.size) {
            optCode = codes[index]
        } else {
            optCode = None
        }
    }
```

```
        }
    }
```

编译并执行以上代码，输出结果为：

```
401
402
404
```

> **注意** 在以上代码中，由于数组的元素类型为 Option<Int64>，因此在赋值时只需要传
> 入 Int64 类型的表达式 value，编译器就会自动将 Int64 类型的值 value 包装为 Option
> <Int64>.Some(value)。

4. coalescing 操作符

coalescing 操作符（??）由两个连写的问号构成。对于以下表达式：

```
e1 ?? e2    // e1 是 Option<T>类型的表达式，e2 是 T 类型的表达式
```

当 Option<T>类型的表达式 e1 的值等于 Some(v)时，返回 v 的值；当 e1 的值等于 None 时，
返回 e2 的值。举例如下：

```
main() {
    let str = "CangjieLanguage"

    var optIndex = str.lastIndexOf("an")  // 返回 Option<Int64>.Some(8)
    // 使用 coalescing 操作符解构 Option 值
    println(optIndex ?? -1)

    optIndex = str.lastIndexOf("pl")  // 返回 Option<Int64>.None
    // 使用 coalescing 操作符解构 Option 值
    println(optIndex ?? -1)
}
```

编译并执行以上代码，输出结果为：

```
8
-1
```

至此，我们已经掌握了解构 Option 值的几种方法。在代码清单 9-5 中，我们根据信用评分
来确定贷款利率。为此，我们定义了一个函数 getInterestRate，其返回值类型为 Float64。当信
用评分超过 1000 时，返回了 0.0 这个数据。现在，可以修改一下这个函数，使其返回 Option
类型，当信用评分错误时，就返回 None 值。具体实现如代码清单 9-11 所示。

代码清单 9-11   get_loan_interest_rate.cj

```
01   from std import format.*
02
03   func getInterestRate(creditScore: UInt16): ?Float64 {
04       match {
```

```
05          case creditScore < 600 => 0.08   // 相当于 Some(0.08)
06          case creditScore < 800 => 0.06
07          case creditScore < 900 => 0.05
08          case creditScore <= 1000 => 0.04
09          case _  => None   // 实参错误时返回 None
10      }
11  }
12
13  main() {
14      var interestRate: ?Float64 = getInterestRate(1350)
15      // 使用 if-let 表达式对 interestRate 进行解构
16      if (let Some(ir) <- interestRate) {
17          println(ir.format(".2"))
18      } else {
19          println("信用评分数据错误")
20      }
21
22      interestRate = getInterestRate(850)
23      // 使用 getOrThrow 函数对 interestRate 进行解构
24      if (interestRate.isSome()) {
25          println(interestRate.getOrThrow().format(".2"))
26      } else {
27          println("信用评分数据错误")
28      }
29  }
```

编译并执行以上代码，输出结果为：

```
信用评分数据错误
0.05
```

9.5.4 使用 as 操作符进行类型转换

在仓颉中，不支持不同类型之间的隐式转换，类型转换**必须**显式地进行。前面已经介绍了两种类型转换的方式。

■ 通过 T(e) 的方式实现转换。这种方式本质上是调用了目标类型的构造函数来构造相应类型的实例，适用于各种数值类型之间的转换、Rune 类型和 UInt32 类型之间的转换等。

■ 通过调用函数来实现转换。例如，调用 toString 函数将其他类型转换为字符串类型、调用 convert 包中的 parse 函数将数字字符串转换为各种数值类型等。

本节再介绍一种类型转换的方式，即使用 as 操作符将某个表达式的类型转换为指定的类型。因为类型转换不是一定会成功，所以 as 操作符的运算结果是 Option 类型。其使用方法为：

```
e as T
```

其中，e 可以是任意表达式，T 可以是任何类型。当 e 的运行时类型为 T 的子类型时，e as T 的值为 Option<T>.Some(e)；否则，e as T 的值为 Option<T>.None。

先看一个简单的例子：

```
main() {
    let v1 = 123 as Int64    // 转换成功, v1 的值为: Option<Int64>.Some(123)
    let v2 = 123 as String   // 转换失败, v2 的值为: Option<String>.None
}
```

在以上示例中，字面量 123 的运行时类型为 Int64，因此表达式 123 as Int64 的值为 Option<Int64>.Some(123)，表达式 123 as String 的值为 Option<String>.None。再看一个复杂些的例子，如代码清单 9-12 所示。

代码清单 9-12　usage_of_as_operator.cj

```
01    // 表示家用电器的类
02    open class Appliances {}
03
04    // 表示吸尘器的类, 是 Appliances 的子类
05    class VacuumCleaner <: Appliances {}
06
07    main() {
08        let appliances = Appliances()
09        let vacuumCleaner = VacuumCleaner()
10
11        /*
12         * vacuumCleaner 的运行时类型 VacuumCleaner 是 VacuumCleaner 类型的子类型, 转换成功
13         * 因为任何类型都可以看作其自身的子类型
14         * result1: Option<VacuumCleaner>.Some(vacuumCleaner)
15         */
16        let result1 = vacuumCleaner as VacuumCleaner
17
18        /*
19         * vacuumCleaner 的运行时类型 VacuumCleaner 是 Appliances 类型的子类型, 转换成功
20         * result2: Option<Appliances>.Some(vacuumCleaner)
21         */
22        let result2 = vacuumCleaner as Appliances
23
24        /*
25         * appliances 的运行时类型 Appliances 是 Appliances 类型的子类型, 转换成功
26         * result3: Option<Appliances>.Some(appliances)
27         */
28        let result3 = appliances as Appliances
29
30        /*
31         * appliances 的运行时类型 Appliances 不是 VacuumCleaner 类型的子类型, 转换失败
32         * result4: Option<Appliances>.None
```

```
33         */
34         let result4 = appliances as VacuumCleaner
35     }
```

在代码清单 9-12 中，定义了两个变量 appliances 和 vacuumCleaner（第 8、9 行代码）。变量 appliances 的运行时类型为 Appliances。变量 vacuumCleaner 的运行时类型为 VacuumCleaner，而 VacuumCleaner 是 Appliances 的子类型。在使用 as 操作符进行类型转换时，将 vacuumCleaner 转换为 VacuumCleaner 类型和 Appliances 类型（第 16、22 行代码），将 appliances 转换为 Appliances 类型（第 28 行代码），都会成功。但是，将 appliances 转换为 VacuumCleaner 类型时（第 34 行代码），由于 appliances 的运行时类型不是 VacuumCleaner 的子类型，因此转换会失败，最后会得到一个 None 值。

通过 as 操作符可以实现向下转型。

在第 7 章中，我们介绍过向上转型的概念。因为子类型天然是父类型，所以，当我们将子类类型的实例赋给父类类型的变量时，系统会自动完成向上转型。此时，通过这个变量可以访问父类的成员。那么，通过这个变量可以访问子类独有（父类没有）的成员吗？

```
// 表示家用电器的类
open class Appliances {
    protected open func printName() {
        println("Appliances")
    }
}

// 表示吸尘器的类，是 Appliances 的子类
class VacuumCleaner <: Appliances {
    protected override func printName() {
        println("VacuumCleaner")
    }

    func printInfo() {
        println("这是一个 VacuumCleaner 类独有的函数")
    }
}

main() {
    // 将子类类型的实例赋给父类类型的变量
    let appliances: Appliances = VacuumCleaner()
    appliances.printName()
}
```

编译并执行以上代码，输出结果为：

```
VacuumCleaner
```

在以上代码中，将 VacuumCleaner 类型（子类）的实例赋给了 Appliances 类型（父类）类

型的变量 appliances，并通过该变量调用了函数 printName。

在程序编译时，编译器根据变量 appliances 的编译时类型 Appliances，确定了 Appliances 类型包含成员函数 printName，编译通过。在程序运行时，根据变量 appliances 的运行时类型 VacuumCleaner，动态派发了子类 VacuumCleaner 重写的成员函数 printName。因此，最终输出了 "VacuumCleaner"。

如果在 main 中通过变量 appliances 调用子类独有的成员函数 printInfo，就会引发编译错误：

```
appliances.printInfo()   // 编译错误：printInfo 不是 Appliances 的成员
```

因为在调用函数 printInfo 时，变量 appliances 的编译时类型为 Appliances，而 Appliances 没有成员 printInfo，所以导致了编译错误。

通过以上示例，我们可以得到如下结论：在将子类类型的实例赋给父类类型的变量时，无法通过该变量访问子类独有的成员。如果要通过该变量访问子类独有的成员，只能显式将该变量**向下转型**为子类类型。

在上面的示例代码中，如果要通过变量 appliances 调用函数 printInfo，可以对 main 作如下修改：

```
main() {
    let appliances: Appliances = VacuumCleaner()
    (appliances as VacuumCleaner).getOrThrow().printInfo()
}
```

编译并执行程序，输出结果为：

```
这是一个 VacuumCleaner 类独有的函数
```

首先通过 as 操作符将父类类型的变量 appliances 向下转型为 VacuumCleaner 类型，转换的结果为 Option<VacuumCleaner>.Some(appliances)，接着通过 getOrThrow 函数解构 Option 值，得到 VacuumCleaner 类型的实例，最后使用该 VacuumCleaner 实例调用函数 printInfo。

这里有一个需要注意的问题，对于以下表达式：

```
e as T
```

如果待转换的表达式 e 的运行时类型不是目标类型 T 的子类型，那么将会转换失败，得到一个 None 值。此时，如果直接调用 getOrThrow 函数对 Option 值进行解构，将会抛出异常。前面已经介绍过，可以先调用函数 isSome 或 isNone 排除 None 值后再使用 getOrThrow 解构。

或者，我们也可以先使用 is 操作符来判断表达式 e 的运行时类型是不是 T 的子类型，再使用 as 操作符进行类型转换。is 操作符的使用方法为：

```
e is T
```

其中，e 可以是任意表达式，T 可以是任何类型。当 e 的运行时类型是 T 的子类型时，e is T 的值为 true，否则，e is T 的值为 false。例如，可以将上面示例中的 main 再修改一下，在进行类型转换之前先使用 is 操作符预判一下是否可以转换。

```
main() {
    let appliances: Appliances = VacuumCleaner()

    if (appliances is VacuumCleaner) {
        (appliances as VacuumCleaner).getOrThrow().printInfo()
    } else {
        println("转换失败")
    }
}
```

练习

　定义两个类：表示动物的父类 Animal 和表示大熊猫的子类 GiantPanda。在 main 中将子类类型的实例赋给父类类型的变量，然后使用 as 运算符将该变量向下转型为子类类型，并访问子类独有的成员。

本章需要达成的学习目标

- ☐ 掌握如何定义 enum 类型以及创建 enum 值。
- ☐ 学会使用 match 表达式对 enum 值进行模式匹配。
- ☐ 学会使用不含待匹配值的 match 表达式。
- ☐ 掌握 6 种模式以及模式的 refutability。
- ☐ 掌握模式在 match 表达式之外的 4 种用法。
- ☐ 掌握 Option 类型的用法，包括定义、值的创建和解构。
- ☐ 学会使用 as 操作符结合 is 操作符进行类型转换。

第 10 章 函数高级

第 6 章介绍了一些函数的基础知识，本章将讨论函数的一些高级特性。在仓颉编程语言中，函数被视为一等公民，这意味着函数可以被赋给变量、可以作为函数实参、可以作为函数返回值。这些特性使得函数的应用可以非常灵活，也能够使用闭包等高级编程技巧。

通过本章的学习，你将学会将函数以及 lambda 表达式作为 "一等公民" 使用，并了解嵌套函数、变量捕获和闭包的相关知识。你还将掌握函数重载及函数重载决议的用法，并学会对操作符进行重载。最后，你会对 mut 函数有一个比较全面的认识。

10.1 函数是 "一等公民"

在仓颉中，函数是 "一等公民"。函数本身具有类型，且具有与其他数据类型相同的地位。这主要体现在以下 3 方面。

■ 可以将函数赋给变量。
■ 可以将函数作为另一个函数的实参。
■ 可以将函数作为另一个函数的返回值。

10.1.1 判断函数类型

作为一等公民，函数本身也有类型，即函数类型。函数类型由参数类型列表和返回值类型组成，其形式如下：

```
([参数类型列表]) -> 返回值类型
```

参数类型列表用一对圆括号括起来。若参数个数为 1 个以上，参数之间以逗号分隔。若没有参数，那么圆括号不可以省略。参数类型列表和返回值类型之间以符号 "->" 连接。

> 提示　符号 "->" 是右结合的。

以下示例代码定义了 3 个不同类型的函数。

```
// 函数没有参数，返回值类型为 Unit
func printBookName(): Unit {
```

```
    // 代码略
}

// 函数有 1 个参数，类型为 Int64，返回值类型为 String
func describeNumber(number: Int64): String {
    // 代码略
}

// 函数有 2 个参数，类型为 Int64 和 Int64，返回值类型为 Int64
func calcArea(width: Int64, height: Int64): Int64 {
    // 代码略
}
```

这 3 个函数的类型分别为：

- 函数 printBookName 的类型为() -> Unit。
- 函数 describeNumber 的类型为(Int64) -> String。
- 函数 calcArea 的类型为(Int64, Int64) -> Int64。

类似于元组类型，在函数类型中，也可以为参数类型列表中的参数类型标记显式的类型参数名。在一个函数类型中，要么统一为每个参数类型加上类型参数名，要么统一不加，不允许混合使用。举例如下：

```
(price: Float64, discount: Float64) -> Float64  // 带类型参数名的函数类型
(Float64, Float64) -> Float64  // 不带类型参数名的函数类型
```

函数名本身是一个表达式，其类型即为对应的函数类型。例如，对于以下函数：

```
func calcArea(width: Int64, height: Int64): Int64 {
    // 代码略
}
```

将函数名 calcArea 作为表达式使用时，其类型为(Int64, Int64) -> Int64；而 calcArea(2, 3) 是对函数的调用，其类型为函数的返回值类型 Int64。

10.1.2 将函数作为变量值

将函数赋给变量后，变量的类型即为对应函数的类型。举例如下：

```
func isEvenNumber(number: Int64) {
    if (number % 2 == 0) {
        true
    } else {
        false
    }
}

main() {
    // 将函数作为变量值
```

```
        let isEN: (Int64) -> Bool = isEvenNumber

        // 使用函数名调用函数
        println(isEvenNumber(11))

        // 使用变量名调用函数
        println(isEN(6))
    }
```

编译并执行以上代码，输出结果为：

```
false
true
```

在以上示例代码中，定义了一个函数 isEvenNumber。在 main 中通过函数名 isEvenNumber 将函数 isEvenNumber 作为变量值赋给了变量 isEN。isEN 的类型和函数 isEvenNumber 的类型一致，都为(Int64) -> Bool。

将函数赋给变量就相当于给函数起了一个别名，除了可以使用函数名调用函数，还可以使用变量名（别名）调用函数。

注意   如果一个函数在当前作用域中被重载了，那么在直接使用函数名作为表达式时，若产生歧义则会导致编译错误。

> **练习**
>
> 定义一个名为 double 的函数。该函数只有 1 个 Int64 类型的参数 number。函数 double 的作用是返回参数 number 的两倍数。在 main 中将函数 double 作为变量值使用。

10.1.3 将函数作为实参

将函数作为实参传递有助于提高代码的模块化、灵活性、适应性和抽象能力。下面来看一个例子，如代码清单 10-1 所示。

代码清单 10-1   using_functions_as_arguments.cj

```
01    // 求一个 Int64 类型的数的平方
02    func square(number: Int64) {
03        number ** 2
04    }
05
06    // 求一个 Int64 类型的数的负值
07    func negate(number: Int64) {
08        -number
09    }
```

```
10
11    // 函数 applyFunction 的类型为(Int64, (Int64) -> Int64) -> Int64
12    func applyFunction(number: Int64, fn: (Int64) -> Int64): Int64 {
13        fn(number)
14    }
15
16    main() {
17        // 将函数作为实参
18        println(applyFunction(3, square))
19        println(applyFunction(-6, negate))
20    }
```

编译并执行以上程序，输出结果为：

```
9
6
```

在示例程序中，定义了两个函数 square（第 2~4 行代码）和 negate（第 7~9 行代码）。这两个函数的类型是一样的，并且都是用于对传入的 Int64 类型的整数进行处理操作。接着定义了一个函数 applyFunction（第 12~14 行代码），该函数接收一个 Int64 类型的整数 number 和一个函数 fn（(Int64) -> Int64 类型），用于将函数 fn 应用到 number 上。

在 main 中，调用函数 applyFunction，第一次调用时传入的函数是 square（第 18 行代码），执行 applyFunction(3, square)就相当于执行 square(3)；第二次调用时传入的函数是 negate（第 19 行代码），执行 applyFunction(-6, negate)就相当于执行 negate(-6)。

通过以上示例可以看出，将函数作为实参传递给其他函数，可以带来一些好处。

- 可以将代码拆分为独立的、可重用的组件，降低代码的冗余度，提高模块化程度。
- 可以更容易实现通用、高度抽象的代码逻辑，这种抽象可以轻松地为某个操作提供多种实现，提高代码的灵活性。
- 可以根据程序的需求动态地改变传递给函数的实际函数，有助于编写更具有适应性的代码，可以在运行时根据不同的场景选择合适的操作。

练习

继续修改 10.1.2 节的练习代码。再定义一个返回 Int64 类型整数三倍的函数 triple，以及一个函数 applyFunc。函数 applyFunc 有两个参数，第 1 个参数是一个 Int64 类型的整数，第 2 个参数的类型是(Int64) -> Int64。函数 applyFunc 用于将接收的函数应用到整数上。在 main 中分别使用 double 和 triple 作为参数调用函数 applyFunc。

10.1.4 将函数作为返回值

如果将函数作为返回值，就可以根据函数输入的参数动态地返回不同的函数。具体示例如代码清单 10-2 所示。

代码清单 10-2　using_functions_as_return_values.cj

```
01    enum Functions {
02        | Square | Negate
03    }
04
05    // 求一个 Int64 类型的数的平方
06    func square(number: Int64) {
07        number ** 2
08    }
09
10    // 求一个 Int64 类型的数的负值
11    func negate(number: Int64) {
12        -number
13    }
14
15    // 函数 getFunction 的类型为 (Functions) -> (Int64) -> Int64
16    func getFunction(fn: Functions): (Int64) -> Int64 {
17        // 根据 fn 的取值决定返回函数 square 还是函数 negate
18        match (fn) {
19            // 将函数作为返回值
20            case Square => square
21            case Negate => negate
22        }
23    }
24
25    main() {
26        println(getFunction(Square)(3))
27        println(getFunction(Negate)(-6))
28    }
```

编译并执行以上程序，输出结果为：

```
9
6
```

在示例程序中，我们定义了一个函数 getFunction（第 16～23 行代码），该函数接收一个参数 fn（enum 类型 Functions）。如果 fn 的值为 Square，那么 getFunction 将返回一个计算平方的函数 square；如果 fn 的值为 Negate，那么 getFunction 将返回一个计算负值的函数 negate。

函数 getFunction 的类型为(Functions) -> (Int64) -> Int64。其中，符号 "->" 是右结合的，函数类型如图 10-1 所示。

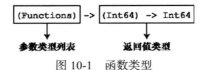

图 10-1　函数类型

在 main 中，调用函数 getFunction，第一次调用时传入的实参是 Square，函数 getFunction 返回函数 square，执行 getFunction(Square)(3)就相当于执行 square(3)。第二次调用时传入的实参是 Negate，函数 getFunction 返回函数 negate，执行 getFunction(Negate)(-6)就相当于执行 negate(-6)。

练习

修改 10.1.3 节的练习代码，将其中作为实参的函数修改为函数的返回值使用。

10.2　lambda 表达式

lambda 表达式相当于**匿名的函数**，主要用于一些需要提供某个小型功能，但又往往不值得定义一个完整函数的场景。因此，lambda 表达式的定义和使用**与函数是非常相似**的。

10.2.1　定义 lambda 表达式

定义 lambda 表达式的语法格式如下：

```
{[参数列表] => lambda 表达式体}
```

lambda 表达式以一对花括号定义。花括号中包含 3 部分：参数列表、符号“=>”和 lambda 表达式体。lambda 表达式体可以包含一系列的声明和表达式。如果没有参数，那么 lambda 表达式中的参数列表可以省略，但是符号“=>”不可以省略。

参数列表的形式如下：

```
参数 1[: 参数类型]，参数 2[: 参数类型]，……，参数 n[: 参数类型]
```

多个参数之间以逗号分隔，参数的类型在类型上下文明确的情况下是可以缺省的。

以下是一些 lambda 表达式的示例：

```
// 没有参数的 lambda 表达式，"=>" 不可以省略
{ => println("你好仓颉")}

// 有 2 个参数的 lambda 表达式
{width: Int64, height: Int64 => width * height}

// 表达式体中可以包含一系列的声明和表达式，也可以使用 return 表达式
{
    m: Int64, n: Int64 =>
        var a = Float64(m ** 2)
        var b = Float64(n ** 2)
        var result: Float64
        result = (a + b) ** 0.5
        return result
}
```

在以上示例中，第 3 个 lambda 表达式的作用是计算参数 m 和 n 的平方和的平方根，其中包含了一系列的变量声明和表达式（包括 return 表达式）。在 lambda 表达式中，return 表达式的用法和在函数中是完全一样的。

lambda 表达式支持立即调用。举例如下：

```
main() {
    { => println("你好仓颉") }()
    {width: Int64, height: Int64 => println(width * height)}(2, 3)
}
```

编译并执行以上代码，输出结果为：

```
你好仓颉
6
```

从上面的例子可以看出，调用 lambda 表达式的方式和调用函数的方式是相同的。

10.2.2 使用 lambda 表达式

lambda 表达式可以作为一等公民使用。

1. lambda 表达式作为变量值

lambda 表达式可以作为变量值，这样就相当于给 lambda 表达式起了一个别名。举例如下：

```
main() {
    let square: (Int64) -> Int64 = {number => number ** 2}
    println(square(3))  // 输出：9
}
```

在将 lambda 表达式作为变量值时，如果变量的类型是明确的，那么 lambda 表达式的参数类型可以缺省，编译器会自动根据变量的类型来推断 lambda 表达式的参数类型。

在以上示例中，lambda 表达式的参数 number 缺省了类型，编译器会自动根据变量 square 的类型(Int64) -> Int64 来推断出 number 的类型为 Int64。但是，如果缺省了变量的类型，就不可以缺省 lambda 表达式的参数类型了。例如：

```
main() {
    let square = {number: Int64 => number ** 2}  // 编译通过
    println(square(3))  // 输出：9
}
```

在以上代码中，缺省了变量 square 的类型，此时编译器会根据初始值类型（lambda 表达式的类型）来推断 square 的类型。如果缺省了 number 的类型，会导致类型推断失败，引发编译错误。

```
let square = {number => number ** 2}  // 编译错误
```

2. lambda 表达式作为实参

lambda 表达式可以作为实参传递给另一个函数。例如，可以对代码清单 10-1 进行修改，将其中的函数 square 和 negate 改为 lambda 表达式，并将它们作为实参传递给函数 applyFunction。修改后的代码如下：

```
func applyFunction(number: Int64, fn: (Int64) -> Int64): Int64 {
    fn(number)
}

main() {
    println(applyFunction(3, {number => number ** 2}))
    println(applyFunction(-6, {number => -number}))
}
```

编译并执行以上代码，输出结果为：

```
9
6
```

在将 lambda 表达式作为实参传递给其他函数时，lambda 表达式的参数类型是可以缺省的，此时编译器会根据函数参数的类型来推断 lambda 表达式的参数类型。在以上示例代码中，作为实参的两个 lambda 表达式都缺省了参数 number 的类型。

3. lambda 表达式作为返回值

lambda 表达式可以作为函数的返回值。下面对代码清单 10-2 进行修改，使用 lambda 表达式作为函数 getFunction 的返回值。修改后的代码如下：

```
enum Functions {
    | Square | Negate
}

func getFunction(fn: Functions): (Int64) -> Int64 {
    match (fn) {
        case Square => {number => number ** 2}
        case Negate => {number => -number}
    }
}

main() {
    println(getFunction(Square)(3))
    println(getFunction(Negate)(-6))
}
```

编译并执行以上代码，输出结果为：

```
9
6
```

在将 lambda 表达式作为函数返回值时，如果函数显式定义了返回值类型，那么 lambda 表达式的参数类型可以缺省，此时编译器会根据函数返回值的类型来推断 lambda 表达式的参数类型。例如，本示例中的两个 lambda 表达式都缺省了参数 number 的类型。但是，如果函数没有显式定义返回值类型，那么作为返回值的 lambda 表达式的参数类型就不可以缺省了。

练习

修改 10.1.4 节的练习代码，将其中的函数 double 和 triple 改为 lambda 表达式，并将修改得到的 lambda 表达式分别作为实参和作为函数返回值使用。

10.2.3　比较 lambda 表达式和函数的异同

lambda 表达式**本质上就是匿名函数**。因此，在学习 lambda 表达式时，要注意总结和比较 lambda 表达式和函数的异同点，以帮助我们快速掌握 lambda 表达式的用法。

1. 定义

首先，对比一下 lambda 表达式和函数在定义上的异同。

定义函数的语法格式如下：

```
func 函数名([参数列表])[: 返回值类型] {
    函数体
}
```

定义 lambda 表达式的语法格式如下：

```
{[参数列表] => lambda 表达式体}
```

lambda 表达式的**参数列表**和**表达式体**对应的是函数的**参数列表**和**函数体**。

在这两者的参数列表中定义的参数，都是**不可变**的局部变量，作用域只限于表达式体/函数体。在表达式体/函数体中定义的变量，都是局部变量，作用域从定义处开始，到表达式体/函数体结束处结束。

以上是 lambda 表达式和函数在定义上的相同点，不同点主要有以下两点。

- lambda 表达式是匿名的，而函数必须有函数名。
- lambda 表达式不可以定义返回值类型，其返回值类型只能由编译器自动推断；函数可以显式定义返回值类型。

提示　lambda 表达式和函数的参数列表也有些许不同。一方面，函数可以定义命名参数，而 lambda 表达式不可以；另一方面，lambda 表达式的参数类型在某些情况下可以缺省，而函数参数的类型不可以缺省。

2. 类型

与 lambda 表达式和函数相关的类型，我们主要讨论以下 3 点：

- lambda 表达式的表达式体的类型和函数的函数体的类型；
- lambda 表达式和函数的返回值类型；

■ lambda 表达式的类型和函数的类型。

lambda 表达式的**表达式体**的类型和值的判断方法,与函数体的类型和值的判断方法是一致的。lambda 表达式的表达式体的类型和值即是表达式体内最后一项的类型和值。

■ 若最后一项为表达式,则表达式体的类型是此表达式的类型,值是该表达式的值。

■ 若最后一项为变量声明或函数定义,或表达式体为空,则表达式体的类型为 Unit,值为()。

例如,以下代码中的 lambda 表达式的表达式体内的最后一项是 println 函数,其类型为 Unit。因此该 lambda 表达式的表达式体的类型也为 Unit。

```
{ => println("你好仓颉")}
```

以下代码中的 lambda 表达式的表达式体内的最后一项是一个 return 表达式,其类型为 Nothing。因此该 lambda 表达式的表达式体的类型为 Nothing。

```
{
    m: Int64, n: Int64 =>
        var a = Float64(m ** 2)
        var b = Float64(n ** 2)
        var result: Float64
        result = (a + b) ** 0.5
        return result
}
```

如果有类型上下文,那么编译器将根据类型上下文来推断 lambda 表达式的返回值类型。如果没有类型上下文,那么编译器将自动推断 lambda 表达式的返回值类型,**推断规则与函数返回值类型的推断规则一致**:lambda 表达式的返回值类型将是 "lambda 表达式的表达式体的类型" 和 "表达式体中的所有 return 表达式中的表达式 expr 的类型" 的最小公共父类型。

在以下代码中,变量 square 的类型为(Int64) -> Int64,因此,可以推断出其后的 lambda 表达式的返回值类型为 Int64。这是一个有类型上下文的例子。

```
main() {
    let square: (Int64) -> Int64 = {number => number ** 2}
    println(square(3))
}
```

再看一个没有类型上下文的例子:

```
main() {
    let calcArea = {width: Int64, height: Int64 => return width * height}
}
```

在以上示例中,lambda 表达式被赋给变量 calcArea,但是变量 calcArea 没有显式指明类型,此时就需要推断 lambda 表达式的返回值类型。该 lambda 表达式的表达式体的类型为 Nothing;return 表达式中的表达式 width * height 的类型为 Int64,因此该 lambda 表达式的返回值类型为 Nothing 和 Int64 的最小公共父类型,即 Int64 类型。

最后,lambda 表达式本身的类型与函数类型是完全一致的,其形式为:

```
([参数类型列表]) -> 返回值类型
```

例如，在以上示例中，编译器将自动推断变量 calcArea 的类型为 lambda 表达式的类型：(Int64, Int64) -> Int64。

3. 使用

lambda 表达式和函数的用法基本是一致的。

- lambda 表达式和函数都支持直接调用。
- lambda 表达式和函数都可以作为一等公民使用，包括作为变量值、作为实参和作为返回值。

10.2.4 使用"尾随 lambda"语法糖

语法糖是一个编程术语，用于描述那些没有提供新的功能，但可以使代码更易读或更易写的语言特性。或者可以这样理解，语法糖是对语言中已有功能的一种更"甜蜜"（更简洁、更方便）的表达方式。

在调用函数时，如果传入的最后一个实参是 lambda 表达式，就可以使用尾随 lambda 语法糖，将 lambda 表达式放在函数调用的尾部、圆括号的外面。举例如下：

```
func applyFunction(number: Int64, fn: (Int64) -> Int64): Int64 {
    fn(number)
}

main() {
    // 通常的调用语法
    println(applyFunction(3, {number => number ** 2}))

    // 使用尾随 lambda 语法糖
    println(applyFunction(3) {number => number ** 2})
}
```

在以上示例中，函数 applyFunction 的最后一个参数的类型为(Int64) -> Int64。在 main 中调用该函数时，第一次使用的是通常的调用语法，第二次调用时使用的是尾随 lambda 语法糖，将 lambda 表达式放在了圆括号外面。这两种调用的方式是完全等效的。

在调用函数时，如果传入的实参只有一个 lambda 表达式，那么可以省略圆括号。举例如下：

```
func printApplyFunction(fn: (Int64) -> Int64) {
    println(fn(3))
}

main() {
    // 通常的调用语法
    printApplyFunction({number => number ** 2})

    // 尾随 lambda
```

```
    printApplyFunction() {number => number ** 2}
    printApplyFunction {number => number ** 2}   // 省略了圆括号
}
```

当 lambda 表达式作为尾随 lambda 时，如果该 lambda 表达式没有参数，lambda 表达式中的符号 "=>" 可以省略。举例如下：

```
func printInfo(fn: () -> Unit) {
    fn()
}


main() {
    printInfo {println("你好仓颉")}
}
```

10.3 嵌套函数和闭包

定义在函数体中的函数被称为嵌套函数（局部函数）。嵌套函数可以隐藏内部函数的实现细节，这样就只有外部函数知道它的存在，从而防止内部函数被其他代码误用。闭包是嵌套函数及其捕获的外部变量的组合。

10.3.1 定义和使用嵌套函数

首先我们看一个嵌套函数的例子，如代码清单 10-3 所示。

代码清单 10-3   nested_functions.cj

```
01  enum Functions {
02      | Square | Negate
03  }
04
05  func applyFunction(number: Int64, fn: Functions): Int64 {
06      // 嵌套函数 square，用于求 number 的平方
07      func square() {
08          number ** 2
09      }
10
11      // 嵌套函数 negate，用于求 number 的负值
12      func negate() {
13          -number
14      }
15
16      // 根据 fn 的取值决定调用函数 square 还是函数 negate
17      match (fn) {
18          case Square => square()
19          case Negate => negate()
20      }
21  }
```

```
22
23  main() {
24      println(applyFunction(3, Square))
25      println(applyFunction(-6, Negate))
26  }
```

编译并执行以上程序，输出结果为：

```
9
6
```

在函数 applyFunction 中定义了两个嵌套函数 square（第 7～9 行代码）和 negate（第 12～14 行代码）。根据调用时传给形参 fn 的实参值，applyFunction 将调用相应的函数来对 number 进行处理（第 17～20 行代码）。

需要注意的是，从函数 applyFunction 的外部，无法直接调用 applyFunction 内部定义的嵌套函数 square 和 negate。如果一定要从外部对嵌套函数进行调用，那么可以将嵌套函数作为其所在函数的返回值返回。具体示例如代码清单 10-4 所示。

代码清单 10-4　using_nested_functions_as_return_values.cj

```
01  enum Functions {
02      | Square | Negate
03  }
04
05  func getFunction(fn: Functions): (Int64) -> Int64 {
06      // 嵌套函数 square，用于求 number 的平方
07      func square(number: Int64) {
08          number ** 2
09      }
10
11      // 嵌套函数 negate，用于求 number 的负值
12      func negate(number: Int64) {
13          -number
14      }
15
16      // 将嵌套函数作为返回值，根据 fn 的取值决定返回函数 square 还是函数 negate
17      match (fn) {
18          case Square => square
19          case Negate => negate
20      }
21  }
22
23  main() {
24      println(getFunction(Square)(3))
25      println(getFunction(Negate)(-6))
26  }
```

编译并执行以上程序，输出结果为：

```
9
6
```

在以上示例中，将嵌套函数 square 和 negate 作为函数 getFunction 的返回值，根据传入的实参值，选择返回不同的函数。通过这种方式，可以从函数 getFunction 之外间接调用 getFunction 之内定义的嵌套函数。

练习

继续利用 10.1 节的任务练习中定义好的函数 double、triple 和 applyFunc。将函数 double 和 triple 修改为函数 applyFunc 中定义的嵌套函数。创建两个程序，需要满足以下两点要求。

- 在第 1 个程序中，通过外部函数 applyFunc 分别间接调用嵌套函数 double 和 triple。
- 在第 2 个程序中，将嵌套函数 double 和 triple 作为外部函数 applyFunc 的返回值。

10.3.2　在闭包中捕获变量

在代码清单 10-3 中，函数 applyFunction 的定义如下：

```
func applyFunction(number: Int64, fn: Functions): Int64 {
    // 嵌套函数 square，用于求 number 的平方
    func square() {
        number ** 2
    }

    // 嵌套函数 negate，用于求 number 的负值
    func negate() {
        -number
    }

    // 根据 fn 的取值决定调用函数 square 还是函数 negate
    match (fn) {
        case Square => square()
        case Negate => negate()
    }
}
```

在嵌套函数 square 中，访问了变量 number，即嵌套函数 square 访问了一个**非自身所有的局部变量** number。变量 number 既不是函数 square 的形参，也不是函数 square 的函数体内定义的局部变量。对于嵌套函数 square 来说，number 是一个**外部的局部变量**。对于这种情况，我们称嵌套函数 square 捕获了变量 number。同理，嵌套函数 negate 也捕获了变量 number。

嵌套函数及其捕获的外部变量的组合被称为闭包。在上面的代码中，嵌套函数 square 及其捕获的外部变量 number 的组合是一个闭包，嵌套函数 negate 及其捕获的外部变量 number 的组

合也是一个闭包。

由于 lambda 表达式本质上是函数，因此，如果将上面示例代码中的函数 square 和 negate 改为对应的 lambda 表达式，那么这两个 lambda 表达式也捕获了变量 number，这两个 lambda 表达式与捕获的变量 number 也都构成了闭包。修改后的函数 applyFunction 的代码如下：

```
func applyFunction(number: Int64, fn: Functions): Int64 {
    // 捕获了变量的 lambda 表达式与被捕获的变量也构成了闭包
    match (fn) {
        case Square => { => number ** 2}()
        case Negate => { => -number}()
    }
}
```

1. 什么情形属于变量捕获?

在**嵌套函数**或 **lambda 表达式**的定义中对于以下几种变量的访问，被称为**变量捕获**。

■ 在嵌套函数或 lambda 表达式中访问了本嵌套函数或本 lambda 表达式之外定义的局部变量。

■ 在嵌套函数的参数默认值中访问了本嵌套函数之外定义的局部变量。

■ 在 class 类型及其扩展内定义的嵌套函数或 lambda 表达式中访问了 this。

■ 在 struct 类型及其扩展内定义的嵌套函数或 lambda 表达式中访问了 this 或实例成员变量。

以下情形不属于变量捕获。

■ 对本函数或本 lambda 表达式的局部变量（包括参数）的访问。

■ 对全局变量或静态成员变量的访问。

■ 在构造函数、实例成员函数或实例成员属性中对 this 的访问。

以下示例中的函数 outerFunction 的作用是将传入的英里值换算成公里值，其中定义了一个嵌套函数 innerFunction。嵌套函数 innerFunction 捕获了变量 mile 和 mileToKm。

```
func outerFunction(mile: Float64) {
    let mileToKm = 1.609344   // 1 英里 = 1.609344 公里

    // 嵌套函数 innerFunction 的参数默认值访问了本函数之外定义的局部变量 mileToKm
    func innerFunction(factor !: Float64 = mileToKm) {
        // 嵌套函数 innerFunction 访问了本函数之外定义的局部变量 mile
        mile * factor
    }

    innerFunction()
}


main() {
    println(outerFunction(3.5))   // 输出: 5.632704
}
```

再看一个示例：

```
class TestC {
    var name: String  // 实例成员变量 name

    init() {
        this.name = "TestC"  // 在构造函数内对 this 的访问不是变量捕获
    }

    func outerFunction() {
        println(name)  // 在实例成员函数内对实例成员变量的访问不是变量捕获（通过 this）

        func innerFunction() {
            println(name)  // 在 class 的嵌套函数内对实例成员变量的访问是变量捕获（通过 this）
        }
    }
}
```

在以上示例中，嵌套函数 innerFunction 捕获的并不是实例成员变量 name，而是其外围实例的引用，即 this。在类的内部访问实例成员变量 name 时，实际上访问的是 this.name，即 this 所引用的当前实例的成员变量 name，只不过在这里没有显式书写前缀 this。变量 name 不是一个直接变量，而是 this 的成员。因此，当 class 及其扩展中的嵌套函数或 lambda 表达式访问了实例成员变量或 this 时，捕获了 this。注意，被捕获的 this 相当于以 let 声明的不可变变量。

由于 class 是引用类型，struct 是值类型，因此 struct 的变量捕获规则与 class 稍有不同。当 struct 及其扩展中的嵌套函数或 lambda 表达式访问了 this 时，捕获的是 this；当访问的是实例成员变量时，捕获的是实例成员变量。

2. 变量捕获的规则

变量的捕获发生在嵌套函数或 lambda 表达式定义时。因此，被捕获的变量必须在嵌套函数或 lambda 表达式定义时可见，并且已经完成初始化。示例如下：

```
func outer1() {
    return { => println(counter)}  // 编译错误，counter 不可见
    let counter = 1
}

func outer2() {
    let counter: Int64
    { => println(counter)}  // 编译错误，counter 未完成初始化
}
```

当捕获的局部变量为使用关键字 let 声明的不可变变量时，闭包中的嵌套函数可以作为一等公民使用，包括作为变量值、作为实参和作为返回值，也可以作为表达式使用。然而，当捕获的局部变量为使用关键字 var 声明的可变变量时，闭包中的嵌套函数只能被直接调用，不允许作为一等公民，也不允许作为表达式使用。示例如下：

```
func outer() {
    var num = 1

    func inner() {
        println(num)
    }

    // 函数 inner 只能被调用，不能作为一等公民
    return inner   // 编译错误，不能作为返回值

    inner   // 编译错误，不能作为表达式使用

    inner()
}
```

还有一点需要注意，对变量的捕获具有传递性。举例如下：

```
func outerFunction() {
    var testString = "test"

    func innerFunction1() {
        println(testString)   // 函数 innerFunction1 捕获了变量 testString
    }

    func innerFunction2() {
        innerFunction1()   // 函数 innerFunction2 也捕获了变量 testString
    }
}
```

在示例代码中，嵌套函数 innerFunction1 捕获了变量 testString。嵌套函数 innerFunction2 调用了函数 innerFunction1，并且变量 testString 对函数 innerFunction2 来说是一个外部的局部变量，那么函数 innerFunction2 也捕获了变量 testString。函数 innerFunction1 和 innerFunction2 都不能作为一等公民使用。

10.3.3　闭包的工作原理和特点

闭包允许一个函数访问该函数定义时所在作用域的变量，即使该函数脱离了其原始作用域也能够做到这一点。通俗地说，闭包"记住"了它被创建时的环境。示例如下：

```
class C {
    var num: Int64

    init(num: Int64) {
        this.num = num
    }
```

```
    }

func outer() {
    let c = C(0)

    func inner() {
        c.num++   // 嵌套函数 inner 捕获了局部变量 c
        println("c.num: ${c.num}")
    }
    inner   // 将 inner 作为 outer 的返回值
}

main() {
    let fn = outer()

    // 连续 3 次调用 fn
    fn()
    fn()
    fn()
}
```

编译并执行以上程序，输出结果为：

```
c.num: 1
c.num: 2
c.num: 3
```

在以上示例中，函数 outer 内部的嵌套函数 inner 捕获了局部变量 c，嵌套函数 inner 及其捕获的变量 c 形成一个闭包。程序通过以下代码调用并执行了函数 outer，并将返回的 inner 赋给变量 fn。

```
let fn = outer()
```

接着通过 "fn()" 连续 3 次执行了 inner。在第 1 次调用 fn 时，函数 inner 将 c.num 的值从 0 增加到 1；第 2 次调用时，由于闭包使得 inner 记住了 c 的当前状态（c.num 值为 1），"c.num++" 操作将 c.num 增加到 2；第 3 次调用亦是同理。

通过闭包，变量 c 在多次函数调用之间可以保持状态持久化。因为变量 c 不是在每次调用 fn 时重新初始化的，而是在函数 outer 首次被调用时初始化、并由闭包维持了状态。函数 inner 通过闭包机制"记住"了其创建时作用域中的变量 c 的状态，即使函数 outer 的执行上下文已经结束，闭包仍能访问和修改变量 c，变量 c 的生命周期被延长了。

当嵌套函数被返回并在外部函数的作用域外被调用时，即便外部函数已经执行结束，嵌套函数仍然能够访问外部函数的局部变量。这就是闭包的主要特点。

另外，**闭包会为每次函数调用创建独立的上下文环境**。

继续修改上面的示例代码，主要修改了 main。修改后的 main 如下：

```
main() {
    let fn1 = outer()
```

```
    let fn2 = outer()

    // 连续 2 次调用 fn1
    fn1()
    fn1()

    // 连续 2 次调用 fn2
    fn2()
    fn2()
}
```

再次编译并执行以上代码，输出结果为：

```
c.num: 1
c.num: 2
c.num: 1
c.num: 2
```

在 main 中，先调用并执行了 outer 一次，并将返回的 inner 赋给 fn1，然后又调用并执行了 outer 一次，并将返回的 inner 赋给 fn2。每次调用函数 outer 时将创建 c 的一个新实例，得到的是一个新的闭包。每个闭包能够独立地访问和修改其各自的 c 实例，也就是说，fn1 和 fn2 维护着各自的变量 c。

10.4 再论重载函数

在 6.2 节，已经介绍了关于函数重载的一些简单知识。如前所述，当使用同一函数名对重载的函数进行调用时，系统会根据传递的实参类型列表，来决定调用与之匹配的形参类型列表所对应的函数。本节将讨论一些关于函数重载的更复杂的情况。

10.4.1 函数重载决议

在使用同一函数名对重载的函数进行调用时，可能会出现同时存在多个函数的形参类型列表与实参类型列表相匹配的情况。这时，所有与实参类型列表匹配的函数构成一个候选集，究竟调用候选集中的哪个函数，需要进行函数重载决议。重载决议的规则如下。

- 当作用域级别**不同**时，**优先选择级别高的作用域内的函数**。在嵌套的表达式或函数中，越是内层的作用域级别越高。
- 当作用域级别**相同**时，优先选择**最匹配**的函数。对于函数 f 和 g 以及给定的实参，如果 f 可以被调用时 g 也总是可以被调用的，反之不然，则称 f 比 g 更匹配。

下面我们来看几个示例。

代码清单 10-5　functions_overloaded_resolution_0.cj

```
01   // 表示家用电器的类
02   open class Appliances {}
```

```
03
04      // 表示吸尘器的类, 是 Appliances 的子类
05      class VacuumCleaner <: Appliances {}
06
07      func testOverload(t: VacuumCleaner) {
08          println("吸尘器")
09      }
10
11      func outerFunction() {
12          func testOverload(t: Appliances) {
13              println("家用电器")
14          }
15
16          testOverload(VacuumCleaner())
17      }
18
19      main() {
20          testOverload(VacuumCleaner())
21          outerFunction()
22      }
```

编译并执行以上程序，输出结果为：

```
吸尘器
家用电器
```

在代码清单 10-5 中，全局函数 testOverload（第 7～9 行代码）的作用域是全局的，而嵌套函数 testOverload（第 12～14 行代码）的作用域是局部的。两者在它们重叠的作用域中构成重载。

在函数 outerFunction 中调用函数 testOverload 时（第 16 行代码），候选集包括全局函数 testOverload 和嵌套函数 testOverload。函数重载决议选择作用域级别更高的嵌套函数 testOverload，即第 16 行代码调用的是嵌套函数 testOverload。

在 main 中调用函数 testOverload 时（第 20 行代码），只有全局函数 testOverload 是匹配的，不需要进行函数重载决议。

注意　在第 16 行代码调用函数 testOverload 时，传入的实参是 VacuumCleaner 对象，而要求的形参类型为 Appliances 类型。这是完全可以的，因为子类型天然是父类型。

代码清单 10-6　functions_overloaded_resolution_1.cj

```
01      // 表示家用电器的类
02      open class Appliances {}
03
04      // 表示吸尘器的类, 是 Appliances 的子类
05      class VacuumCleaner <: Appliances {}
06
07      func testOverload(t: VacuumCleaner) {
```

```
08          println("吸尘器")
09      }
10
11  func testOverload(t: Appliances) {
12          println("家用电器")
13      }
14
15  main() {
16      let appliances = Appliances()
17      let vacuumCleaner = VacuumCleaner()
18
19      testOverload(appliances)
20      testOverload(vacuumCleaner)
21  }
```

编译并执行以上程序，输出结果为：

```
家用电器
吸尘器
```

在代码清单 10-6 中，两个同名的函数 testOverload 构成重载，且它们的作用域级别是相同的。在 main 中，两次调用了函数 testOverload。

第一次调用时（第 19 行代码），传入的实参为 Appliances 对象 appliances，此时只有函数 testOverload (t: Appliances)的参数类型列表是匹配的。因此调用的就是该函数，不需要进行函数重载决议。

第二次调用时（第 20 行代码），传入的实参为 VacuumCleaner 对象 vacuumCleaner。此时候选集包括两个同名的函数 testOverload。对于实参 vacuumCleaner，函数 testOverload(t: VacuumCleaner)被调用时函数 testOverload(t: Appliances)也总是可以被调用的（因为子类型天然是父类型），但反之不然。因此函数 testOverload(t: VacuumCleaner)比函数 testOverload(t: Appliances)更匹配，函数重载决议选择函数 testOverload(t: VacuumCleaner)。

代码清单 10-7　functions_overloaded_resolution_2.cj

```
01  // 表示家用电器的类
02  open class Appliances {
03      func testOverload(t: VacuumCleaner) {
04          println("Appliances 的函数 testOverload")
05      }
06  }
07
08  // 表示吸尘器的类，是 Appliances 的子类
09  class VacuumCleaner <: Appliances {
10      func testOverload(t: Appliances) {
11          println("VacuumCleaner 的函数 testOverload")
12      }
13  }
```

```
14
15  main() {
16      let appliances = Appliances()
17      let vacuumCleaner = VacuumCleaner()
18
19      appliances.testOverload(VacuumCleaner())
20      vacuumCleaner.testOverload(VacuumCleaner())
21  }
```

编译并执行以上程序，输出结果为：

```
Appliances 的函数 testOverload
Appliances 的函数 testOverload
```

如果在父类和子类分别定义了同名函数，且在可见的作用域构成重载时，两者的作用域级别是相同的。

在代码清单 10-7 中，子类 VacuumCleaner 的函数 testOverload(t: Appliances)和该类从父类继承来的函数 testOverload(t: VacuumCleaner)构成了重载，且两者的作用域级别是相同的。

在 main 中，使用以下代码通过变量 appliances（Appliances 对象）调用了函数 testOverload（第 19 行代码）：

```
appliances.testOverload(VacuumCleaner())
```

因为父类的函数 testOverload 没有和其他函数构成重载，所以这次调用的是父类的函数 testOverload（第 3~5 行代码）。

之后使用以下代码通过变量 vacuumCleaner（VacuumCleaner 对象）调用了函数 testOverload（第 20 行代码）：

```
vacuumCleaner.testOverload(VacuumCleaner())
```

在通过子类对象 vacuumCleaner 调用函数 testOverload 时，提供的实参是 VacuumCleaner 类型的。因此，在候选集中，从父类继承来的函数 testOverload(t: VacuumCleaner)比子类定义的函数 testOverload(t: Appliances)更匹配，函数重载决议选择从父类继承来的函数 testOverload(t: VacuumCleaner)。

> **注意**　要区分重写和重载的概念。子类对从父类继承来的函数进行重写时，函数的参数类型列表是必须保持不变的；而同名函数构成重载时，同名函数的参数类型列表必须是不同的。

10.4.2　对一元操作符进行重载

如果某个类型在默认情况下不支持某个操作符，那么可以在该类型上使用操作符重载函数（简称操作符函数）来重载该操作符，使得该类型的实例可以直接使用该操作符。

首先来看一个对一元操作符进行重载的例子，如代码清单 10-8 所示。

代码清单 10-8　overload_operators.cj

```
01    // 表示二维向量的类
02    class Vector2D {
03        var x: Int64  // 表示向量的 x 值
04        var y: Int64  // 表示向量的 y 值
05
06        init(x: Int64, y: Int64) {
07            this.x = x
08            this.y = y
09        }
10
11        // 对一元操作符 "-" 进行重载
12        operator func -(): Vector2D {
13            Vector2D(-x, -y)
14        }
15    }
16
17    main() {
18        let vector1 = Vector2D(3, 4)
19        let vector2 = -vector1
20        println("vector1:(${vector1.x}, ${vector1.y})")
21        println("vector2:(${vector2.x}, ${vector2.y})")
22    }
```

编译并执行以上程序，输出结果为：

```
vector1:(3, 4)
vector2:(-3, -4)
```

在表示二维向量的 Vector2D 类中，定义了一个名为 "-" 的操作符函数，对一元操作符 "-（负号）" 进行了重载。这样 Vector2D 的实例就可以直接使用该操作符了（第 19 行代码）。

通过以上示例可以看出，如果需要在某个类型上重载某个操作符，那么就为该类型定义一个以该操作符作为函数名的函数，并在关键字 func 前面加上修饰符 operator。这样在该类型的实例上使用该操作符时，系统就会自动调用该操作符函数。

对于一元操作符，操作符函数没有形参，并且对函数返回值类型没有要求。

在使用操作符函数时，需要遵守以下 5 条规则。

- 操作符函数只能定义在 class、interface、struct 和 enum 类型以及扩展中。
- 操作符函数不能是泛型函数。
- 操作符函数可以被看作特殊的实例成员函数，因此不允许使用修饰符 static。
- 操作符函数的参数个数需要匹配相应操作符的要求。例如，对一元操作符进行重载的操作符函数的参数个数为 0。
- 仓颉不支持自定义操作符，只允许对部分操作符进行重载（如表 10-1 所示），并且被重载的操作符不改变它们固有的优先级和结合性。

| 提示 | 关于扩展和泛型函数的内容分别参见第 14 章和第 12 章。 |

表 10-1 仓颉中可以被重载的操作符

序号	可以被重载的操作符
1	()（函数调用）
2	[]（索引）
3	位操作符 !（按位取反）、<<（左移）、>>（右移）、&（按位与）、^（按位异或）、|（按位或）
4	算术操作符 -（负号）、**（乘方）、*（乘法）、/（除法）、%（取模）、+（加法）、-（减法）
5	关系操作符 <（小于）、<=（小于等于）、>（大于）、>=（大于等于）、==（相等）、!=（不等）

练习

为本任务中的 Vector2D 类添加一个操作符函数 "!"，用于将 Vector2D 实例的 x 和 y 值对调。注意，操作符 "!" 是一个一元前缀操作符。

10.4.3 对二元操作符进行重载

对于二元操作符，操作符函数只有 1 个形参（表示二元操作符的右操作数），并且对函数返回值的类型没有要求。对代码清单 10-8 进行修改，为 Vector2D 类添加一个操作符函数，对操作符 "+" 进行重载，使得 Vector2D 类的实例可以直接进行加法运算。修改后的程序如代码清单 10-9 所示。

代码清单 10-9 overload_operators.cj

```
01    class Vector2D {
02        // 其他代码略
03
04        // 对二元操作符 "+" 进行重载
05        operator func +(rhs: Vector2D): Vector2D {
06            Vector2D(this.x + rhs.x, this.y + rhs.y)
07        }
08    }
09
10    main() {
11        let vector1 = Vector2D(3, 4)
12        let vector2 = Vector2D(2, 2)
13        let vector3 = vector1 + vector2
14        println("vector3:(${vector3.x}, ${vector3.y})")
15    }
```

编译并执行以上程序，输出结果为：

```
vector3:(5, 6)
```

提示 在操作符重载的上下文中，rhs 是 right-hand side 的缩写，指的是操作符的右操作数。

在使用操作符函数对操作符实现重载时，一旦在某个类型上重载了除关系操作符之外的其他二元操作符，并且操作符函数的返回值类型与左操作数的类型一致或是其子类型，那么此类型支持对应的复合赋值操作符。如果操作符函数的返回值类型与左操作数的类型不一致且不是其子类型，那么此类型不支持对应的复合赋值操作符。

例如，在上面的示例中，操作符函数"+"的返回值类型与左操作数类型一致，均为 Vector2D，因此 Vector2D 类型支持复合赋值操作符"+="。我们可以修改一下 main，以验证 Vector2D 类型是否支持复合赋值操作符"+="。修改后的 main 的代码如下：

```
main() {
    var vector1 = Vector2D(3, 4)
    let vector2 = Vector2D(2, 2)
    vector1 += vector2
    println("vector1:(${vector1.x}, ${vector1.y})")
}
```

编译并执行程序，输出结果为：

```
vector1:(5, 6)
```

提示 在 String 类型中定义了这样一个操作符函数：

```
public const operator func +(right: String): String
```

因此，String 类型支持使用"+"或"+="进行字符串拼接。

练习

为本任务中的 Vector2D 类添加一个操作符函数"-"，用于实现 Vector2D 实例的减法。

10.5 mut 函数

第 8 章中介绍了 mut 函数。在默认情况下，由于 struct 类型的实例成员函数无法修改实例成员变量（属性），因此，如果要使用 struct 类型的实例成员函数修改实例本身，可以在实例成员函数的关键字 func 前面加上修饰符 mut，使其成为 mut 函数。通过 mut 函数，就可以修改 struct 实例本身了。

仓颉只允许在 struct、struct 的扩展以及 interface 内定义 mut 函数。

10.5.1 在 struct 中使用 mut 函数

在代码清单 10-10 中，通过 mut 函数实现了 Rectangle 类型（struct 类型）的实例成员函数 setSize 对实例成员变量 width 和 height 的修改。

代码清单 10-10　mut_functions.cj

```
01    struct Rectangle {
02        var width: Int64
03        var height: Int64
04
05        init(width: Int64, height: Int64) {
06            this.width = width
07            this.height = height
08        }
09
10        mut func setSize(width: Int64, height: Int64) {
11            this.width = width
12            this.height = height
13        }
14    }
15
16    main() {
17        var rect = Rectangle(3, 4)
18        println("修改前: \n\t 宽: ${rect.width}\t 高: ${rect.height}")
19
20        // 通过 mut 函数修改 struct 实例
21        rect.setSize(5, 6)
22        println("修改后: \n\t 宽: ${rect.width}\t 高: ${rect.height}")
23    }
```

编译并执行以上程序，输出结果为：

```
修改前:
        宽: 3    高: 4
修改后:
        宽: 5    高: 6
```

在 struct 类型中使用 mut 函数时，有以下 4 条使用限制。

■ 在 mut 函数中，不能捕获 this 或实例成员变量，也不能将 this 作为表达式使用。

■ 如果一个 struct 类型的变量是使用关键字 let 声明的，那么不能通过该不可变变量调用 struct 中的 mut 函数来修改实例成员。

■ struct 类型的变量只能调用该 struct 类型中的 mut 函数，而不能将 mut 函数作为一等公民来使用。

■ 非 mut 实例成员函数、嵌套函数（包括 lambda 表达式）不能调用所在类型的 mut 函数，反之则可以。

例如，我们可以在上面示例的 Rectangle 中添加两个函数，代码如下：

```
// 非 mut 函数
func notMutFunction() {
    { => this}   // 在非 mut 函数中可以捕获 this
    { => width}   // 在非 mut 函数中可以捕获实例成员变量
    this   // 在非 mut 函数中，可以将 this 作为表达式使用
}

// mut 函数
mut func mutFunction() {
    { => this}   // 编译错误：在 mut 函数中，不可以捕获 this
    { => width}   // 编译错误：在 mut 函数中，不可以捕获实例成员变量
    this   // 编译错误：在 mut 函数中不可以将 this 作为表达式使用
}
```

在非 mut 实例成员函数 notMutFunction 中，可以在 lambda 表达式中捕获 this 和实例成员变量 width，也可以将 this 作为表达式使用。而 mut 函数 mutFunction 的所有代码都会引发编译错误。

10.5.2　在 interface 中使用 mut 函数

接口中定义的实例成员函数也可以使用 mut 修饰，但是这一修饰符只对 struct 类型有效。如果一个非 struct 类型实现了接口，那么无论接口中的实例成员函数是否由 mut 修饰，实现接口的类型都必须将该函数实现为非 mut 函数。

如果一个 struct 类型实现了接口，那么必须将接口中的非 mut 函数实现为非 mut 函数，将接口中的 mut 函数实现为 mut 函数。因此，对于接口中需要修改实例本身的实例成员函数，建议使用 mut 修饰，以便于 struct 类型实现该接口。

在代码清单 10-11 中，定义了一个名为 Shape 的接口，其中有一个非 mut 函数 printName，以及一个 mut 函数 setColor。当 struct 类型实现接口 Shape 时，将接口中的非 mut 函数 printName 实现为了非 mut 函数（第 13～15 行代码），将接口中的 mut 函数 setColor 实现为了 mut 函数（第 17～19 行代码）。

代码清单 10-11　mut_functions.cj

```
01    interface Shape {
02        func printName(): Unit
03        mut func setColor(color: String): Unit
04    }
05
06    struct Rectangle <: Shape {
07        var color: String
08
09        init(color: String) {
10            this.color = color
```

```
11          }
12
13      public func printName() {
14          println("矩形")
15      }
16
17      public mut func setColor(color: String) {
18          this.color = color
19      }
20  }
21
22  main() {
23      var rect = Rectangle("red")
24      rect.printName()
25      println(rect.color)
26
27      rect.setColor("blue")
28      println(rect.color)
29  }
```

编译并执行以上程序，输出结果为：

```
矩形
red
blue
```

本章需要达成的学习目标

☐ 了解一等公民的概念及用法。

☐ 学会判断函数类型。

☐ 学会定义及使用 lambda 表达式。

☐ 掌握变量捕获的各种情形，了解闭包的概念和相关规则。

☐ 掌握函数重载决议的规则。

☐ 了解如何对操作符进行重载。

☐ 学会使用 mut 函数。

第 11 章

基础 Collection 类型

11

本章将介绍仓颉的 4 种基础 Collection（容器）类型。Collection 类型允许我们将一系列相关的数据存储在同一容器中，并且可以很方便地对容器中的数据进行组织、查找、增删和修改等操作。Collection 类型都可以被迭代，这意味着可以在 for-in 表达式中快速遍历它们，这在处理大量数据时非常有优势。

通过本章的学习，你将掌握 Array、ArrayList、HashSet 和 HashMap 的基本用法，学会对这几种 Collection 类型进行各种增删改查的操作。

11.1 Array

Array（数组）用于存储**单一元素类型**、**有序序列**的数据。Array 类型使用 Array<T> 来表示。其中，T 表示数组中存储的元素的类型，可以是任意类型。

11.1.1 使用字面量创建 Array

通过 Array 类型的字面量可以快速创建 Array。Array 类型字面量的形式如下：

```
[元素 1, 元素 2, ……, 元素 n]
```

Array 类型的字面量以**一对方括号**括起来，元素之间以**逗号**作为分隔符。

例如，在代码清单 11-1 中，通过两个 Array 字面量创建了两个 Array。

代码清单 11-1　literal_array_creation.cj

```
01  main() {
02      // statures 的类型为 Array<Float64>
03      var statures = [1.59, 1.60, 1.62, 1.60, 1.62]
04
05      // shapes 的类型为 Array<String>
06      var shapes = ["矩形", "圆形", "三角形", "矩形"]
07  }
```

因为数组 statures 的元素是一组 Float64 类型的数据，所以数组 statures 的类型为 Array

<Float64>。而数组 shapes 的元素是一组 String 类型的数据，所以数组 shapes 的类型为 Array
<String>。通过以上示例可以看出，数组的元素必须具有相同的类型，并且数组的元素是可以
重复的。

元素类型不同的 Array 是不同的类型。例如，上例中的 Array<Float64>和 Array<String>是
两种不同的类型。因此，上例中的数组 statures 和 shapes 之间不允许互相赋值。

数组元素是按照添加的顺序有序排列的。每个元素都有一个唯一的索引（Int64 类型）。第
1 个元素的索引为 0，第 2 个元素的索引为 1，以此类推，最后一个元素的索引为 Array 的长度
（包含的元素个数）减 1。例如，数组 statures 的元素 1.59 的索引为 0；数组 shapes 的元素"三角
形"的索引为 2。

练习

使用字面量创建一个 Array<String>类型的数组 colors，包含 3 个元素（"red"、"green"
和"blue"）。

11.1.2 使用构造函数创建 Array

除了可以使用字面量，还可以使用构造函数来创建 Array。

我们可以在调用构造函数时指定 Array 的长度以及元素的初始值来创建数组。举例如下：

```
main() {
    /*
     * 创建一个包含 5 个元素的 Array，类型为 Array<Int64>，元素初始值均为 60
     * 第 1 个参数指定 Array 的长度，命名参数 item 指定元素的初始值
     */
    let arr1 = Array<Int64>(5, item: 60)
    println(arr1)  // 输出: [60, 60, 60, 60, 60]
}
```

除了直接指定元素的初始值，还可以结合 lambda 表达式对 Array 的元素进行初始化。举例
如下：

```
main() {
    // 使用 lambda 表达式对 Array 的元素进行初始化
    let arr2 = Array<Int64>(5, {index => 2 * index + 1})
    println(arr2)  // 输出: [1, 3, 5, 7, 9]
}
```

以上示例创建了一个包含 5 个元素的 Array，并使用 lambda 表达式对 Array 的元素进行了
初始化。其中，index 表示元素的索引，对应 5 个元素的索引分别为 0、1、2、3、4，对应的元
素初始值分别为 1、3、5、7、9。

提示 如果根据变量声明中指定的变量类型或构造函数的参数类型可以推断出 Array 的类型，那么在调用构造函数时 Array<T>中的<T>可以缺省。例如，以上示例中声明 arr1 和 arr2 的代码等效于以下两行代码：

```
// 根据参数 60 的类型推断出数组类型为 Array<Int64>
let arr1 = Array(5, item: 60)

// 根据 lambda 表达式的返回值类型推断出数组类型为 Array<Int64>
let arr2 = Array(5, {index: Int64 => 2 * index + 1})
```

以上代码根据构造函数的参数类型推断出了 Array 的类型。此外，还可以根据变量声明中指定的变量类型来推断 Array 的类型。例如，声明 arr2 的代码也可以写作：

```
let arr2: Array<Int64> = Array(5, {index => 2 * index + 1})
```

在变量声明中指定变量类型时（“:”之后指定的类型），Array<T>中的<T>不可以缺省。

以上规则对于本章介绍的 4 种 Collection 类型均适用。

练习

使用构造函数和 lambda 表达式创建一个 Array<Int64>类型的数组 numbers。数组元素分别为 5、10、15、20。

11.1.3 获取 Array 的元素个数

通过 Array 的 size 属性，可以获取 Array 的长度。如果 Array 是一个空数组，那么 size 属性的值为 0。另外，Array 类型还提供了一个 isEmpty 函数，用于判断 Array 是否为空。若 Array 为空，则返回 true；否则返回 false。

示例程序如代码清单 11-2 所示。

代码清单 11-2　get_array_size.cj

```
01  main() {
02      let names: Array<String> = []
03      println("names:")
04      println(names.size)
05      println(names.isEmpty())
06
07      let statures = [1.59, 1.60, 1.62, 1.60, 1.62]
08      println("\nstatures:")
09      println(statures.size)
10      println(statures.isEmpty())
```

```
11
12      let shapes = ["矩形", "圆形", "三角形", "矩形"]
13      println("\nshapes:")
14      println(shapes.size)
15      println(shapes.isEmpty())
16  }
```

编译并执行以上代码，输出结果为：

```
names:
0
true

statures:
5
false

shapes:
4
false
```

对一个非空数组 arr 来说，其元素索引的取值范围应为 0~arr.size - 1。

提示　对于本章介绍的 4 种基础 Collection 类型，都可以通过 size 属性来获取元素个数，或通过 isEmpty 函数来判断其是否为空。

练习

修改 11.1.2 节的练习代码，使用 size 属性来获取数组 numbers 的长度，并通过 isEmpty 函数判断 numbers 是否为空。

11.1.4　访问 Array 的元素

对 Array 元素的访问主要包括遍历所有元素、访问部分元素、访问单个元素以及判断 Array 是否包含特定元素。

1. 使用 for-in 表达式遍历 Array 的所有元素

通过 for-in 表达式可以遍历 Array 的所有元素。因为 Array 是有序的，所以对 Array 进行遍历的顺序需要与添加元素的顺序保持一致。举例如下：

```
main() {
    let fiveMountains = ["泰山", "华山", "衡山", "恒山", "嵩山"]

    // 使用 for-in 表达式遍历 Array
    for (mountain in fiveMountains) {
```

```
            println(mountain)
        }
}
```

编译并执行以上代码，输出结果为：

```
泰山
华山
衡山
恒山
嵩山
```

2. 使用切片获取 Array 的部分元素

如果需要一次性获取 Array 中多个连续索引对应的元素，那么可以使用 Array 的切片，其形式如下：

```
Array 名[Range 字面量]      // 该 Range 字面量的 step 只能为 1
```

方括号中的 Range 字面量对应的是目标元素的索引。在这种语法中，可以省略 Range 字面量的 start 或 end。当省略 start 时，表示从索引为 0 的元素开始获取切片；当省略 end 时，表示切片一直延续到 Array 的最后一个元素。示例程序如代码清单 11-3 所示。

代码清单 11-3 get_array_elements_slice_0.cj

```
01  main() {
02      let fiveMountains = ["泰山", "华山", "衡山", "恒山", "嵩山"]
03
04      // 使用切片获取 Array 的部分连续的元素
05      var arr = fiveMountains[1..=2]
06      println(arr)
07
08      // 省略了 start，从索引为 0 的元素开始获取切片
09      arr = fiveMountains[..3]
10      println(arr)
11
12      // 省略了 end，切片延续到最后一个元素
13      arr = fiveMountains[3..]
14      println(arr)
15
16      // 同时省略了 start 和 end，切片为整个 Array
17      arr = fiveMountains[..]
18      println(arr)
19  }
```

编译并执行以上代码，输出结果为：

```
[华山, 衡山]
[泰山, 华山, 衡山]
[恒山, 嵩山]
[泰山, 华山, 衡山, 恒山, 嵩山]
```

通过 Array 的 slice 函数也可以获得 Array 的切片，该函数的定义如下：

```
public func slice(start: Int64, len: Int64): Array<T>
```

其中，参数 start 表示切片的起始索引，len 表示切片的长度，返回值为 Array 的切片。当 start 小于 0，或 len 小于 0，或 start 与 len 之和大于 Array 的长度时，抛出异常 IndexOutOfBoundsException。示例程序如代码清单 11-4 所示。

代码清单 11-4   get_array_elements_slice_1.cj

```
01  main() {
02      let fiveMountains = ["泰山", "华山", "衡山", "恒山", "嵩山"]
03
04      var arr = fiveMountains.slice(1, 2)  // 相当于 fiveMountains[1..=2]
05      println(arr)
06
07      arr = fiveMountains.slice(0, 3)  // 相当于 fiveMountains[..3]
08      println(arr)
09
10      arr = fiveMountains.slice(3, 2)  // 相当于 fiveMountains[3..]
11      println(arr)
12
13      arr = fiveMountains.slice(0, 5)  // 相当于 fiveMountains[..]
14      println(arr)
15  }
```

编译并执行以上代码，输出结果为：

```
[华山, 衡山]
[泰山, 华山, 衡山]
[恒山, 嵩山]
[泰山, 华山, 衡山, 恒山, 嵩山]
```

3. 使用下标语法访问 Array 的单个元素

如果 Array 中的某个元素的索引是 index，那么可以通过如下的下标语法来访问该元素：

```
Array 名[index]
```

在使用下标语法来访问 Array 的元素时，必须保证索引的取值在正确的范围内，否则会导致错误。举例如下：

```
main() {
    let fiveMountains = ["泰山", "华山", "衡山", "恒山", "嵩山"]

    // 使用下标语法访问 Array 的单个元素
    println(fiveMountains[0])
    println(fiveMountains[2])
    println(fiveMountains[4])
}
```

编译并执行以上代码，输出结果为：

```
泰山
衡山
嵩山
```

如果在程序中使用错误的索引，将会引发编译错误或运行时错误。例如，以下代码将会引发编译错误：

```
main() {
    let fiveMountains = ["泰山", "华山", "衡山", "恒山", "嵩山"]

    // 编译错误：索引越界
    println(fiveMountains[-1])
    println(fiveMountains[5])
}
```

4. 判断 Array 是否包含特定元素

如果需要判断 Array 中是否包含某个特定的元素，可以调用 Array 的 contains 函数。contains 函数只有一个参数，用于表示待判断的元素。如果 Array 中包含给定的元素，就返回 true；否则返回 false。举例如下：

```
main() {
    let fiveMountains = ["泰山", "华山", "衡山", "恒山", "嵩山"]

    // 判断 Array 中是否包含特定元素
    println(fiveMountains.contains("黄山"))
    println(fiveMountains.contains("恒山"))
}
```

编译并执行以上代码，输出结果为：

```
false
true
```

练习

创建一个 Array<String>类型的数组 appliances。数组元素包括一些家用电器。使用上面介绍的各种不同的方式访问 appliances 的元素。

11.1.5　修改 Array 的元素

Array 的长度是固定的，因此不能对 Array 进行添加或删除元素的操作，但是可以对 Array 的元素进行修改操作。

使用**下标语法**修改单个 Array 元素的语法格式为：

```
Array 名[index] = 新值
```

在对 Array 的元素进行修改时，必须确保索引值是正确的，并且新值的类型与 Array 的类型是匹配的。举例如下：

```
main() {
    let stationery = ["钢笔", "直尺", "圆规", "剪刀", "记号笔"]
    println(stationery)

    // 使用下标语法修改 Array 的元素
    stationery[4] = "橡皮"
    println(stationery)
}
```

编译并执行以上代码，输出结果为：

```
[钢笔, 直尺, 圆规, 剪刀, 记号笔]
[钢笔, 直尺, 圆规, 剪刀, 橡皮]
```

如果需要一次性修改 Array 的多个连续元素，那么可以直接对 Array 的切片进行赋值。举例如下：

```
main() {
    let stationery = ["钢笔", "直尺", "圆规", "剪刀", "记号笔"]
    println(stationery)

    // 通过切片修改 Array 的多个连续元素
    stationery[..3] = ["铅笔", "橡皮", "回形针"]
    println(stationery)
}
```

编译并执行以上代码，输出结果为：

```
[钢笔, 直尺, 圆规, 剪刀, 记号笔]
[铅笔, 橡皮, 回形针, 剪刀, 记号笔]
```

在使用以上方式修改 Array 时，需要注意"="右侧的表达式的类型必须与 Array 的类型一致，且包含的元素个数与 Array 的切片中包含的元素个数相同。

另外，还可以直接将 Array 的切片赋为一个新值，这个新值的类型必须与 Array 的元素类型一致。通过这种方式可以快速将 Array 的多个连续元素修改为同一个值。举例如下：

```
main() {
    let scores = [56, 59, 58, 66, 78]
    println(scores)

    // 通过切片将 Array 的多个连续的元素修改为同一个值
    scores[..3] = 60
    println(scores)
}
```

编译并执行以上代码，输出结果为：

```
[56, 59, 58, 66, 78]
[60, 60, 60, 66, 78]
```

练习

继续使用 11.1.4 节的练习创建的数组 appliances，然后使用上面介绍的各种方式修改数组的元素。

11.1.6　Array 是引用类型

Array 是一种引用类型。在将 Array 作为表达式使用时（例如赋值、函数传参），传递的是 Array 的引用。对引用的各种操作，都会影响到实例本身以及该实例的所有引用。示例程序如代码清单 11-5 所示。

代码清单 11-5　array_reference_type.cj

```
01  main() {
02      let seasonalFruits = ["西瓜", "山竹", "葡萄", "菠萝", "芒果"]
03      let favorFruits = seasonalFruits
04      println("修改前: ")
05      println("\t 当季的水果 ${seasonalFruits}")
06      println("\t 喜爱的水果 ${favorFruits}")
07
08      seasonalFruits[..2] = ["木瓜", "杨梅"]
09      println("\n 修改 seasonalFruits 之后: ")
10      println("\t 当季的水果 ${seasonalFruits}")
11      println("\t 喜爱的水果 ${favorFruits}")
12
13      favorFruits[4] = "桃子"
14      println("\n 修改 favorFruits 之后: ")
15      println("\t 当季的水果 ${seasonalFruits}")
16      println("\t 喜爱的水果 ${favorFruits}")
17  }
```

编译并执行以上代码，输出结果为：

```
修改前:
        当季的水果[西瓜, 山竹, 葡萄, 菠萝, 芒果]
        喜爱的水果[西瓜, 山竹, 葡萄, 菠萝, 芒果]

修改 seasonalFruits 之后:
        当季的水果[木瓜, 杨梅, 葡萄, 菠萝, 芒果]
        喜爱的水果[木瓜, 杨梅, 葡萄, 菠萝, 芒果]
```

修改 favorFruits 之后：
> 当季的水果[木瓜，杨梅，葡萄，菠萝，桃子]
> 喜爱的水果[木瓜，杨梅，葡萄，菠萝，桃子]

　　以上示例中的 seasonalFruits 和 favorFruits 都是对同一个 Array 实例的引用，修改其中任何一个变量都会影响到该实例的所有引用，对该实例的所有引用总是同步变化的。

　　如果希望在对其中某个变量进行修改时不会影响到另一个，那么可以通过 Array 的 clone 函数来创建 Array 的副本。接下来，对示例代码进行修改，将 seasonalFruits 的副本赋给 favorFruits。修改后的代码如代码清单 11-6 所示。

代码清单 11-6　array_clone.cj

```
01  main() {
02      let seasonalFruits = ["西瓜", "山竹", "葡萄", "菠萝", "芒果"]
03      let favorFruits = seasonalFruits.clone()
04      println("修改前: ")
05      println("\t 当季的水果 ${seasonalFruits}")
06      println("\t 喜爱的水果 ${favorFruits}")
07
08      seasonalFruits[..2] = ["木瓜", "杨梅"]
09      println("\n 修改 seasonalFruits 之后: ")
10      println("\t 当季的水果 ${seasonalFruits}")
11      println("\t 喜爱的水果 ${favorFruits}")
12
13      favorFruits[4] = "桃子"
14      println("\n 修改 favorFruits 之后: ")
15      println("\t 当季的水果 ${seasonalFruits}")
16      println("\t 喜爱的水果 ${favorFruits}")
17  }
```

　　编译并执行以上代码，输出结果为：

修改前：
> 当季的水果[西瓜，山竹，葡萄，菠萝，芒果]
> 喜爱的水果[西瓜，山竹，葡萄，菠萝，芒果]

修改 seasonalFruits 之后：
> 当季的水果[木瓜，杨梅，葡萄，菠萝，芒果]
> 喜爱的水果[西瓜，山竹，葡萄，菠萝，芒果]

修改 favorFruits 之后：
> 当季的水果[木瓜，杨梅，葡萄，菠萝，芒果]
> 喜爱的水果[西瓜，山竹，葡萄，菠萝，桃子]

提示　　本章介绍的 4 种基础 Collection 类型都是引用类型。这 4 种类型都提供了 clone 函数用于创建副本。

练习

　　继续使用数组 appliances，为该数组创建一个副本。验证数组 appliances 及其副本之间是各自独立、互不影响的。

11.2　ArrayList

　　ArrayList（动态数组）相当于加强版的 Array。除了可以访问和修改元素，ArrayList 还可以增删元素。因此，ArrayList 的长度是动态变化的。ArrayList 和 Array 一样，也用于存储**单一元素类型、有序序列**的数据。

　　在使用 ArrayList 时，需要先导入标准库 collection 包中的 ArrayList 类。导入的语法如下：

```
from std import collection.ArrayList
```

　　仓颉使用 ArrayList<T> 来表示 ArrayList 类型，其中，T 表示 ArrayList 中存储的元素的类型，可以是任意类型。

11.2.1　创建 ArrayList

　　通过 ArrayList 类中多个重载的构造函数，可以创建 ArrayList。示例程序如代码清单 11-7 所示。

代码清单 11-7　arraylist_creation.cj

```
01   from std import collection.ArrayList
02
03   main() {
04       // 创建一个空的 ArrayList
05       let arrList1 = ArrayList<Int64>()
06       println(arrList1)
07
08       // 将 Array 字面量转换为 ArrayList
09       let arrList2 = ArrayList(["黄河", "长江"])
10       println(arrList2)
11
12       // 将其他 Collection 转换为 ArrayList
13       let arr = ["钢笔", "直尺", "圆规", "剪刀", "记号笔"]
14       let arrList3 = ArrayList(arr)
15       println(arrList3)
16
17       // 通过 lambda 表达式对 ArrayList 的元素进行初始化
18       let arrList4 = ArrayList<Int64>(5, {index => (index + 1) * 2})
19       println(arrList4)
20   }
```

编译并执行以上代码，输出结果为：

```
[]
[黄河, 长江]
[钢笔, 直尺, 圆规, 剪刀, 记号笔]
[2, 4, 6, 8, 10]
```

在示例代码中，通过 ArrayList 的构造函数，创建了一个 ArrayList<Int64>类型的空的动态数组 arrList1。通过构造函数，还可以将 Array 字面量或其他 Collection 类型的实例转换为 ArrayList 类型（arrList2 和 arrList3）。最后，也可以通过传入元素个数和 lambda 表达式（或初始化函数）对 ArrayList 的元素进行初始化（arrList4）。

11.2.2 访问和修改 ArrayList 的元素

对 ArrayList 元素的访问方式和 Array 是相似的，可以通过 for-in 表达式遍历 ArrayList 的所有元素，通过切片获取 ArrayList 的部分元素，也可以通过下标语法来访问 ArrayList 的单个元素。如有需要，可以通过调用 ArrayList 的 contains 函数来判断 ArrayList 是否包含特定的元素。示例程序如代码清单 11-8 所示。

代码清单 11-8　arraylist_visit.cj

```
01  from std import collection.ArrayList
02
03  main() {
04      let tools = ArrayList(["铁锤", "卷尺", "起子", "扳手", "胶带"])
05
06      // 使用 for-in 表达式遍历 ArrayList
07      for (tool in tools) {
08          print("${tool}\t")
09      }
10
11      // 通过切片访问 ArrayList 的部分元素
12      println("\n${tools[3..]}")
13      println("${tools.slice(3..5)}")   // 与 Array 的 slice 函数不同，参数是 Range 字面量
14
15      // 通过下标语法访问 ArrayList 的单个元素
16      println(tools[2])
17
18      // 判断 ArrayList 是否包含某个特定的元素
19      println(tools.contains("卷尺"))
20      println(tools.contains("钢丝钳"))
21  }
```

编译并执行以上代码，输出结果为：

```
铁锤    卷尺    起子    扳手    胶带
[扳手, 胶带]
```

```
[扳手，胶带]
起子
true
false
```

对 ArrayList 的元素进行修改，也可以使用下标语法。举例如下：

```
from std import collection.ArrayList

main() {
    let tools = ArrayList(["铁锤", "卷尺", "起子", "扳手", "胶带"])
    println(tools)

    // 使用下标语法修改 ArrayList 的元素
    tools[2] = "钢丝钳"
    println(tools)
}
```

编译并执行以上代码，输出结果为：

```
[铁锤，卷尺，起子，扳手，胶带]
[铁锤，卷尺，钢丝钳，扳手，胶带]
```

需要注意的是，Array 和 ArrayList 的切片是不同的（虽然形式相同）。对 Array 来说，由于切片是对 Array 实例的引用，因此可以通过对切片进行赋值来直接修改 Array。例如，在下面的示例代码中，通过直接对数组 stationery 的切片进行赋值，修改了数组 stationery。

```
main() {
    let stationery = ["钢笔", "直尺", "圆规", "剪刀", "记号笔"]
    println(stationery)  // 输出：[钢笔, 直尺, 圆规, 剪刀, 记号笔]

    stationery[..2] = "长尾夹"
    println(stationery)  // 输出：[长尾夹, 长尾夹, 圆规, 剪刀, 记号笔]
}
```

对 ArrayList 来说，切片获得的是副本。例如，对动态数组 arrList 来说，arrList[..]和 arrList.clone()的作用是相同的，均创建了 arrList 的一个副本。并且，仓颉不支持对 ArrayList 的切片进行赋值操作。示例程序如代码清单 11-9 所示。

代码清单 11-9　arraylist_slice.cj

```
01  from std import collection.ArrayList
02
03  main() {
04      let stationery = ["钢笔", "直尺", "圆规", "剪刀", "记号笔"]
05      let tools = ArrayList(["铁锤", "卷尺", "起子", "扳手", "胶带"])
06
07      // 要创建 Array 部分元素的副本，可以通过切片结合 clone 函数
08      let stationeryCopy = stationery[..3].clone()
```

```
09        println(stationeryCopy)
10
11        // 要创建 ArrayList 部分元素的副本，可以直接使用切片
12        let toolsCopy = tools[..3]
13        println(toolsCopy)
14    }
```

编译并执行以上代码，输出结果为：

```
[钢笔，直尺，圆规]
[铁锤，卷尺，起子]
```

在以上示例中，通过切片和 clone 函数创建了数组 stationery 的部分元素的副本 stationeryCopy，对该副本的修改操作将不会影响原数组 stationery。而对于动态数组 tools，只需要使用切片就可以获得 tools 的部分元素的副本 toolsCopy，对该副本的修改操作也不会影响到原动态数组 tools。

练习

创建一个 ArrayList<String> 类型的动态数组 furniture，数组元素包括一些家具。尝试使用上面介绍的多种方式访问和修改 furniture 的元素。

11.2.3　向 ArrayList 中添加元素

如果需要向 ArrayList 的末尾追加元素，那么可以调用 ArrayList 的函数 append 或 appendAll，前者用于向 ArrayList 末尾添加单个元素，后者用于向 ArrayList 末尾添加多个元素。示例程序如代码清单 11-10 所示。

代码清单 11-10　arraylist_append.cj

```
01    from std import collection.ArrayList
02
03    main() {
04        let sports = ArrayList(["篮球", "网球", "足球", "排球"])
05        println(sports)
06
07        // 调用 append 函数向 ArrayList 末尾添加单个元素
08        sports.append("游泳")
09        println(sports)
10
11        // 调用 appendAll 函数向 ArrayList 末尾添加多个元素
12        let favorSports = ["跳水", "跳高", "铅球"]
13        sports.appendAll(favorSports)
14        println(sports)
15    }
```

编译并执行以上代码，输出结果为：

```
[篮球，网球，足球，排球]
[篮球，网球，足球，排球，游泳]
[篮球，网球，足球，排球，游泳，跳水，跳高，铅球]
```

ArrayList 的 appendAll 函数可以接收另一个具有相同元素类型的 Collection 实例，例如 Array 或 ArrayList 的实例，并将该实例中的所有元素按顺序添加到 ArrayList 的末尾。

如果需要在 ArrayList 头部插入新元素，那么可以调用 ArrayList 的函数 prepend 或 prependAll，前者用于插入单个元素，后者用于插入多个元素。示例程序如代码清单 11-11 所示。

代码清单 11-11　arraylist_prepend.cj

```
01  from std import collection.ArrayList
02
03  main() {
04      let sports = ArrayList(["篮球", "网球", "足球", "排球"])
05      println(sports)
06
07      // 调用 prepend 函数向 ArrayList 中插入单个元素
08      sports.prepend("游泳")
09      println(sports)
10
11      // 调用 prependAll 函数向 ArrayList 中插入多个元素
12      let favorSports = ["跳水", "跳高", "铅球"]
13      sports.prependAll(favorSports)
14      println(sports)
15  }
```

编译并执行以上代码，输出结果为：

```
[篮球，网球，足球，排球]
[游泳，篮球，网球，足球，排球]
[跳水，跳高，铅球，游泳，篮球，网球，足球，排球]
```

如果需要将元素插入到 ArrayList 中指定索引的位置，那么可以调用 ArrayList 的函数 insert 或 insertAll，前者用于插入单个元素，后者用于插入多个元素。示例程序如代码清单 11-12 所示。

代码清单 11-12　arraylist_insert.cj

```
01  from std import collection.ArrayList
02
03  main() {
04      let sports = ArrayList(["篮球", "网球", "足球", "排球"])
05      println(sports)
06
07      // 调用 insert 函数向 ArrayList 中添加单个元素
08      sports.insert(2, "游泳")
09      println(sports)
```

```
10
11      // 调用 insertAll 函数向 ArrayList 中添加多个元素
12      let favorSports = ["跳水", "跳高", "铅球"]
13      sports.insertAll(2, favorSports)
14      println(sports)
15  }
```

编译并执行以上代码，输出结果为：

```
[篮球, 网球, 足球, 排球]
[篮球, 网球, 游泳, 足球, 排球]
[篮球, 网球, 跳水, 跳高, 铅球, 游泳, 足球, 排球]
```

ArrayList 的 insertAll 函数可以接收一个具有相同元素类型的 Collection 实例，并将该实例中的所有元素按顺序从指定索引处插入到 ArrayList 中。

在使用函数 insert 和 insertAll 向 ArrayList 中插入元素时，元素索引会自动更新以给插入的元素腾出空间。例如，在以上示例中，当调用 insert 函数向 sports 中插入"游泳"时，指定的插入索引为 2，那么在插入完成后，"游泳"的索引为 2，原来索引为 2 和 3 的"足球"和"排球"的索引自动更新为 3 和 4。

当函数 insert 或 insertAll 的第一个参数为 0 时，它们与函数 prepend 或 prependAll 的作用是等效的。

练习

继续使用 11.2.2 节的练习创建的动态数组 furniture，并尝试使用上面介绍的各种方式向 furniture 中添加元素。

11.2.4 从 ArrayList 中删除元素

ArrayList 提供了几个函数用于删除元素。

1. 删除单个元素

如果需要从 ArrayList 中删除指定索引的元素，可以调用 ArrayList 的 remove 函数。当使用 remove 函数时，需要提供待删除的元素的索引作为参数，并且该函数的返回值即为被删除的元素。举例如下：

```
from std import collection.ArrayList

main() {
    let sports = ArrayList(["篮球", "网球", "足球", "排球"])
    println(sports)

    // 调用 remove 函数删除指定索引的元素，并获取被删除元素的值
```

```
    let deletedSport = sports.remove(2)
    println("\n 被删除的运动为: ${deletedSport}")
    println(sports)
}
```

编译并执行以上代码，输出结果为：

```
[篮球，网球，足球，排球]

被删除的运动为：足球
[篮球，网球，排球]
```

2. 删除多个元素

如果向 remove 函数传入一个区间类型的字面量，那么可以从 ArrayList 中删除多个连续的元素（传入的区间对应需要删除元素的索引）。此时，无法获取被删除的元素。注意，该区间类型字面量的 step 必须为 1，且不可以缺省 start 或 end。举例如下：

```
from std import collection.ArrayList

main() {
    let sports = ArrayList(["篮球", "网球", "足球", "排球", "乒乓球", "羽毛球"])
    println(sports)

    // 调用 remove 函数删除多个连续的元素
    sports.remove(1..4)
    println(sports)
}
```

编译并执行以上代码，输出结果为：

```
[篮球，网球，足球，排球，乒乓球，羽毛球]
[篮球，乒乓球，羽毛球]
```

ArrayList 还提供了一个 removeIf 函数用于删除满足指定条件的元素。该函数可以接收一个 lambda 表达式（或函数）作为参数，ArrayList 中所有可使该 lambda 表达式（或函数）的返回值为 true 的元素都将被删除。例如，以下的示例代码通过 lambda 表达式指定了删除的条件，将动态数组 sports 中所有的"排球"都删除了。

```
from std import collection.ArrayList

main() {
    let sports = ArrayList(["篮球", "排球", "足球", "排球", "排球", "羽毛球"])
    println(sports)

    // 调用 removeIf 函数删除所有的"排球"
    sports.removeIf {elem => elem == "排球"}  // 使用尾随 lambda 语法糖
    println(sports)
}
```

编译并执行以上代码，输出结果为：

```
[篮球，排球，足球，排球，排球，羽毛球]
[篮球，足球，羽毛球]
```

再如，以下的示例代码通过 lambda 表达式指定了删除条件，将动态数组 scores 中所有小于 60 的分数都删除了。

```
from std import collection.ArrayList

main() {
    let scores = ArrayList([88, 58, 57, 45, 90, 75, 66])
    println(scores)

    // 调用 removeIf 函数删除所有小于 60 的分数
    scores.removeIf {elem => elem < 60}
    println(scores)
}
```

编译并执行以上代码，输出结果为：

```
[88, 58, 57, 45, 90, 75, 66]
[88, 90, 75, 66]
```

3. 删除所有元素

如果需要从 ArrayList 中删除所有元素，可以调用 ArrayList 的 clear 函数，该函数不需要参数。举例如下：

```
from std import collection.ArrayList

main() {
    let scores = ArrayList([88, 58, 57, 45, 90, 75, 66])
    println(scores)

    // 调用 clear 函数删除所有元素
    scores.clear()
    println(scores)
}
```

编译并执行以上代码，输出结果为：

```
[88, 58, 57, 45, 90, 75, 66]
[]
```

练习

在 11.2.3 节的练习的基础上继续修改动态数组 furniture，尝试使用上面介绍的多种方式从 furniture 中删除元素。

11.3 HashSet

Array 和 ArrayList 存储的是单一元素类型、元素可重复的有序序列的数据。如果需要存储**单一元素类型、元素不可重复**的**无序序列**的数据，可以使用 HashSet。

在使用 HashSet 时需要先导入标准库 collection 包中的 HashSet 类，导入的语法如下：

```
from std import collection.HashSet
```

仓颉使用 HashSet<T>来表示 HashSet 类型，其中，T 表示 HashSet 中存储的元素的类型。T 必须是实现了接口 Hashable 和 Equatable<T>的类型，例如各种数值类型、字符串类型等。

提示	在前面介绍的基础数据类型中，布尔类型、字符类型、字符串类型以及各种数值类型都实现了接口 Hashable 和 Equatable<T>。

11.3.1 创建 HashSet

通过 HashSet 的多个重载的构造函数，可以创建 HashSet。示例程序如代码清单 11-13 所示。

代码清单 11-13　hashset_creation.cj

```
01    from std import collection.*
02
03    main() {
04        // 创建一个空的 HashSet
05        let set1 = HashSet<Int64>()
06        println(set1)
07
08        // 将 Array 字面量转换为 HashSet，重复的元素会被自动去除
09        let set2 = HashSet(["铅笔", "钢笔", "剪刀", "橡皮", "钢笔", "橡皮"])
10        println(set2)
11
12        // 将其他 Collection 转换为 HashSet
13        let arrList = ArrayList(["排球", "篮球", "足球", "排球"])
14        let set3 = HashSet(arrList)
15        println(set3)
16
17        // 通过 lambda 表达式或函数对 HashSet 的元素进行初始化
18        let set4 = HashSet<Int64>(4, {num => num * 2 + 5})
19        println(set4)
20    }
```

编译并执行以上代码，输出结果为（HashSet 的元素顺序可能不同）：

```
[]
[铅笔, 钢笔, 剪刀, 橡皮]
[排球, 篮球, 足球]
[5, 7, 9, 11]
```

在以上示例代码中，不仅使用了 HashSet，还使用了 ArrayList（在创建 set3 时使用了 ArrayList）。因此，在导入时使用了如下代码：

```
from std import collection.*
```

该行代码的意思是导入标准库 collection 包中的所有 public 顶层声明（其中包括 HashSet 和 ArrayList）。当然，也可以将以上代码替换为如下两行代码：

```
// 分别导入 HashSet 类和 ArrayList 类
from std import collection.HashSet
from std import collection.ArrayList
```

HashSet 对于元素的唯一性有要求。因此，如果构造 HashSet 时传入的数据中有重复的，HashSet 会自动去除重复的数据，例如以上示例中的 set2 和 set3。

最后，HashSet 是无序的。这意味着 HashSet 的元素没有索引，并且对 HashSet 的元素进行各种访问操作的顺序不一定和添加元素的顺序是一致的。例如，当使用 println 函数输出 HashSet 时输出的元素顺序和添加元素的顺序可能是不同的。

在创建 set4 时，使用了一个 lambda 表达式对 HashSet 的元素进行了初始化。该 lambda 表达式中的 num 表示的不是元素的索引（HashSet 的元素没有索引），而是可以理解为向 HashSet 中添加元素的序号。

11.3.2　访问 HashSet 的元素

当需要对 HashSet 中所有的元素进行访问时，可以使用 for-in 表达式对 HashSet 进行遍历。需要注意的是，由于 HashSet 是无序的，因此遍历元素的顺序可能和添加元素的顺序是不同的。举例如下：

```
from std import collection.HashSet

main() {
    let fruits = HashSet(["桃", "李", "梅", "杏"])

    // 使用 for-in 表达式遍历 HashSet
    for (fruit in fruits) {
        println(fruit)
    }
}
```

编译并执行以上代码，输出结果为（HashSet 的元素顺序可能不同）：

```
桃
李
梅
杏
```

如果需要判断 HashSet 中是否包含某个特定的元素，那么可以调用 HashSet 的 contains 函数。

该函数只有一个参数，用于表示待判断的元素。如果 HashSet 中包含给定的元素，那么返回 true；否则返回 false。举例如下：

```
from std import collection.HashSet

main() {
    let fruits = HashSet(["桃", "李", "梅", "杏"])

    // 调用 contains 函数判断 HashSet 中是否包含给定的元素
    println(fruits.contains("梨"))
    println(fruits.contains("桃"))
}
```

编译并执行以上代码，输出结果为：

```
false
true
```

如果需要一次性判断 HashSet 中是否包含多个元素，可以调用 HashSet 的 containsAll 函数。该函数只有一个参数，用于接收一个 Collection 实例。若 HashSet 中包含该 Collection 实例中的所有元素，则返回 true；否则返回 false。举例如下：

```
from std import collection.HashSet

main() {
    let fruits = HashSet(["桃", "李", "梅", "杏"])

    // 调用 containsAll 函数判断 HashSet 中是否同时包含多个给定的元素
    println(fruits.containsAll(["李", "杏"]))
    println(fruits.containsAll(["李", "橙"]))
    println(fruits.containsAll(["梨", "橙"]))
}
```

编译并执行以上代码，输出结果为：

```
true
false
false
```

提示　HashSet 不支持元素的修改操作，但支持元素的添加和删除操作。

练习

　　创建一个 HashSet<String>类型的名为 cleaningSupplies 的 HashSet，用于存储日常的清洁用品，例如香皂、洗发水等，并尝试使用上面介绍的各种方式访问 cleaningSupplies 的元素。

11.3.3　向 HashSet 中添加元素

通过 HashSet 的 put 函数，可以将单个元素添加到 HashSet 中。举例如下：

```
from std import collection.HashSet

main() {
    let books = HashSet<String>()
    println(books)

    // 调用 put 函数向 HashSet 中添加单个元素
    books.put("西游记")
    books.put("水浒传")
    println(books)

    // 如果添加的元素已经存在，则添加失败
    books.put("西游记")
    println(books)
}
```

编译并执行以上代码，输出结果为（HashSet 的元素顺序可能不同）：

```
[]
[西游记, 水浒传]
[西游记, 水浒传]
```

HashSet 的 put 函数只有一个参数，表示待添加的元素。如果待添加的元素在 HashSet 中已经存在，那么添加失败。

如果需要一次性将多个元素添加到 HashSet 中，那么可以调用 HashSet 的 putAll 函数。该函数接收一个与 HashSet 的元素类型相同的 Collection 实例，并将该 Collection 实例中的所有元素添加到 HashSet 中。如果有重复元素，就不添加。举例如下：

```
from std import collection.HashSet

main() {
    let books = HashSet<String>()
    println(books)

    // 调用 putAll 函数向 HashSet 中添加多个元素
    books.putAll(["西游记", "水浒传", "三国演义"])
    println(books)

    // 如果添加的元素已经存在，则不添加
    books.putAll(["西游记", "红楼梦", "水浒传"])
    println(books)
}
```

编译并执行以上代码，输出结果为（HashSet 的元素顺序可能不同）：

```
[]
[西游记，水浒传，三国演义]
[西游记，水浒传，三国演义，红楼梦]
```

> **练习**
>
> 继续使用 11.3.2 节的练习创建的 HashSet，并尝试使用函数 put 和 putAll 向其中添加元素。

11.3.4 从 HashSet 中删除元素

HashSet 提供了几个函数用于删除元素。

1. 删除单个元素

通过 HashSet 的 remove 函数可以从 HashSet 中删除单个元素。该函数只有一个参数，表示待删除的元素。如果该元素存在于此 HashSet 中，就将其从 HashSet 中删除并返回 true，否则不删除任何元素并返回 false。举例如下：

```
from std import collection.HashSet

main() {
    let rivers = HashSet(["长江", "黄河", "珠江", "雅鲁藏布江", "怒江", "汉江"])
    println(rivers)

    // 调用 remove 函数删除 HashSet 中不存在的元素
    var result = rivers.remove("澜沧江")
    println(result)
    println(rivers)

    // 调用 remove 函数删除 HashSet 中存在的元素
    result = rivers.remove("怒江")
    println(result)
    println(rivers)
}
```

编译并执行以上代码，输出结果为（HashSet 的元素顺序可能不同）：

```
[长江，黄河，珠江，雅鲁藏布江，怒江，汉江]
false
[长江，黄河，珠江，雅鲁藏布江，怒江，汉江]
true
[长江，黄河，珠江，雅鲁藏布江，汉江]
```

2. 删除多个元素

如果需要一次性从 HashSet 中删除多个元素，那么可以调用 HashSet 的 removeAll 函数。该函数会接收一个 Collection 实例，并将此 HashSet 中与该 Collection 实例中重复的元素从 HashSet

中删除。举例如下：

```
from std import collection.HashSet

main() {
    let rivers = HashSet(["长江", "黄河", "珠江", "雅鲁藏布江", "怒江", "汉江"])
    println(rivers)

    // 调用 removeAll 函数从 HashSet 中删除多个元素
    let otherRivers = ["雅鲁藏布江", "珠江", "松花江", "汉江", "黑龙江"]
    rivers.removeAll(otherRivers)
    println(rivers)
}
```

编译并执行以上代码，输出结果为（HashSet 的元素顺序可能不同）：

```
[长江, 黄河, 珠江, 雅鲁藏布江, 怒江, 汉江]
[长江, 黄河, 怒江]
```

通过 HashSet 的 retainAll 函数可以将 HashSet 中某些特定元素保留下来而将其他元素删除。该函数接收一个 Set<T>类型的实例，并保留此 HashSet 中与该 Set<T>实例中重复的元素，而删除所有其他元素。举例如下：

```
from std import collection.HashSet

main() {
    let rivers = HashSet(["长江", "黄河", "珠江", "雅鲁藏布江", "怒江", "汉江"])
    println(rivers)

    // 调用 retainAll 函数从 HashSet 中保留多个元素
    let otherRivers = HashSet(["雅鲁藏布江", "珠江", "松花江", "汉江", "黑龙江"])
    rivers.retainAll(otherRivers)
    println(rivers)
}
```

编译并执行以上代码，输出结果为（HashSet 的元素顺序可能不同）：

```
[长江, 黄河, 珠江, 雅鲁藏布江, 怒江, 汉江]
[珠江, 雅鲁藏布江, 汉江]
```

提示　Set<T>是仓颉标准库 collection 包中的接口。由于 HashSet<T>类型实现了 Set<T>接口，因此可以将 HashSet 类型的参数传入 retainAll 函数。

如果需要从 HashSet 中删除满足指定条件的元素，可以调用 HashSet 的 removeIf 函数。该函数接收一个 lambda 表达式（或函数）作为参数，HashSet 中所有可使该 lambda 表达式（或函数）的返回值为 true 的元素都将被删除。举例如下：

```
from std import collection.HashSet
```

```
main() {
    let memberPoints = HashSet([200, 500, 650, 700, 300, 150])
    println(memberPoints)

    // 调用 removeIf 函数从 HashSet 中删除所有低于 500 的元素
    memberPoints.removeIf {elem => elem < 500}
    println(memberPoints)
}
```

编译并执行以上代码，输出结果为（HashSet 的元素顺序可能不同）：

```
[200, 500, 650, 700, 300, 150]
[500, 650, 700]
```

3. 删除所有元素

HashSet 提供了 clear 函数用于删除所有元素，该函数不需要参数。举例如下：

```
from std import collection.HashSet

main() {
    let memberPoints = HashSet([200, 500, 650, 700, 300, 150])
    println(memberPoints)

    // 调用 clear 函数从 HashSet 中删除所有元素
    memberPoints.clear()
    println(memberPoints)
}
```

编译并执行以上代码，输出结果为（HashSet 的元素顺序可能不同）：

```
[200, 500, 650, 700, 300, 150]
[]
```

练习

在 11.3.3 节的练习的基础上继续修改 HashSet。使用上面介绍的多种方式从 cleaningSupplies 中删除元素。

11.4 HashMap

使用 HashMap 可以存储元素为**键值对**的**无序序列**的数据。在使用 HashMap 时需要先导入标准库 collection 包中的 HashMap 类。导入的语法如下：

```
from std import collection.HashMap
```

仓颉使用 HashMap<K, V>表示 HashMap 类型，其中，K 表示 HashMap 的键（key）的类型，V 表示 HashMap 的值（value）的类型。K 必须是实现了接口 Hashable 和 Equatable<K>的类型，V 可以是任意类型。

HashMap 存储的元素是键值对。对于每一个键值对，"键"是该键值对的唯一的标识，因此键不允许重复。而由于"值"是与键相关联的数据，因此值可以重复（不同的键可以关联相同的值）。

11.4.1　创建 HashMap

通过 HashMap 的多个重载的构造函数，可以创建 HashMap。示例程序如代码清单 11-14 所示。

代码清单 11-14　**hashmap_creation.cj**

```
01    from std import collection.*
02
03    main() {
04        // 构造一个空的 HashMap
05        let map1 = HashMap<Int64, Int64>()
06        println(map1)
07
08        // 将 Array 字面量转换为 HashMap，Array 的元素类型必须为(K, V)的二元组
09        let map2 = HashMap([("李白", "太白"), ("杜甫", "子美"), ("白居易", "乐天")])
10        println(map2)
11
12        // 将其他 Collection 转换为 HashMap，Collection 的元素类型必须为(K, V)的二元组
13        let arrList = ArrayList([("北京", "010"), ("南京", "025")])
14        let map3 = HashMap(arrList)
15        println(map3)
16
17        // 通过 lambda 表达式或函数对 HashMap 的元素进行初始化
18        let map4 = HashMap<Int64, Int64>(5, {num => (num, 0)})
19        println(map4)
20    }
```

编译并执行以上代码，输出结果为（HashMap 的元素顺序可能不同）：

```
[]
[(李白, 太白), (杜甫, 子美), (白居易, 乐天)]
[(北京, 010), (南京, 025)]
[(0, 0), (1, 0), (2, 0), (3, 0), (4, 0)]
```

在构造 map1 时，由于没有传入参数，因此必须显式指明 HashMap 的类型为 HashMap<Int64, Int64>。在构造 map2 和 map3 时，由于可以通过参数推断出 HashMap 的类型，因此<K, V>可以省略。在构造 map4 时，通过 lambda 表达式将所有的键对应的值都设置为了 0。

提示　　与 HashSet 一样，HashMap 也是无序的。因此，对 HashMap 的元素进行各种访问操作的顺序可能和添加元素的顺序是不一致的。

由于 HashMap 的键不允许重复，因此如果创建 HashMap 时传入的参数中存在相同的键，那么最终只会保留最后添加的键值对。举例如下：

```
from std import collection.HashMap

main() {
    let map5 = HashMap([("李白", "蜀道难"), ("杜甫", "石壕吏"), ("李白", "将进酒")])
    println(map5)
}
```

编译并执行以上代码，输出结果为（HashMap 的元素顺序可能不同）：

```
[(李白, 将进酒), (杜甫, 石壕吏)]
```

11.4.2　访问 HashMap 的元素

对 HashMap 元素的访问主要包括遍历所有元素、访问单个元素以及判断 HashMap 是否包含特定的键。

1. 遍历 HashMap

当需要对 HashMap 中的所有元素进行访问时，可以使用 for-in 表达式对 HashMap 的键、值或键值对进行遍历。HashMap 提供了函数 keys 和 values 用于获得键和值。

下面使用 keys 函数遍历 HashMap 的键，代码如下：

```
from std import collection.HashMap

main() {
    let mountains = HashMap(
        [
            ("东岳", "泰山"),
            ("西岳", "华山"),
            ("南岳", "衡山"),
            ("北岳", "恒山"),
            ("中岳", "嵩山")
        ]
    )

    // 使用 keys 函数遍历 HashMap 的键
    for (key in mountains.keys()) {
        print("${key}\t")
    }
}
```

编译并执行以上代码，输出结果为（HashMap 的键顺序可能不同）：

```
东岳    西岳    南岳    北岳    中岳
```

如果不需要使用 for-in 表达式遍历，只需要获取 HashMap 所有的键，那么可以将函数 keys 的返回值转换为其他 Collection 类型。例如，转换为 Array 的代码如下：

```
let keys = Array(mountains.keys())
println(keys)  // 输出：[东岳, 西岳, 南岳, 北岳, 中岳]，HashMap 的键顺序可能不同
```

将以上示例代码中的 keys 函数替换为 values 函数，就可以遍历 HashMap 的值。values 函数的返回值也可以被转换为其他 Collection 类型。

```
from std import collection.HashMap

main() {
    let mountains = HashMap(
        [
            ("东岳", "泰山"),
            ("西岳", "华山"),
            ("南岳", "衡山"),
            ("北岳", "恒山"),
            ("中岳", "嵩山")
        ]
    )

    // 使用 values 函数遍历 HashMap 的值
    for (mountain in mountains.values()) {
        print("${mountain}\t")
    }
}
```

编译并执行以上代码，输出结果为（HashMap 的值顺序可能不同）：

```
泰山    华山    衡山    恒山    嵩山
```

继续修改代码，遍历 HashMap 的所有键值对。

```
from std import collection.HashMap

main() {
    let mountains = HashMap(
        [
            ("东岳", "泰山"),
            ("西岳", "华山"),
            ("南岳", "衡山"),
            ("北岳", "恒山"),
            ("中岳", "嵩山")
        ]
    )

    // 遍历 HashMap 的所有键值对
    for ((key, mountain) in mountains) {
        println("${key}: ${mountain}")
    }
}
```

编译并执行以上代码，输出结果为（HashMap 的元素顺序可能不同）：

```
东岳：泰山
西岳：华山
南岳：衡山
北岳：恒山
中岳：嵩山
```

在以上 for-in 表达式中，使用了**元组模式（key, mountain）**，用于依次对 HashMap 的键值进行解构并分别与 key 和 mountain 进行绑定。

2. 访问单个元素

如果需要访问 HashMap 中指定的键对应的值，可以使用如下**下标语法**：

```
HashMap 名[键]
```

举例如下：

```
from std import collection.HashMap

main() {
    let cities = HashMap([("北京", "010"), ("广州", "020"), ("上海", "021")])

    // 使用下标语法获取指定键对应的值
    println(cities["北京"]) // 输出：010
    println(cities["天津"]) // 运行时异常：NoneValueException
}
```

在使用下标语法访问指定键对应的值时，如果指定的键在 HashMap 中不存在，那么将会触发运行时异常。为了避免这种异常，可以在访问 HashMap 的元素之前先判断 HashMap 中是否包含指定的键。

3. 判断 HashMap 是否包含特定的键

HashMap 提供了 contains 函数用于判断其中是否包含某个特定的键。该函数只有一个参数，表示待判断的键。若 HashMap 中包含该键，则返回 true；否则返回 false。

如果需要一次性判断 HashMap 中是否包含多个键，可以调用 HashMap 的 containsAll 函数。该函数只有一个参数，用于接收一个 Collection 实例。若 HashMap 中包含该 Collection 实例中的所有元素指定的键，则返回 true；否则返回 false。

举例如下：

```
from std import collection.HashMap

main() {
    let cities = HashMap([("北京", "010"), ("广州", "020"), ("上海", "021")])

    // 结合 contains 函数使用下标语法获取指定键对应的值
    if (cities.contains("天津")) {
        println(cities["天津"])
    } else {
```

```
            println("指定的键不存在！")
        }

        // 调用 containsAll 函数判断 HashMap 中是否包含多个指定的键
        println(cities.containsAll(["北京", "广州"]))
        println(cities.containsAll(["北京", "天津"]))
}
```

编译并执行以上代码，输出结果为：

```
指定的键不存在！
true
false
```

练习

　　创建一个 HashMap<String, Int64>类型的名为 friends 的 HashMap。其中的键是你的几名好友的名字，对应的值是他们的年龄。尝试使用 for-in 表达式分别遍历 friends 的键、值和键值对，并使用上面介绍的其他方式访问 friends 的元素。

11.4.3　向 HashMap 中添加元素或修改元素

　　通过下标语法和赋值表达式，可以对 HashMap 中的元素进行添加或修改的操作。具体语法如下：

```
HashMap 名[键] = 值
```

　　对于以上赋值表达式，如果 HashMap 中不存在指定的键，那么以上代码将向 HashMap 中添加一个新的键值对。如果 HashMap 中已经存在指定的键，那么以上代码会将 HashMap 中指定键的值更新为 "=" 右侧的值。举例如下：

```
from std import collection.HashMap

main() {
    let poets = HashMap([("王维", "相思")])
    println(poets)

    // 使用下标语法向 HashMap 中添加键值对
    poets["孟浩然"] = "春晓"
    println(poets)

    // 使用下标语法修改指定键对应的值
    poets["王维"] = "山居秋暝"
    println(poets)
}
```

编译并执行以上代码，输出结果为（HashMap 的元素顺序可能不同）：

```
[(王维, 相思)]
[(王维, 相思), (孟浩然, 春晓)]
[(王维, 山居秋暝), (孟浩然, 春晓)]
```

除了使用下标语法，还可以调用 HashMap 的 put 函数向 HashMap 中添加单个元素或修改单个元素。put 函数的第 1 个参数用于指定键，第 2 个参数用于指定值。举例如下：

```
from std import collection.HashMap

main() {
    let poets = HashMap([("王维", "相思")])
    println(poets)

    // 调用 put 函数向 HashMap 中添加键值对
    poets.put("孟浩然", "春晓")
    println(poets)

    // 调用 put 函数修改指定键对应的值
    poets.put("王维", "山居秋暝")
    println(poets)
}
```

编译并执行以上代码，输出结果为（HashMap 的元素顺序可能不同）：

```
[(王维, 相思)]
[(王维, 相思), (孟浩然, 春晓)]
[(王维, 山居秋暝), (孟浩然, 春晓)]
```

如果需要同时向 HashMap 中添加或修改多个元素，可以调用 HashMap 的 putAll 函数。该函数接收一个 Collection 实例，其中的元素必须是(K, V)类型的二元组。举例如下：

```
from std import collection.HashMap

main() {
    let poets = HashMap([("王维", "相思"), ("孟浩然", "春晓"), ("杜牧", "泊秦淮")])
    println(poets)

    let arr = [("王维", "山居秋暝"), ("李商隐", "锦瑟")]
    poets.putAll(arr)  // 调用 putAll 函数添加或修改键值对
    println(poets)
}
```

编译并执行以上代码，输出结果为（HashMap 的元素顺序可能不同）：

```
[(王维, 相思), (孟浩然, 春晓), (杜牧, 泊秦淮)]
[(王维, 山居秋暝), (孟浩然, 春晓), (杜牧, 泊秦淮), (李商隐, 锦瑟)]
```

另外，HashMap 还提供了一个 putIfAbsent 函数，该函数的第 1 个参数用于指定键，第 2

个参数用于指定值。若 HashMap 中不存在指定的键，则向 HashMap 中添加指定的键值对，并返回 true；若 HashMap 中已经存在指定的键，则不执行任何操作，并返回 false。举例如下：

```
from std import collection.HashMap

main() {
    let poets = HashMap([("王维", "相思"), ("孟浩然", "春晓"), ("杜牧", "泊秦淮")])
    println(poets)

    poets.putIfAbsent("孟浩然", "过故人庄")   // 添加失败
    poets.putIfAbsent("李商隐", "锦瑟")       // 添加成功
    println(poets)
}
```

编译并执行以上代码，输出结果为（HashMap 的元素顺序可能不同）：

```
[(王维, 相思), (孟浩然, 春晓), (杜牧, 泊秦淮)]
[(王维, 相思), (孟浩然, 春晓), (杜牧, 泊秦淮), (李商隐, 锦瑟)]
```

> **练习**
>
> 继续使用 11.4.2 节的练习创建的 HashMap，并尝试使用上面介绍的各种方式向 friends 中添加元素或修改已有的元素。

11.4.4　从 HashMap 中删除元素

通过 HashMap 的 remove 函数，可以从 HashMap 中删除单个键值对。该函数只有一个参数，表示需要删除的键。如果 HashMap 中存在指定键对应的键值对，就删除该键值对，并返回被删除的键值对的值，其类型为 Option<V>。如果 HashMap 中不存在指定的键，就返回 Option<V>.None。举例如下：

```
from std import collection.HashMap

main() {
    let poets = HashMap([("王维", "相思"), ("孟浩然", "春晓"), ("杜牧", "泊秦淮")])
    println(poets)

    // 当指定键存在时，调用 remove 函数删除指定键值对
    var value = poets.remove("杜牧")
    println(value)
    println(poets)

    // 当指定键不存在时，调用 remove 函数删除指定键值对
    value = poets.remove("李商隐")
```

```
    println(value)
    println(poets)
}
```

编译并执行以上代码，输出结果为（HashMap 的元素顺序可能不同）：

```
[(王维, 相思), (孟浩然, 春晓), (杜牧, 泊秦淮)]
Some(泊秦淮)
[(王维, 相思), (孟浩然, 春晓)]
None
[(王维, 相思), (孟浩然, 春晓)]
```

如果需要一次性从 HashMap 中删除多个键值对，可以调用 HashMap 的 removeAll 函数。该函数只有一个参数，用于接收一个表示所有需要删除的键的 Collection 实例。举例如下：

```
from std import collection.HashMap

main() {
    let poets = HashMap([("王维", "相思"), ("孟浩然", "春晓"), ("杜牧", "泊秦淮")])
    println(poets)

    // 调用 removeAll 函数删除多个键值对，如果指定的键存在，则删除相应的键值对
    poets.removeAll(["李商隐", "杜牧", "王维", "李白"])
    println(poets)
}
```

编译并执行以上代码，输出结果为（HashMap 的元素顺序可能不同）：

```
[(王维, 相思), (孟浩然, 春晓), (杜牧, 泊秦淮)]
[(孟浩然, 春晓)]
```

HashMap 提供了 removeIf 函数用于从 HashMap 中删除满足指定条件的元素。该函数只有一个参数，用于接收一个 lambda 表达式（或函数）。HashMap 中所有能够使该 lambda 表达式（或函数）的返回值为 true 的键值对都将被删除。举例如下：

```
from std import collection.HashMap

main() {
    let memberships = HashMap([("01", 300), ("02", 280), ("03", 160)])
    println(memberships)

    // 调用 removeIf 函数删除会员编号不为"01"且会员积分小于 200 的键值对
    memberships.removeIf {num, points => num != "01" && points < 200}
    println(memberships)
}
```

编译并执行以上代码，输出结果为（HashMap 的元素顺序可能不同）：

```
[(01, 300), (02, 280), (03, 160)]
[(01, 300), (02, 280)]
```

最后，HashMap 也提供了 clear 函数，该函数用于删除所有元素。

练习

在 11.4.3 节的练习的基础上继续修改 HashMap，并尝试使用上面介绍的多种方式从 friends 中删除元素。

本章需要达成的学习目标

☐ 掌握 Array 的用法，包括创建 Array、访问和修改 Array 的元素。

☐ 掌握 ArrayList 的用法，包括创建 ArrayList，以及对 ArrayList 元素的增删改查操作。

☐ 掌握 HashSet 的用法，包括创建 HashSet，以及对 HashSet 元素的增删查操作。

☐ 掌握 HashMap 的用法，包括创建 HashMap，以及对 HashMap 元素的增删改查操作。

第 12 章

泛型

12

仓颉中的泛型指的是参数化类型。参数化类型是一个在定义时未知但需要在使用时指定的类型。泛型允许我们编写一种特定的自定义类型或函数，它可以对多种类型的数据进行操作，而无须为每种数据编写代码。

通过本章的学习，你将掌握各种泛型类型和泛型函数的用法，并学会为它们添加泛型约束。

12.1 泛型类型

在前面的章节中，已经介绍过几种泛型类型，例如 Array<T>、ArrayList<T>、HashSet<T>和 HashMap<K, V>等。

以 HashSet 为例，我们可以使用 HashSet 来存储各种单一元素类型的数据。在使用 HashSet 存储 Int64 类型的数据时，其类型为 HashSet<Int64>；在使用 HashSet 存储 String 类型的数据时，其类型为 HashSet<String>等。

在定义 HashSet 时，需要 HashSet 中可以存储各种不同类型的数据。但是这种类型在定义时是未知的，只有到使用时才可以指明到底是何种类型。另外，我们也无法定义所有类型的 HashSet。因此，仓颉将 HashSet 定义为 HashSet<T>，并且允许我们在使用 HashSet 时才为其指定明确的类型。

我们可以这样理解泛型（参数化类型）：

- 在**定义**泛型类型或泛型函数时，使用类型形参来表示未知的类型。
- 在**实例化泛型类型**或**调用泛型函数**时，为类型形参传递具体的类型实参。

以下是标准库 collection 包中的 HashSet 类的部分定义：

```
public class HashSet<T> <: Set<T> where T <: Hashable & Equatable<T> {
    public init(elements: Collection<T>)

    // 其他代码略
}
```

在以上定义的"HashSet<T>"中，用于指定类型的"T"被称作类型形参。它必须是一个合法的标识符，一般使用大写字母 T（因为 type 的首字符为"t"）。当然，也可以使用其他标识符。例如，HashMap 一般使用 K 和 V 分别作为键（key）和值（value）的类型形参。类型形参在定义时放在**类型名称**或**函数名称**之后，使用一对尖括号 "<>" 括起来。多个类型形参之间以逗号作为分隔符。

在声明了类型形参之后，就可以通过类型形参的标识符来引用这些类型。这些标识符被称为类型变元。例如，在以上定义中，"Set<T>" "Collection<T>" "where T <: Hashable & Equatable<T>" 中的 "T" 都是对类型形参 T 的引用，这些 T 都是类型变元。

在 HashSet 的定义中，有这样一部分代码：

```
where T <: Hashable & Equatable<T>
```

这是对泛型类型 HashSet<T>的泛型约束，要求 T 必须是同时实现了接口 Hashable 和 Equatable<T>的类型。注意，这里的 Equatable<T>是一个泛型类型（泛型接口）。

创建一个 HashSet<T>的实例，代码如下：

```
from std import collection.HashSet

main() {
    let set = HashSet<String>()
}
```

在以上代码中，对 HashSet<T>进行了实例化，创建了一个 HashSet 实例 set。在实例化泛型类型 HashSet<T>时，为类型形参 T 传递了类型实参 String。

自定义类型 class、struct、enum 和 interface 都可以是泛型的。

提示　需要若干个类型作为实参的类型（如 HashSet、HashMap）又被称为类型构造器。

12.1.1　定义和使用泛型 class

下面看一个泛型类的例子，如代码清单 12-1 所示。

代码清单 12-1　container_0.cj

```
01    class Container<T> {
02        var content: T
03
04        init(content: T) {
05            this.content = content
06        }
07    }
08
09    main() {
10        let coffeeMug = Container<String>("咖啡")
11        println(coffeeMug.content)
12
13        let coinBox = Container<UInt32>(100)
```

```
14          println(coinBox.content)
15
16          let fruitBowl = Container<Array<String>>(["香蕉", "苹果", "橙子"])
17          println(fruitBowl.content)
18      }
```

编译并执行以上代码，输出结果为：

```
咖啡
100
[香蕉, 苹果, 橙子]
```

在以上示例中，定义了一个表示容器的泛型类 Container<T>。这个类被设计为可以存储任意类型的物品，它可以表示各种类型的容器，例如杯子、盒子或盘子等。

在 main 中，对 Container<T>类进行了 3 次实例化。第 1 次实例化创建了变量 coffeeMug；它表示一个杯子，只能装 String 类型的饮料，本示例中装的是咖啡（第 10 行代码）。第 2 次实例化创建了变量 coinBox，它表示一个硬币盒，只能装整数个数（UInt32 类型）的硬币，本示例中装了 100 个硬币（第 13 行代码）。第 3 次实例化创建了变量 fruitBowl，它表示一个果盘，其中装了各种水果，被存储在一个 Array 中，该 Array 的类型为 Array<String>（第 16 行代码）。

当父类是泛型类时，如果子类不是泛型类，那么在定义子类时必须为每一个类型形参传递类型实参，否则会引发编译错误。例如，在下面的代码中，父类 GenericBaseClass 是一个泛型类，其类型形参列表中有 3 个类型形参 T、U 和 V。由于子类 SubClass 不是泛型类，因此在定义 SubClass 时必须为父类的 3 个类型形参都传递类型实参。

```
open class GenericBaseClass<T, U, V> {}

class SubClass <: GenericBaseClass<Int64, Int64, String> {}
```

如果子类也是泛型类，那么在定义子类时不必传入类型实参。子类使用的类型形参标识符也不必和父类一样，但是子类的类型形参个数要和父类保持一致。举例如下：

```
open class GenericBaseClass<T, U, V> {}

class SubClass<X, Y, Z> <: GenericBaseClass<X, Y, Z> {}

main() {
    // 在实例化泛型类型时每一个类型形参都必须获得类型实参
    let sub = SubClass<Int64, Int64, String>()
}
```

在以上示例中，子类 SubClass 也是一个泛型类，因此在定义时没有传入类型实参，并且子类使用的类型形参标识符 X、Y 和 Z 与父类定义中的 T、U 和 V 是不一样的，但是类型形参的个数是一样的。

需要注意的是，**无论在何种情况下**，当**实例化**各种泛型类型时，每一个类型形参都**必须获得类型实参**。在实例化泛型类型时，类型形参获得类型实参的方式有以下两种：

- 在代码中显式指明类型实参;
- 缺省类型实参,交由编译器自动推断。

例如,在代码清单 12-1 中创建变量 coffeeMug、coinBox 和 fruitBowl 时,都显式指明了类型实参。相关代码如下:

```
// 类型实参为 String
let coffeeMug = Container<String>("咖啡")

// 类型实参为 UInt32
let coinBox = Container<UInt32>(100)

// 类型实参为 Array<String>
let fruitBowl = Container<Array<String>>(["香蕉", "苹果", "橙子"])
```

如果缺省以上 3 个声明中的类型实参,交由编译器自动推断,也是可以的。以上 3 行代码和以下代码是等效的:

```
// 根据参数"咖啡"的类型 String 推断出 coffeeMug 类型为 Container<String>
let coffeeMug = Container("咖啡")

// 根据参数 UInt32 类型的 100 推断出 coinBox 类型为 Container<UInt32>
let coinBox = Container(100u32)

// 根据参数 Array 字面量的类型 Array<String>推断出 fruitBowl 类型为 Container<Array<String>>
let fruitBowl = Container(["香蕉", "苹果", "橙子"])
```

当我们定义泛型类型或泛型函数时,可以为**类型形参**添加泛型约束。泛型约束的作用是明确类型形参可以进行的操作。泛型约束主要是通过子类型约束(尤其是接口约束)来实现的,它指的是约束类型形参必须满足一个或多个子类型关系。泛型约束通过关键字 where 实现,添加在泛型类型或泛型函数定义体的左花括号之前。

下面来修改一下代码清单 12-1,首先添加一个表示水果的父类 Fruit,以及两个子类(表示苹果的 Apple 类和表示香蕉的 Banana 类),如代码清单 12-2 所示。

代码清单 12-2 container_1.cj 中的 Fruit 类、Apple 类和 Banana 类

```
01  // 表示水果的类
02  open class Fruit {
03      protected open func printTypeName() {
04          println("Fruit")
05      }
06  }
07
08  // 表示苹果的类, 是 Fruit 类的子类
09  class Apple <: Fruit {
10      protected override func printTypeName() {
11          println("Apple")
```

```
12        }
13    }
14
15    // 表示香蕉的类, 是 Fruit 类的子类
16    class Banana <: Fruit {
17        protected override func printTypeName() {
18            println("Banana")
19        }
20    }
```

接下来,在 Container 类前加上修饰符 open,使之可以被继承,然后创建子类 FruitBowl,如代码清单 12-3 所示。

代码清单 12-3　container_1.cj 中的 Container 类和 FruitBowl 类

```
21    open class Container<T> {
22        var content: T
23
24        init(content: T) {
25            this.content = content
26        }
27    }
28
29    class FruitBowl<X> <: Container<X> where X <: Fruit {
30        init(content: X) {
31            super(content)
32        }
33
34        func printContent() {
35            content.printTypeName()
36        }
37    }
```

子类 FruitBowl 是一个泛型类。在定义 FruitBowl 类时,使用的类型形参是 X,与父类定义中的类型形参 T 并不相同(当然,也可以保持相同的类型形参)。

在 FruitBowl<X>类的定义中,对类型形参 X 添加了一个泛型约束:

```
where X <: Fruit
```

该泛型约束要求类型形参 X 必须是 Fruit 类型的子类型。如果在实例化 FruitBowl 类型时,类型形参 X 获得的类型实参不满足该泛型约束,那么会导致编译错误。

> **提示**　类型形参 X 也可以是 Fruit 类型,这是因为任何类型都可以看作其自身的子类型。

最后,在 main 中实例化 FruitBowl 类,如代码清单 12-4 所示。

代码清单 12-4　container_1.cj 中的 main

```
38    main() {
39        let fruitBowl1 = FruitBowl<Fruit>(Banana())
```

```
40        fruitBowl1.printContent()
41
42        let fruitBowl2 = FruitBowl<Apple>(Apple())
43        fruitBowl2.printContent()
44
45        let fruitBowl3 = FruitBowl<Banana>(Banana())
46        fruitBowl3.printContent()
47    }
```

编译并执行以上代码，输出结果为：

```
Banana
Apple
Banana
```

提示 在以上示例声明 fruitBowl2 和 fruitBowl3 时，由于可以根据传入的参数 Apple()和 Banana()推断出 fruitBowl2 和 fruitBowl3 的类型分别为 FruitBowl<Apple>和 FruitBowl<Banana>，因此这两个声明中的类型实参是可以省略的。

对于同一个类型形参，如果有多个约束，可以使用"&"连接。例如：

```
where T <: Class1 & Interface1
```

对于多个类型形参，它们的泛型约束可以使用逗号隔开。例如：

```
where T <: Class1, U <: Interface1
```

12.1.2 定义和使用泛型 struct

泛型 struct 与泛型 class 是类似的，只不过 struct 类型不存在继承关系。一个泛型 struct 的示例如下：

```
// 一个用于表示公告栏的 struct 类型，可以发布各种类型的消息
struct MessageBoard<T> {
    var message: T

    init(message: T) {
        this.message = message
    }
}

main() {
    let messageBoard1 = MessageBoard("广告位招租")
    println(messageBoard1.message)

    let messageBoard2 = MessageBoard(99)
    println(messageBoard2.message)
}
```

编译并执行以上代码，输出结果为：

```
广告位招租
99
```

12.1.3　定义和使用泛型 enum

一个很常用的泛型 enum 类型就是 Option<T>类型。Option<T>类型的定义如下：

```
public enum Option<T> {
    | Some(T)
    | None

    public func getOrThrow(): T {
        match(this) {
            case Some(v) => v
            case None => throw NoneValueException()    // 抛出异常
        }
    }

    // 其他成员略
}
```

Option<T>用于表示类型 T 的值可能存在，也可能不存在。当值存在时，就使用构造器 Some 将值包装起来；否则就用 None 表示。

我们也可以自定义泛型 enum，一个泛型 enum 的示例如下：

```
enum Pair<T, U> where T <: ToString, U <: ToString {
    | Elements(T, U)
    | Empty

    func matchElement() {
        match (this) {
            case Elements(value1, value2) =>
                println("Elements(${value1}, ${value2})")
            case Empty =>
                println("Empty")
        }
    }
}

main() {
    let elem1 = Elements(11, "eleven")
    elem1.matchElement()

    let elem2 = Elements("重量", 49.8)
    elem2.matchElement()
}
```

编译并执行以上代码，输出结果为：

```
Elements(11, eleven)
Elements(重量, 49.800000)
```

在以上示例中，定义了一个泛型 enum 类型 Pair。该类型有 2 个类型形参 T 和 U。在这个定义中，为类型形参 T 和 U 添加了以下泛型约束：

```
where T <: ToString, U <: ToString
```

以上泛型约束属于接口约束，它要求 T 和 U 必须都是实现了 ToString 接口的类型。仓颉提供了一个 ToString 接口，该接口只有一个 toString 函数。

```
public interface ToString {
    // 返回实例的字符串表示
    func toString(): String
}
```

对于一个 T 类型的实例 x，只有满足 T <: ToString 时，才可以使用 println 输出 x。当执行 println(x)时，系统会调用 x 的 toString 函数，将 x 转换为 String 类型之后再输出。如果在使用 println 函数输出 T 类型的实例时，T 类型没有实现 ToString 接口，那么将会导致错误。

在以上示例中，当 match 表达式匹配成功之后，变量 value1 是 T 类型的，变量 value2 是 U 类型的。如果要使用 println 将 value1 和 value2 输出，就必须要保证 T 和 U 都实现了 ToString 接口。

提示　由于仓颉的所有数值类型和基础 Collection 类型都实现了 ToString 接口，因此可以使用 println 输出这些类型的实例。

12.1.4　定义和使用泛型 interface

泛型接口的定义与泛型 class、泛型 struct 和泛型 enum 都是类似的。需要注意的是，当非泛型类型实现或继承泛型接口时，必须要向每一个类型形参传入具体的类型实参；当泛型类型实现或继承泛型接口时，不必传入类型实参。

仓颉提供了一个泛型接口 Equatable<T>用于各种类型的直接判等操作。该接口继承了另外 2 个泛型接口 Equal<T>和 NotEqual<T>。相关接口的定义如下：

```
public interface Equal<T> {
    /*
     * 判断两个实例是否相等
     * 参数 rhs 表示另一个实例
     * 返回值为 Bool 类型，如果相等，返回 true，否则返回 false
     */
    operator func ==(rhs: T): Bool
}
```

```
public interface NotEqual<T> {
    /*
     * 判断两个实例是否不相等
     * 参数 rhs 表示另一个实例
     * 返回值为 Bool 类型，如果不相等，返回 true，否则返回 false
     */
    operator func !=(rhs: T): Bool
}


public interface Equatable<T> <: Equal<T> & NotEqual<T> {}
```

在泛型接口 Equal<T>中，定义了操作符重载函数 "=="。在泛型接口 NotEqual<T>中，定义了操作符重载函数 "!="。

仓颉的各种数值类型、布尔类型、字符类型、字符串类型、Array 等，都实现了泛型接口 Equatable<T>。因此，这些类型可以直接使用 "==" 或 "!=" 进行判等。

在以下的示例中，定义了一个表示二维向量的 Vector2D 类，该类实现了泛型接口 Equatable<T>。对于任意两个 Vector2D 实例，如果这两个向量的 x 分量和 y 分量各自相等，那么这两个实例相等，否则这两个实例不等。具体实现如代码清单 12-5 所示。

代码清单 12-5　generic_interface.cj

```
01    // 表示二维向量的类
02    class Vector2D <: Equatable<Vector2D> {
03        var x: Int64  // 表示向量的 x 值
04        var y: Int64  // 表示向量的 y 值
05
06        init(x: Int64, y: Int64) {
07            this.x = x
08            this.y = y
09        }
10
11        public operator func ==(rhs: Vector2D) {
12            this.x == rhs.x && this.y == rhs.y
13        }
14
15        public operator func !=(rhs: Vector2D) {
16            !(this == rhs)
17        }
18    }
19
20    main() {
21        let vector1 = Vector2D(3, 4)
22        let vector2 = Vector2D(4, 5)
23        let vector3 = Vector2D(3, 4)
24        println(vector1 == vector2)
25        println(vector2 != vector3)
```

```
26      println(vector1 == vector3)
27    }
```

编译并执行以上代码，输出结果为：

```
false
true
true
```

Option 类型通过扩展的方式实现了 Equatable 接口：

```
extend Option<T> <: Equatable<Option<T>> where T <: Equatable<T>
```

因此，只要 T 类型实现了 Equatable 接口，就可以直接使用 "==" 或 "!=" 判断 Option<T> 类型的实例是否相等。举例如下：

```
main() {
    let optStr: ?String = "Cangjie"  // optStr 的值为 Option<String>.Some("Cangjie")

    // String 类型已经实现了 Equatable 接口，可以直接对 Option<String>类型的实例判（不）等
    println(optStr != Some("Cangjie"))  // 输出: false
    println(optStr == Some("Cangjie"))  // 输出: true

    let optInt: ?Int64 = None   // optInt 的值为 Option<Int64>.None

    // Int64 类型已经实现了 Equatable 接口，可以直接对 Option<Int64>类型的实例判（不）等
    println(optInt != None)  // 输出: false
    println(optInt == None)  // 输出: true
}
```

12.2 泛型函数

以下函数可以是泛型的：

- 全局函数；
- 嵌套函数；
- 自定义类型及其扩展中的成员函数（除了具有 open 语义的实例成员函数和操作符函数）。

提示　在 4 种自定义类型中，class、struct 和 enum 类型都是可以被扩展的，interface 类型不可以被扩展（详见第 14 章）。

这里特别需要注意的是自定义类型的成员函数。自定义类型包括 class、struct、enum 和 interface 类型。这 4 种类型中都可以包含静态成员函数和实例成员函数。静态成员函数都可以是泛型的，而实例成员函数则需要分情况讨论。

自定义类型的实例成员函数如果具有 open 语义，那么该函数不可以是泛型的。主要包括以下 3 种函数。

- class 类型中被 open 修饰的实例成员函数。
- 抽象类的抽象函数。因为抽象类的抽象函数本身就具有 open 语义，所以抽象函数不可以是泛型的。

■ interface 类型的实例成员函数。因为接口的实例成员函数本身就具有 open 语义，所以接口的实例成员函数不可以是泛型的。

12.2.1 定义和调用泛型函数

代码清单 12-6 展示了一个泛型函数的示例。

代码清单 12-6 swap_elements.cj

```
01    // 该函数用于交换 arr 的索引为 i 和 j 的元素，如果交换成功，则返回 true，否则返回 false
02    func swap<T>(arr: Array<T>, i: Int64, j: Int64) {
03        // 检查 i 和 j 是否越界，如果索引越界，则返回 false
04        if (!(i >= 0 && i < arr.size && j >=0 && j < arr.size)) {
05            return false
06        }
07
08        // 如果索引合法，则交换对应的元素
09        let temp = arr[i]
10        arr[i] = arr[j]
11        arr[j] = temp
12        true
13    }
14
15    main() {
16        let rivers = ["长江", "黄河", "黑龙江", "松花江", "珠江"]
17        println(rivers)
18
19        // 调用泛型函数 swap<T>交换 rivers 的元素
20        var result = swap<String>(rivers, 0, 1)
21        println(result)
22        println(rivers)
23
24        result = swap(rivers, 0, -1)
25        println(result)
26        println(rivers)
27    }
```

编译并执行以上程序，输出结果为：

```
[长江，黄河，黑龙江，松花江，珠江]
true
[黄河，长江，黑龙江，松花江，珠江]
false
[黄河，长江，黑龙江，松花江，珠江]
```

在示例程序中，定义了一个泛型函数 swap<T>，用于交换数组的元素。在 main 中，先后两次调用了该函数。

在**调用**泛型函数时，每一个类型形参都**必须**获得类型实参。在调用泛型函数时，类型形参获得类型实参的方式与实例化泛型类型时的方式是一样的。

- 在代码中显式指明类型实参。
- 缺省类型实参，交由编译器自动推断。

例如，在以上示例中，第 1 次调用泛型函数 swap<T>时，为类型形参 T 传递了类型实参 String（第 20 行代码）。第 2 次调用泛型函数 swap<T>时，缺省了类型实参（第 24 行代码），由于函数实参 rivers 的类型为 Array<String>，因此编译器可以根据函数定义自动推断出类型实参为 String。

12.2.2 为泛型函数添加泛型约束

与泛型类型一样，我们也可以为泛型函数的类型形参添加泛型约束。现在修改一下代码清单 12-6，为泛型函数 swap<T>的类型形参 T 添加一个接口约束，要求 T 必须实现 Equatable<T> 接口。这样在进行元素交换之前可以先进行判等，如果待交换的两个元素本来就是相等的，那么就不必进行交换。修改后的代码如代码清单 12-7 所示。

代码清单 12-7　swap_elements.cj

```
01  // 该函数用于交换 arr 的索引为 i 和 j 的元素，如果交换成功，则返回 true，否则返回 false
02  func swap<T>(arr: Array<T>, i: Int64, j: Int64) where T <: Equatable<T> {
03      // 检查 i 和 j 是否越界，如果索引越界，则返回 false
04      if (!(i >= 0 && i < arr.size && j >=0 && j < arr.size)) {
05          return false
06      }
07
08      // 如果索引 i 和 j 对应的元素是相等的，那么直接返回 false，不对 Array 做任何修改操作
09      if (arr[i] == arr[j]) {
10          return false
11      }
12
13      // 如果索引合法且待交换的元素不相等，那么交换对应的元素
14      let temp = arr[i]
15      arr[i] = arr[j]
16      arr[j] = temp
17      true
18  }
19
20  main() {
21      let numbers = [0, 1, 2, 0, 1, 2]
22      println(numbers)
23
24      // 调用泛型函数 swap<T>交换 numbers 的元素
25      var result = swap(numbers, 0, 1)
26      println(result)
27      println(numbers)
```

```
28
29        result = swap(numbers, 2, 5)
30        println(result)
31        println(numbers)
32    }
```

编译并执行以上代码，输出结果为：

```
[0, 1, 2, 0, 1, 2]
true
[1, 0, 2, 0, 1, 2]
false
[1, 0, 2, 0, 1, 2]
```

提示　除了接口约束，也可以为泛型函数添加其他非接口约束的子类型约束。

本章需要达成的学习目标

☐　学会定义并使用各种泛型类型，例如泛型 class、泛型 struct、泛型 enum 和泛型 interface。

☐　学会定义并调用泛型函数。

☐　学会为泛型类型或泛型函数的类型形参添加泛型约束，尤其是接口约束。

第 13 章

包管理

随着项目规模的增长，我们需要更加高效地管理和组织源代码。为此，我们可以依据各部分的功能特性，将源代码归类并组织到各个独立的包中。然后，在需要时导入相应包中的顶层声明。

这样做可以带来许多好处。首先，通过将相关的函数和类型组织在一起，我们可以创建可重用的代码模块。这些模块可以在多个项目中被重用，减少重复代码的编写。其次，将代码分散到多个包中可以使每个文件的大小保持在一个易于管理的范围内，这样可以更容易理解和维护每个源文件的代码。最后，将代码分散到多个包中，也有益于多个开发人员协作，进行更精确的版本控制或单元测试等。

通过本章的学习，你将学会声明包，并了解各种顶层声明的可见性，以及掌握导入各种顶层声明的方法。

13.1 包的声明

本节我们先了解一下仓颉工程的基本结构，然后再学习如何声明包。

13.1.1 工程的基本结构

一个仓颉工程的所有文件都组织在工程文件夹下。一个仓颉工程对应一个仓颉模块（module），模块是仓颉最小的发布单元。一个模块可以包含多个包（package），包是仓颉最小的编译单元。每个模块都有自己的命名空间，在同一个模块内不允许有同名的包。例如，前面多次提到的标准库，就是仓颉提供的一个名为 std 的模块。标准库中包含了一些常用的包，如 collection 包、format 包、math 包等。

一个包可以包含多个仓颉源文件，但一个包的顶层最多只能有一个 main。每个包都有自己的命名空间，在同一个包内不允许有同名的顶层声明（除函数重载外）。

一般来讲，模块中的包都存放在工程文件夹下的目录 src 中。假设一个仓颉工程的目录 src 的文件组织如图 13-1 所示，那么目录 src 下的所有仓颉源文件可以分为以下两种。

- 在 src 下，每个文件夹中的源文件属于一个包。例如，a.cj 和 b.cj 属于 p1 包，c.cj、d.cj 和 e.cj 属于 p2 包。

■ 直接在 src 下的源文件属于 default 包。例如，f.cj 和 g.cj 属于 default 包。

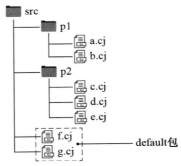

图 13-1 目录 src 的文件组织

main 是程序执行的入口。当编译并执行包时，程序入口是包顶层的 main，如果此时包的顶层没有 main，那么会导致错误。当编译并执行模块时，模块的入口**只能**是 **default 包**中的 main，如果此时 default 包中没有 main，那么也会导致错误。

main 可以没有参数或参数类型为 Array<String>，返回值类型只能为整数类型或 Unit 类型。

提示 由于仓颉版本的更新和开发环境的更迭，编译并执行包或模块的具体操作可能会不断变化，如有需要，读者可以到作者的抖音或微信视频号（"九丘教育"）观看最新的操作视频。

13.1.2 声明包

对于仓颉工程文件夹下的目录 src 及其子目录中的源文件，除了 default 包中的源文件，其他源文件都必须声明包名。包名使用关键字 package 声明，声明包名的语法格式如下：

`package` 包名

包声明必须是 cj 源文件的第 1 行代码（包声明前面可以有注释，但不可以有其他代码）。包名必须反映当前源文件相对于目录 src 的路径，并将其中的路径分隔符替换为点号"."。声明包的示例目录结构如图 13-2 所示：

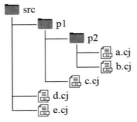

图 13-2 声明包的示例目录结构

由于 a.cj 和 b.cj 相对于目录 src 的路径都为 src\p1\p2，因此 a.cj 和 b.cj 的包声明为：

```
package p1.p2
```

c.cj 的相对路径为 src\p1，对应的包声明为：

```
package p1
```

d.cj 和 e.cj 属于 default 包，无须声明包名。

在给仓颉的源文件和目录命名时，建议使用全小写加下画线的命名风格：文件名和包名可以包含英文字母、数字和下画线；所有英文字母使用小写；多个单词之间以下画线进行分隔。

提示 当前包中的顶层声明不允许与包名或包名中的目录名相同。例如，对于 p1.p2 包中的源文件 a.cj，在 a.cj 中，不允许出现名为 p1 或 p2 的顶层声明。

13.2 顶层声明的可见性

在导入其他包中的顶层声明时，首先要保证待导入的顶层声明是可见的。在 7.2 节中，已经介绍了类的访问控制级别有两种：要么是本包（缺省了可见性修饰符），要么是所有（使用 public 修饰）。本节主要介绍各种顶层声明（如全局变量、全局函数等）的可见性。

13.2.1 顶层声明的默认可见性

所有顶层声明在缺省了可见性修饰符的情况下，都默认是包内可见的。例如，顶层声明默认可见性的示例目录结构如图 13-3 所示。

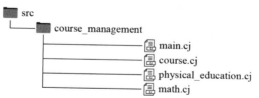

图 13-3 顶层声明默认可见性的示例目录结构

course.cj 的相关代码如下：

```
package course_management

abstract class Course {
    // 代码略
}
```

math.cj 的相关代码如下：

```
package course_management
```

```
class Math <: Course {
    // 代码略
}
```

physical_education.cj 的相关代码如下：

```
package course_management

class PhysicalEducation <: Course {
    // 代码略
}
```

main.cj 的相关代码如下：

```
package course_management

main() {
    let physicalEducation = PhysicalEducation()
    let math = Math()
    // 其他代码略
}
```

course.cj、physical_education.cj、math.cj 和 main.cj 都属于 course_management 包。该包中的顶层声明 Course、Math 和 PhysicalEducation 都没有添加修饰符 public。这 3 个顶层声明都是包内可见的。因此，在 main.cj 中可以访问 PhysicalEducation 类和 Math 类，在 physical_education.cj 和 math.cj 中可以访问 Course 类。

但是这 3 个顶层声明在包外是不可见的。因此，不能从包外访问这 3 个顶层声明。

13.2.2　顶层声明的 public 可见性

使用 public 修饰的顶层声明在所有范围都是可见的。如果需要在一个包中访问另一个包的顶层声明，那么被访问的顶层声明必须是包外可见的，该顶层声明必须使用 public 修饰。

提示　仓颉内置的类型默认都是以 public 修饰的，例如 Int64、Bool 等。

当在 public 顶层声明中使用包外不可见的类型时，仓颉给出了以下 6 点限制。

1. public 顶层函数的定义中，不可以使用包外不可见的类型作为形参类型及返回值类型

在以下示例代码中，C 类是包外不可见的类型。在 public 顶层函数 fn1 中，将类型 C 作为形参类型；在 public 顶层函数 fn2 中，将类型 C 作为返回值类型。这两者都会引发编译错误。

```
// 包外不可见的类型 C
class C {}

// 编译错误：不可以使用包外不可见的类型 C 作为 public 顶层函数 fn1 的形参类型
public func fn1(param: C) {}
```

```
// 编译错误：不可以使用包外不可见的类型 C 作为 public 顶层函数 fn2 的返回值类型
public func fn2(): C {}
```

在 public 顶层函数的函数体中，可以使用本包可见的任意类型（或任意顶层函数），不论该类型（或函数）在包外是否可见。示例程序如代码清单 13-1 所示。

代码清单 13-1　public_visibility_0.cj

```
01  // 包外不可见的类型 C
02  class C {}
03
04  // 包外不可见的顶层函数 fn3
05  func fn3() {}
06
07  // 在 public 顶层函数的函数体中，可以使用包外不可见的类型 C
08  public func fn4() {
09      let c: C = C()
10  }
11
12  // 在 public 顶层函数的函数体中，可以使用包外不可见的顶层函数 fn3
13  public func fn5() {
14      fn3
15  }
```

在以上示例中，在 public 顶层函数 fn4 的函数体中，使用了包外不可见的类型 C。在 public 顶层函数 fn5 的函数体中，使用了包外不可见的顶层函数 fn3。

2. public 顶层变量不可以被声明为包外不可见的类型

在以下示例代码中，C 类是包外不可见的类型。如果将 public 顶层变量 v1 声明为包外不可见的类型 C，将会引发编译错误。即使不显式声明 public 顶层变量的类型，而是经过编译器自动推断将 public 顶层变量推断为包外不可见的类型，也会引发编译错误，例如 v2。

```
// 包外不可见的类型 C
class C {}

public let v1: C = C()  // 编译错误
public let v2 = C()  // 编译错误
```

在 public 顶层变量的初始化表达式中，可以使用本包可见的任意类型（或任意顶层函数），不论该类型（或函数）在包外是否可见。示例程序如代码清单 13-2 所示。

代码清单 13-2　public_visibility_1.cj

```
01  // 包外不可见的类型 C
02  class C {}
03
04  // 包外不可见的顶层函数 fn1
05  func fn1(param: C) {}
06
```

```
07    // 包外不可见的顶层函数 fn2
08    func fn2() {}
09
10    // 在 public 顶层变量的初始化表达式中可以使用包外不可见的类型 C
11    public let v1 = fn1(C())
12
13    // 在 public 顶层变量的初始化表达式中可以使用包外不可见的顶层函数 fn2
14    public let v2: () -> Unit = fn2
```

3. public 类不可以继承包外不可见的类

在以下示例中，Base 类是包外不可见的，public 类 Sub 不可以继承 Base 类。

```
// 包外不可见的类 Base
open class Base {}
```

```
// 编译错误：public 类 Sub 不可以继承包外不可见的类 Base
public class Sub <: Base {}
```

4. public 类型不可以实现或继承包外不可见的接口

在以下示例代码中，接口 I1 是包外不可见的。public 类型 S 不可以实现接口 I1，public 接口 I2 不可以继承接口 I1。

```
// 包外不可见的接口 I1
interface I1 {}
```

```
// 编译错误：public 类型不可以实现包外不可见的接口
public struct S <: I1 {}
```

```
// 编译错误：public 接口不可以继承包外不可见的接口
public interface I2 <: I1 {}
```

5. public 泛型类型的实例中，不可以使用包外不可见的类型作为类型实参

在以下示例代码中，C 类型是包外不可见的。在创建 public 泛型类 GenericClass<T>的实例时，不可以使用 C 作为类型实参。示例程序如代码清单 13-3 所示。

代码清单 13-3   public_visibility_2.cj

```
01    // public 泛型类 GenericClass<T>
02    public class GenericClass<T> {}
03
04    // 包外不可见的类型 C
05    class C {}
06
07    // 编译错误：public 泛型类型 GenericClass 的实例 gc1 中不可以使用包外不可见的类型 C 作为类型实参
08    public let gc1 = GenericClass<C>()
09
10    // 编译通过
11    public let gc2 = GenericClass<Int64>()
12    let gc3 = GenericClass<C>()
```

6. public 泛型类型的泛型约束中，不可以使用包外不可见的类型

在以下示例代码中，接口 I 和 Base 类是包外不可见的。在泛型类型 S<T> 和 C<T> 的泛型约束中，不可以使用接口 I 和 Base 类。

```
// 包外不可见的接口 I
interface I {}

// 包外不可见的类型 Base
open class Base {}

// 编译错误：public 泛型类型的泛型约束中不可以使用包外不可见的类型
public struct S<T> where T <: I {}
public class C<T> where T <: Base {}
```

13.3 顶层声明的导入

对于需要从其他包中导入的顶层声明，在确认了其可见性为 public 之后，就可以在当前包中导入并直接使用了。

13.3.1 使用 import 导入其他包中的 public 顶层声明

仓颉使用关键字 import 导入其他包中的 public 顶层声明。

在仓颉源文件中，包声明必须位于第 1 行代码（注释不是有效的代码），然后是所有 import 组成的代码块，最后是其他代码。举例如下：

```
// 包声明，仓颉源文件的第 1 行代码
package course_management

// import 组成的代码块
from std import format.*
from std import collection.ArrayList

// 其他代码
main() {
    // 代码略
}
```

1. 导入单个顶层声明

导入其他包中的单个顶层声明的语法格式为：

```
[from 模块名] import 包名.顶层声明
```

如果要导入的顶层声明在当前模块中，那么可以缺省模块名。

例如，导入单个顶层声明的示例目录结构（工程文件夹名为 cangjie）如图 13-4 所示。

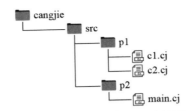

图 13-4　导入单个顶层声明的示例目录结构

c1.cj 的相关代码如下：

```
package p1

public class C1 {}
```

c2.cj 的相关代码如下：

```
package p1

public class C2 {}
```

main.cj 的相关代码如下：

```
package p2

import p1.C1   // 导入 p1 包中的 C1 类
import p1.C2   // 导入 p1 包中的 C2 类

main() {
    // 使用导入的 C1 类和 C2 类
    let c1 = C1()
    let c2 = C2()
}
```

在 p1 包中有两个 public 顶层声明 C1 类和 C2 类。在当前模块的 p2 包的 main.cj 中，使用 import 分别导入了 p1 包中的 C1 类和 C2 类，之后在 main 中就可以直接使用导入的 C1 类和 C2 类了。

在以上示例中，由于 p1 和 p2 包属于同一个模块，因此在导入时可以缺省模块名。如果将导入的代码写完整，可以添加上模块名：

```
from cangjie import p1.C1
from cangjie import p1.C2
```

模块名即为工程文件夹的名称。

2. 导入多个顶层声明

使用 import 可以一次性导入其他包中的多个顶层声明。

如果需要导入的多个顶层声明属于同一个包，那么可以使用以下语法：

```
[from 模块名] import 包名.{顶层声明 1, 顶层声明 2, ······}
```

以上代码等价于：

```
[from 模块名] import 包名.顶层声明 1, 包名.顶层声明 2, ······
```

例如，对于上面的示例，可以使用以下代码一次性导入 p1 包中的 C1 类和 C2 类：

```
import p1.{C1, C2}
```

也可以写作：

```
import p1.C1, p1.C2
```

如果需要导入的多个顶层声明不属于同一个包，但属于同一个模块，那么可以使用以下语法导入：

```
[from 模块名] import 包名 1.顶层声明 1, 包名 2.顶层声明 2, ······
```

举例如下：

```
from std import collection.HashSet, math.abs
```

以上代码一次性导入了标准库 collection 包中的 HashSet 类以及 math 包中的 public 顶层函数 abs。

3. 导入所有顶层声明

如果需要一次性导入其他包中所有的 public 顶层声明，可以使用以下语法：

```
[from 模块名] import 包名.*
```

例如，可以使用以下代码导入标准库 format 包中所有的 public 顶层声明：

```
from std import format.*
```

注意，在编程时，建议尽量避免使用 "*" 导入所有顶层声明，而是应该明确列出需要导入的顶层声明。否则，我们无法直接从代码中看出导入了其他包中的哪些顶层声明，也无法直接判断某个顶层声明是从哪个包中导入的，这样会降低程序的可读性。

提示　main 不可以被 public 修饰。在导入包中的所有 public 顶层声明时，如果包中有 main，那么 main 不会被导入。

4. 自动导入 core 包中的顶层声明

仓颉标准库 core 包中的所有 public 顶层声明，都会被自动导入到源代码中。因此，可以直接使用 core 包中的 public 顶层声明，例如 Array、String、ToString、Option 等。举例如下：

```
// 这里相当于有一句 from std import core.*

main() {
    let arr = Array([1, 2, 3, 4, 5])  // Array 是定义在 core 包中的类型
    println(arr)
}
```

5. 注意事项

在导入顶层声明时，有以下 6 点注意事项。

（1）当前源文件中导入的顶层声明，在该源文件所属包的所有其他源文件中也是可见的，可以直接使用，无须在其他源文件中重复导入。

（2）不可以导入当前源文件所属包的顶层声明。

（3）包之间不可以存在循环依赖导入。例如，如果 p1 包导入了 p2 包中的顶层声明，那么 p2 包就不可以再导入 p1 包中的顶层声明。

（4）对于导入的顶层声明，既可以直接使用其名称，也可以在其名称前添加前缀限定，形式可以为"包名.顶层声明"或"模块名.包名.顶层声明"。示例程序如代码清单 13-4 所示。

代码清单 13-4　import_public.cj

```
01    from std import collection.ArrayList
02
03    main() {
04        // 直接使用顶层声明的名称
05        let arrList1 = ArrayList<Int64>()
06
07        // 加上前缀包名
08        let arrList2 = collection.ArrayList<Int64>()
09
10        // 加上前缀模块名和包名
11        let arrList3 = std.collection.ArrayList<Int64>()
12    }
```

（5）如果从其他包中导入的顶层声明与当前包中的顶层声明重名且不构成函数重载，那么导入的顶层声明会被本包中同名的顶层声明屏蔽；此时可以使用"包名.顶层声明"的方式来访问导入的顶层声明。

（6）如果从其他包中导入的顶层函数与当前包中的顶层函数构成重载，调用函数时会根据函数重载的规则来决定调用哪一个函数。

13.3.2　使用 import as 进行重命名

在同一个包中不允许存在同名的顶层声明，但在不同的包中可能会存在同名的顶层声明。当导入不同包中的同名顶层声明时，为了避免同名冲突，可以使用 import as 对导入的顶层声明进行重命名。其语法格式如下：

[**from** 模块名] **import** 包名.顶层声明 **as** 新名称

需要注意的是，导入的同一个顶层声明只能被重命名一次。

提示　即使不存在同名冲突，也可以使用 import as 对导入的顶层声明进行重命名。

使用 import as 重命名的示例目录结构如图 13-5 所示。

图 13-5　使用 import as 重命名的示例目录结构

c1.cj 的相关代码如下：

```
package p1

public class C {}
```

c2.cj 的相关代码如下：

```
package p2

public class C {}
```

main.cj 的相关代码如下：

```
import p1.C as C1
import p2.C as C2

main() {
    let c1 = C1()
    let c2 = C2()
}
```

在 p1 和 p2 包中存在同名的 public 顶层声明 C。在 main.cj 中导入 p1 包中的顶层声明 C 并重命名为 C1，导入 p2 包中的顶层声明 C 并重命名为 C2。此时，在 main 中就可以使用新的名称 C1 和 C2 来访问这 2 个顶层声明了。

在使用 import as 对导入的顶层声明重命名之后，在当前包中就只能使用重命名之后的新名称，而无法使用原名称了。

在以上示例中，也可以不使用 import as 对 p1 和 p2 包中的顶层声明 C 进行重命名。此时在代码中需要访问 C 时，必须添加前缀限定，即访问 p1 包中的 C 时使用 p1.C，访问 p2 包中的 C 时使用 p2.C。

提示　在同一个模块中不允许存在同名的包，但在不同的模块中可能会存在同名的包。当导入不同模块的同名包的顶层声明时，可以通过 "模块名.包名.顶层声明" 的方式加以区分，也可以使用 import as 对导入的顶层声明所在的包进行重命名。其语法格式如下：

```
[from 模块名] import 包名.* as 新包名.*
```

13.3.3 使用 public import 对导入的顶层声明重导出

在介绍使用 public import 对导入的顶层声明重导出的相关内容之前，先看一个例子。使用 public import 重导出的示例目录结构如图 13-6 所示：

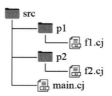

图 13-6　使用 public import 重导出的示例目录结构

f1.cj 的相关代码如下：

```
package p1

public class C {}
```

f2. cj 的相关代码如下：

```
package p2

import p1.C

public func fn() {
    C()
}
```

在 p2 包中导入了 p1 包的顶层声明 C，p2 包中的 public 顶层函数 fn 的返回值类型为 C。在 main.cj 的 main 中，有以下代码：

```
main() {
    let v: C = fn()
}
```

main.cj 属于 default 包。如果要使得以上代码能够正常运行，那么在 main.cj 中 p1 包中的 C 和 p2 包中的 fn 都必须是可见的。根据之前所学的知识，我们可以在 main.cj 的源文件开头导入 C 和 fn。修改后的 main.cj 如下所示：

```
import p1.C
import p2.fn

main() {
    let v: C = fn()
}
```

在实际的项目开发过程中，如果项目的功能比较复杂，代码的规模较大，那么很容易遇到这种场景：在 p2 包中大量导入了 p1 中的顶层声明，当 p3 包导入 p2 包中的顶层声明时，需要 p1 包中的顶层声明也对 p3 包可见。在这种情况下，一个解决方案是，在 p3 包中导入需要使用的 p1 包中的顶层声明。这种解决方案针对简单的程序或项目是可行的，但对大型项目来说，过程可能会过于烦琐。

此时，我们可以考虑使用 public import 对导入的顶层声明进行重导出。如果在 p2 包中导入 p1 包中的顶层声明时，使用 public import 对导入的顶层声明进行了重导出，那么当 p3 包导入 p2 包中的顶层声明时，可以一并导入并使用 p2 包中重导出的内容，无须再从 p1 包中导入。

接下来，修改一下以上示例。先修改 f2.cj，在其中使用"public import"导入 p1 包中的顶层声明 C 并将其重导出。这样就相当于在 p2 包中定义了一个新的顶层声明 C。修改后的 f2.cj 如下所示：

```
package p2

public import p1.C

public func fn() {
    C()
}
```

接着修改 main.cj。在 main.cj 中，导入 p2 包中所有需要导入的 public 顶层声明。修改后的 main.cj 如下所示：

```
import p2.{fn, C}   // 或者，也可以写作 import p2.*

main() {
    let v: C = fn()
}
```

这样，main.cj 就无须从 p1 包中导入 C 了。

本章需要达成的学习目标

☐　了解模块和包的基本概念。

☐　学会声明包。

☐　了解各种顶层声明的可见性。

☐　掌握使用 import 导入 public 顶层声明的方法。

☐　学会使用 import as 对顶层声明或包进行重命名。

☐　学会使用 public import 对导入的顶层声明进行重导出。

第 14 章

扩展

对于某个已有的类型，如果我们希望为其添加新功能，但不希望修改该类型的源代码，或者有时根本无法获取该类型的源代码，那么可以使用扩展。使用扩展可以为当前包可见的类型（除函数、接口和元组外）添加新功能。

通过本章的学习，你将学会对已有类型进行直接扩展和接口扩展，并掌握这两种扩展导出和导入的规则。

14.1 直接扩展和接口扩展

扩展可以添加的功能如下：

■ 添加新的成员函数或成员属性；

■ 实现新的接口。

如果一个扩展没有实现新的接口，那么该扩展就是直接扩展。如果一个扩展实现了新的接口，那么该扩展就是接口扩展。

14.1.1 定义和使用直接扩展

直接扩展的语法格式如下：

```
extend 被扩展的类型名 {
    添加的成员函数或成员属性
}
```

直接扩展使用关键字 extend 声明。被扩展的类型必须是当前包中可见的类型，并且不可以是函数、接口和元组。

在代码清单 14-1 中，定义了一个表示圆的 Circle 类。该类定义了 1 个 private 成员变量 radius 以及对应的成员属性 propRadius，还定义了 1 个成员函数 updateRadius。

代码清单 14-1　circle.cj

```
01    class Circle {
02        private var radius: Int64  // 圆的半径
```

```
03
04         init(radius: Int64) {
05             this.radius =radius
06         }
07
08         mut prop propRadius: Int64 {
09             get() {
10                 radius
11             }
12
13             set(radius) {
14                 this.radius = radius
15             }
16         }
17
18         func updateRadius(radius: Int64) {
19             propRadius = radius
20         }
21     }
```

接下来扩展 Circle 类，为其添加 1 个成员函数。在 circle.cj 的 Circle 类之后添加一些代码，如代码清单 14-2 所示。

代码清单 14-2　circle.cj

```
22     extend Circle {
23         public func printRadius() {
24             println("半径: ${this.propRadius}")  // this 可以省略
25         }
26     }
```

在第 22～26 行代码中，我们为 Circle 类添加了一个扩展。在该扩展中为 Circle 类添加了 1 个成员函数 printRadius，用于输出圆的半径。在函数 printRadius 中，使用 this 访问了 Circle 类的成员属性 propRadius（第 24 行代码）。在为 Circle 类扩展了函数 printRadius 之后，就可以在当前包中通过 Circle 对象直接调用这个函数了，就好像 Circle 类本来就具有这个函数一样。

在 circle.cj 的末尾添加 main，如代码清单 14-3 所示。

代码清单 14-3　circle.cj

```
27     main() {
28         let circle = Circle(3)
29         circle.printRadius()
30
31         circle.updateRadius(5)
32         circle.printRadius()
33     }
```

编译并执行以上代码，输出结果为：

```
半径: 3
半径: 5
```

直接扩展只能为被扩展的类型添加**新的**成员函数或成员属性，并且，添加的成员函数和成员属性必须拥有实现。例如，上面示例中添加的成员函数 printRadius。

提示　直接扩展不可以添加成员变量。

在扩展（**包括直接扩展和接口扩展**）中访问被扩展类型的成员时，需要注意以下 3 点。

- 在扩展中不能访问被扩展类型的 private 成员。例如在上例中，Circle 的扩展不可以访问 Circle 类的 private 成员变量 radius。
- 在扩展中可以使用 this 访问被扩展类型的非 private 实例成员（this 的用法与在被扩展的类型中一样，视情况可以省略）。例如，上例中在函数 printRadius 中使用 this.propRadius 访问 Circle 的非 private 实例成员属性 propRadius。
- 在扩展中不允许使用 super 访问被扩展类型的父类的实例成员。

对同一类型可以扩展（包括直接扩展和接口扩展）多次，不管是否在同一个包内。

接下来，在 circle.cj 中对 Circle 再直接扩展一次，为其添加另一个成员函数 calcArea。

首先，在 circle.cj 的开头使用如下代码导入标准库 math 包中的 MathExtension 接口：

```
from std import math.MathExtension
```

接着在 main 之前添加扩展，如代码清单 14-4 所示。

代码清单 14-4　circle.cj

```
01   extend Circle {
02       public func calcArea() {
03           printRadius()
04           Float64.PI * Float64(propRadius) ** 2   // Float64.PI 表示圆周率
05       }
06   }
```

如果在同一个包中对同一类型扩展了多次，那么在其中一个扩展中可以直接访问另一个扩展中的非 private 成员。例如，在上面的代码中，函数 calcArea 直接调用了第一次扩展的函数 printRadius（第 3 行代码）。

继续修改 circle.cj，在源文件开头使用如下代码导入标准库 format 包中的所有 public 顶层声明：

```
from std import format.*
```

然后修改 main，修改后的代码如下：

```
main() {
    let circle = Circle(3)
    println("面积: ${circle.calcArea().format(".2")}")
```

```
        circle.updateRadius(5)
        println("面积: ${circle.calcArea().format(".2")}")
    }
```

编译并执行以上示例程序，输出结果为：

```
半径: 3
面积: 28.27
半径: 5
面积: 78.54
```

> **提示**　在以上示例中，使用了 Float64.PI，这是仓颉提供的科学常数，用于表示圆周率 π。
> 仓颉提供了 3 个类型的圆周率可供选择：Float16.PI、Float32.PI 和 Float64.PI。另外，
> 仓颉也提供了 3 个类型的自然常数 e 可供使用：Float16.E、Float32.E 和 Float64.E。
> 在使用以上圆周率或自然常数时，需要先导入标准库 math 包中的 MathExtension
> 接口。

　　在使用直接扩展为被扩展的类型添加**新成员**时，添加的成员既不允许和该类型中已有的成员同名，也不允许和该类型的其他扩展的可见成员同名，除非添加的成员函数构成了重载。例如，如果在当前包中再次直接扩展 Circle 类，那么添加的成员不能和 Circle 类的成员 propRadius 和 updateRadius 同名，也不能和之前扩展添加的 2 个成员函数 printRadius 和 calcArea 同名，除非再次添加的成员函数和这 3 个成员函数当中的某一个构成了重载。

　　最后，讨论一下修饰符。对扩展（包括直接扩展和接口扩展）而言，主要存在以下 3 点注意事项。

- 扩展本身不能使用任何修饰符。
- 扩展的成员不可以使用修饰符 open、override 和 redef，可以使用修饰符 static、operator 和 mut。其中，当修饰函数时，mut 仅限 struct 类型使用。
- 关于可见性修饰符，直接扩展的成员可以使用 public、protected 和 private。其中，protected 仅限于 class 类型使用；使用 private 修饰的成员仅在本扩展可见。接口扩展的成员必须使用 public 修饰。

14.1.2　定义和使用接口扩展

接口扩展的语法格式如下：

```
extend 被扩展的类型名 <: 接口 1 [& 接口 2 & …… & 接口 n] {
    接口成员的实现
}
```

　　与直接扩展一样，接口扩展也使用关键字 extend 声明。被扩展的类型必须是当前包中可见的类型，并且不可以是函数、接口和元组。接口扩展允许为被扩展的类型实现新的接口，并且可以使同一个扩展同时实现多个接口。如果有多个接口，接口之间以 "&" 分隔，接口的书写

顺序没有要求。

下面对 14.1.1 节中的 Circle 类进行一次接口扩展，使 Circle 类实现 ToString 接口，以便可以使用 println 函数输出 Circle 实例。继续修改 circle.cj，在 main 前面添加接口扩展，如代码清单 14-5 所示。

代码清单 14-5　circle.cj

```
01   // 接口扩展
02   extend Circle <: ToString {
03       // 实现 ToString 接口中的 toString 函数
04       public func toString() {
05           "Circle(${propRadius})"
06       }
07   }
```

然后修改 main，修改后的代码如下：

```
main() {
    let circle = Circle(3)

    // 由于 Circle 实现了 ToString 接口，因此可以直接用 println 输出 Circle 实例
    println(circle)
}
```

编译并执行以上示例程序，输出结果为：

```
Circle(3)
```

当对某个类型进行接口扩展时，如果该类型或其扩展中已经包含了指定接口中的成员，那么在接口扩展中不能重新实现这些成员，否则会引发编译错误。例如，首先在 circle.cj 中添加以下接口：

```
interface Calculable {
    // 计算面积
    func calcArea(): Float64

    // 计算周长
    func calcPerimeter(): Float64
}
```

然后为 Circle 类再添加一个接口扩展，使其实现接口 Calculable，或者直接修改上一次添加的接口扩展。修改后的代码如代码清单 14-6 所示。

代码清单 14-6　circle.cj

```
01   // 同时实现两个接口的接口扩展
02   extend Circle <: ToString & Calculable {
03       public func toString() { }   // 代码略
```

```
04
05          // 实现接口 Calculable 中的函数 calcPerimeter
06          public func calcPerimeter() {
07              Float64.PI * Float64(2 * propRadius)
08          }
09      }
```

最后，修改 main，代码如下：

```
main() {
    let circle = Circle(3)
    println(circle)
    println("面积: ${circle.calcArea().format(".2")}")
    println("周长: ${circle.calcPerimeter().format(".2")}")
}
```

编译并执行以上示例程序，输出结果为：

```
Circle(3)
半径: 3
面积: 28.27
周长: 18.85
```

Calculable 接口中有两个成员：calcArea 和 calcPerimeter。在 Circle 类及其扩展中已经包含了 calcArea，因此在 Circle 类的接口扩展中，只能实现 calcPerimeter，不能重新实现 calcArea。

在使用接口扩展时需要注意，为了防止通过接口扩展为某个类型意外实现不合适的接口，仓颉不允许定义孤儿扩展。孤儿扩展指的是既不与接口（包含接口继承树上的所有接口）定义在同一个包中，也不与被扩展类型定义在同一个包中的接口扩展。这被称为接口扩展的孤儿规则。

例如，孤儿规则的示例目录结构如图 14-1 所示。

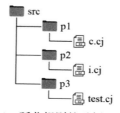

图 14-1　孤儿规则的示例目录结构

在 p1 包的 c.cj 中有一个 C 类，在 p2 包的 i.cj 中有一个接口 I。如果需要对 C 进行接口扩展使其实现接口 I，可以在 p1 或 p2 包中对 C 进行接口扩展，但是不可以在其他包（例如 p3 包）中对 C 进行接口扩展。

14.1.3　扩展泛型类型

对泛型类型也可以进行扩展（包括直接扩展和接口扩展）。在对泛型类型进行扩展时，需要注意以下 3 点。

- 扩展中的类型形参的名称不需要与被扩展泛型类型的类型形参相同（但个数要相同）。
- 扩展中的类型形参会隐式引入被扩展类型的泛型约束。
- 扩展中可以声明额外的泛型约束。

在仓颉标准库的 collection 包中，定义了一个泛型类 HashSet<T>，相关代码如下：

```
public class HashSet<T> <: Set<T> where T <: Hashable & Equatable<T> {
    // 代码略
}
```

在 collection 包中，定义了一个对 HashSet<T>的接口扩展，用于实现 ToString 接口，相关代码如下：

```
extend HashSet<T> <: ToString where T <: ToString {
    // 代码略
}
```

在以上对 HashSet<T>的接口扩展中，类型形参 T 会隐式引入 HashSet<T>定义时的泛型约束：

```
where T <: Hashable & Equatable<T>
```

并且，该接口扩展还声明了额外的泛型约束：

```
where T <: ToString
```

当然，以上接口扩展中类型形参也可以不使用"T"，而使用其他类型标识符。

14.2　扩展的导出和导入

一个包中的扩展可以被另一个包导入。**扩展只有在能够被导出的前提下，才能够被导入。** 本节主要介绍扩展的导出和导入规则。

14.2.1　导出和导入直接扩展

直接扩展的**导出规则**为：只有当被扩展的类型与扩展在同一个包中，并且被扩展的类型使用了 public 修饰时，扩展的 public 或 protected 成员才可以被导出。

直接扩展的**导入规则**为：只需要在其他包中**导入被扩展的类型**，就会自动导入扩展的 public 或 protected 成员。

导出和导入直接扩展的示例目录结构如图 14-2 所示。

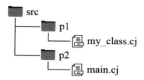

图 14-2　导出和导入直接扩展的示例目录结构

my_class.cj 的相关代码如下：

```
package p1

// MyClass 使用了修饰符 public
public class MyClass {}

// 直接扩展与被扩展的类型 MyClass 在同一个包中
extend MyClass {
    // public 成员 fn1 可以被导出
    public func fn1() {
        println("fn1")
    }

    // fn2 不可以被导出，只能在本包中使用
    func fn2() {
        println("fn2")
    }
}
```

main.cj 的相关代码如下：

```
package p2

import p1.MyClass   // 导入被扩展的类型，即会自动导入直接扩展的 public 或 protected 成员

main() {
    let myClass = MyClass()
    myClass.fn1()   // 使用导入的 public 成员 fn1
}
```

在 p1 包中，对 public 修饰的 MyClass 类进行了直接扩展。扩展中有一个 public 成员 fn1 和一个缺省了可见性修饰符的成员 fn2。由于被扩展的类型 MyClass 和直接扩展在同一个包中，且 MyClass 是由 public 修饰的，因此 MyClass 的直接扩展的 public 或 protected 修饰的成员都可以被导出。在本示例中，函数 fn1 可以被导出，而 fn2 则不可以被导出。

在 p2 包中，导入了 MyClass，这样也会自动导入扩展的 fn1。因此，在 main 中可以通过 MyClass 的实例 myClass 直接调用 fn1。

14.2.2　导出和导入接口扩展

接口扩展的**导出规则**分为以下两种情况。

- 如果**被扩展的类型**和**接口扩展**在同一个包中，但接口是导入自另一个包，那么只有当**被扩展的类型**使用了 public 修饰时，接口扩展的 public 成员才会被导出。
- 如果**接口扩展**和**接口**在同一个包中，那么只有当接口使用了 public 修饰时，接口扩展的 public 成员才会被导出。

接口扩展的**导入规则**为：只需要在其他包中同时导入**被扩展的类型**和**接口**，就会自动导入接口扩展的 public 成员。

首先来看第一种情况。导出和导入接口扩展的示例目录结构如图 14-3 所示。

图 14-3　导出和导入接口扩展的示例目录结构

c.cj 的相关代码如下：

```
package p1

// 被扩展类型 C 使用了 public 修饰
public class C {}

// 被扩展的类型 C 和接口扩展在同一个包中，ToString 接口导入自 core 包
extend C <: ToString {
    // 接口扩展的 public 成员 toString 可以被导出
    public func toString() {
        "C"
    }
}
```

main.cj 的相关代码如下：

```
// ToString 接口被自动导入了，无须手动导入
import p1.C  // 同时导入被扩展的类型 C 和 ToString 接口，即可自动导入 toString 函数

main() {
    let c = C()
    println(c)  // 使用 println 输出 c 时会自动调用 C 类型的函数 toString
}
```

在这个示例中，被扩展的类型 C 和接口扩展在同一个 p1 包中，但 ToString 接口是导入自另一个包（ToString 接口在 core 包中，自动导入）。由于被扩展类型 C 使用了修饰符 public，因此该接口扩展的 public 成员 toString 可以被导出。

在 default 包的 main.cj 中，同时导入了被扩展的类型 C 和 ToString 接口（ToString 接口是自动导入的），这样就自动导入了接口扩展的 public 函数 toString。因此，在 main 中使用 println 输出 C 类的实例 c 时，会自动调用 toString 函数。

对于接口扩展导出的第二种情况，我们可以参考一下仓颉标准库 format 包中的相关代码。在标准库的 format 包中，定义了一个 Formatter 接口以及一些接口扩展。

```
public interface Formatter {
    func format(fmt: String): String
}
```

这里只举其中一个接口扩展作为示例：

```
extend Float64 <: Formatter {
    public func format(fmt: String): String
}
```

在 format 包中，对各种内置类型进行了接口扩展，使这些类型实现了 Formatter 接口，这样就可以通过这些类型的实例调用 format 函数来进行格式化输出。

在这个示例中，接口扩展和接口在同一个包中，并且 Formatter 接口是使用 public 修饰的，因此接口扩展中的 public 成员 format 可以被导出。

接下来，在目录 src 下新建一个 main.cj，在其中导入 Formatter 接口。代码如下：

```
from std import format.Formatter

main() {
    let x: Float64 = 9.46732434313
    println(x.format(".2"))   // 输出: 9.47
}
```

在 main.cj 中，同时导入了被扩展的类型 Float64（内置类型 Float64 类型无须手动导入）和 Formatter 接口，这样就自动导入了接口扩展的 public 成员 format。因此，可以在 main 中通过 Float64 类型的实例 x 直接调用 format 函数进行格式化输出。

提示　在之前的示例中，使用的是以下代码：

```
from std import format.*
```

实际上可以替换为以下代码：

```
from std import format.Formatter
```

本章需要达成的学习目标

☐ 学会定义和使用直接扩展。

☐ 学会定义和使用接口扩展。

☐ 了解对泛型类型进行扩展的规则。

☐ 掌握直接扩展导出和导入的规则。

☐ 掌握接口扩展导出和导入的规则。

第 15 章

数值和字符串操作

15

在编程时，数值操作和字符串操作都是非常常见且重要的操作，在许多场景下都有应用。仓颉标准库（std 模块）为我们提供了很多实用的包，其中包括了一些用于数值和字符串操作的包。

通过本章的学习，你将学会生成各种随机数据的方法，了解一些基本的数学操作，并学会对数值类型进行格式化输出。最后，你还将掌握各种字符串操作，例如查找、替换、分割等。

15.1 生成随机数据

在许多情况下，我们可能需要生成随机数据，例如在执行模拟、生成随机样本或开发游戏时。标准库的 random 包提供了用于随机数生成的 Random 类。

15.1.1 生成各种类型的随机数据

通过 Random 类的成员函数，可以生成各种类型的随机数据。Random 类用于生成随机数的主要函数如表 15-1 所示。

表 15-1 Random 类用于生成随机数的主要函数

用途	函数	功能
生成布尔类型随机数	nextBool	随机生成一个布尔类型的值
生成整数类型随机数	nextUInt8	随机生成一个 UInt8 类型的值
	nextUInt16	随机生成一个 UInt16 类型的值
	nextUInt32	随机生成一个 UInt32 类型的值
	nextUInt64	随机生成一个 UInt64 类型的值
	nextInt8	随机生成一个 Int8 类型的值
	nextInt16	随机生成一个 Int16 类型的值
	nextInt32	随机生成一个 Int32 类型的值
	nextInt64	随机生成一个 Int64 类型的值
生成浮点类型随机数	nextFloat16	随机生成一个 Float16 类型的值
	nextFloat32	随机生成一个 Float32 类型的值
	nextFloat64	随机生成一个 Float64 类型的值

在生成随机数之前，需要先创建一个 Random 对象，然后通过该 Random 对象调用上表中的成员函数生成各种随机数据。示例程序如代码清单 15-1 所示。

代码清单 15-1　random_types.cj

```
01  from std import random.Random   // 导入 Random 类
02
03  main() {
04      let rnd = Random()   // 创建 Random 对象
05
06      let rndBool = rnd.nextBool()   // 生成一个随机布尔数据
07      println(rndBool)
08
09      let rndI8 = rnd.nextInt8()   // 生成一个 Int8 类型的随机数
10      println(rndI8)
11
12      let rndF32 = rnd.nextFloat32()   // 生成一个 Float32 类型的随机数
13      println(rndF32)
14  }
```

15.1.2　生成指定范围内的随机整数

表 15-1 中所有用于生成整数类型随机数的函数，都可以传入一个相同类型的参数 upper，用于限定生成的随机数的上限。例如，对于 nextUInt8 函数，可以传入一个 UInt8 类型的参数 upper。

如果在调用这 8 个函数时传入了参数 upper，就可以得到在 0..upper 这个区间范围之内的一个随机整数。注意，参数 upper 不能小于或等于 0。示例程序如代码清单 15-2 所示。

代码清单 15-2　random_upper.cj

```
01  from std import random.Random
02
03  main() {
04      let rnd = Random()
05
06      // 生成一个 0..10 之内 Int8 类型的随机数
07      let rndI8 = rnd.nextInt8(10)
08      println(rndI8)
09
10      // 生成一个 0..100 之内的 Int64 类型的随机数
11      let rndI64 = rnd.nextInt64(100)
12      println(rndI64)
13  }
```

利用参数 upper，可以使用以下表达式来生成一个自定义范围 start..end 之内的随机整数（以nextInt64 函数为例）：

```
rnd.nextInt64(end - start) + start
```

以上表达式中的 nextInt64 函数可以替换为其他生成随机整数的函数。举例如下：

```
from std import random.Random

main() {
    let rnd = Random()

    // 生成一个-100..100 之内 Int16 类型的随机数
    let rndI16 = rnd.nextInt16(200) - 100
    println(rndI16)

    // 生成一个 100..1000 之内的 UInt32 类型的随机数
    let rndU32 = rnd.nextUInt32(900) + 100
    println(rndU32)
}
```

15.1.3 复现随机数据

在编程和数据科学中，为了保证结果的可重复性，常常需要复现相同的随机数据。通过设置随机数种子（seed）的方式可以复现相同的数据。

Random 类有一个 seed 属性，表示随机数种子，可以通过两种方式设置 seed 值。

■ 在创建 Random 对象时传入一个 UInt64 类型的参数作为种子。

■ 修改 Random 实例的成员属性 seed 设置种子的大小。

示例程序如代码清单 15-3 所示。

代码清单 15-3 random_seed.cj

```
01    from std import random.Random
02    from std import collection.ArrayList
03
04    main() {
05        let rnd = Random(30)    // 创建 Random 对象，种子大小为 30
06        let randomNumbers = ArrayList<Int8>()    // 用于存储随机数的动态数组
07
08        // 生成 10 个 Int8 类型的随机整数，存入 randomNumbers
09        for (_ in 0..10) {
10            randomNumbers.append(rnd.nextInt8())
11        }
12        println(randomNumbers)
13    }
```

多次编译并执行以上代码，每次输出的结果均是相同的。若将以上代码中的种子删去，则多次运行代码产生的随机数都是不同的。

如果在创建 Random 对象时没有传入种子，在对象创建完成之后可以通过修改 Random 的 seed 属性来设置种子的大小。将以上示例中的代码：

```
let rnd = Random(30)
```

修改为以下代码：

```
let rnd = Random()
rnd.seed = 30
```

运行效果也是相同的。

15.1.4　生成随机数组

Random 类提供了一个成员函数 nextUInt8s。该函数只有一个参数，类型为 Array<UInt8>。使用该函数可以快速将一个 UInt8 类型的数组的每个元素都替换为随机数。举例如下：

```
from std import random.Random

main() {
    let arr = Array<UInt8>(5, item: 0)   // 元素值都为 0 的数组
    println("原始数组: ${arr}")

    let rnd = Random()
    rnd.nextUInt8s(arr)   // 调用 nextUInt8s 函数替换数组元素为随机数
    println("替换后的数组: ${arr}")
}
```

编译并执行以上代码，就可以得到一个所有元素都被替换为 UInt8 类型随机数的数组 arr。

15.2　通用的数学操作

计算三角函数和双曲函数在物理模拟、计算机图形学以及其他涉及几何计算的场景中是非常有用的操作，而对浮点数取整常用于对数据进行离散化等任务。另外，求绝对值、开方运算、指数对数运算等也是很基本的数学操作。标准库的 math 包提供了一些通用的数学操作，其中包括一些常用的数学函数。

15.2.1　计算三角函数与双曲函数

math 包提供的与三角函数和双曲函数相关的函数如表 15-2 所示。

表 15-2　与三角函数和双曲函数相关的函数

数学函数类型	函数	功能
三角函数	sin(x)	返回 x 的正弦值
	cos(x)	返回 x 的余弦值
	tan(x)	返回 x 的正切值

续表

数学函数类型	函数	功能
反三角函数	asin(x)	返回 x 的反正弦值
	acos(x)	返回 x 的反余弦值
	atan(x)	返回 x 的反正切值
双曲函数	sinh(x)	返回 x 的双曲正弦值
	cosh(x)	返回 x 的双曲余弦值
	tanh(x)	返回 x 的双曲正切值
反双曲函数	asinh(x)	返回 x 的反双曲正弦值
	acosh(x)	返回 x 的反双曲余弦值
	atanh(x)	返回 x 的反双曲正切值

表 15-2 中的所有函数的参数可以是任何浮点类型，但三角函数的参数 x 要求是弧度；返回值类型均与参数类型相同。

如果需要计算角度对应的三角函数，需要使用以下公式将角度制转换为弧度制：

```
弧度 = 角度 * 圆周率 / 180.0
```

举例如下：

```
from std import math.*
from std import format.Formatter

main() {
    var x = 30.0 * Float64.PI / 180.0   // 30 度对应的弧度

    // 计算三角函数
    println("正弦: ${sin(x).format(".4")}")
    println("余弦: ${cos(x).format(".4")}")
    println("正切: ${tan(x).format(".4")}")
}
```

编译并执行以上代码，输出结果为：

```
正弦: 0.5000
余弦: 0.8660
正切: 0.5774
```

在使用 math 包中的函数时，除了需要注意参数类型，还需要注意各种数学函数本身对定义域的要求。例如，反正弦函数 asin 的定义域是[-1, 1]，因此不能传入超出该范围的实参。

除了提供了通用的数学函数，math 包中还定义了一个 MathExtension 接口以及一系列接口扩展，使得我们可以访问与具体数值类型相关的一些常数，其中两个主要的科学常数是自然常数 e 和圆周率 π。举例如下：

```
from std import math.MathExtension   // 导入 MathExtension 接口
```

```
main() {
    println(Float64.PI)   // 访问 Float64 类型的圆周率，输出: 3.141593
    println(Float16.PI)   // 访问 Float16 类型的圆周率，输出: 3.140625
    println(Float64.E)    // 访问 Float64 类型的自然常数，输出: 2.718282
    println(Float16.E)    // 访问 Float16 类型的自然常数，输出: 2.718750
}
```

15.2.2　对浮点数取整

math 包中提供了 4 个函数用于对浮点数取整，如表 15-3 所示。

表 15-3　对浮点数取整的函数

函数	功能
ceil(x)	对 x 进行向上取整
floor(x)	对 x 进行向下取整
trunc(x)	对 x 的小数部分进行截断操作
round(x)	对 x 进行舍入运算

表 15-3 中的所有函数的参数可以是任何浮点类型，且返回值类型均与参数类型相同。

表中的 4 个函数都可以用于对浮点数进行取整，但是它们的运算规则是不同的。

- ceil 函数是对参数 x 向上取整，即取大于等于 x 的最小整数。
- floor 函数是对参数 x 向下取整，即取小于等于 x 的最大整数。
- trunc 函数是直接截去参数 x 的小数部分，保留整数部分。
- round 函数是对参数 x 进行舍入操作。当 x 的小数部分大于 0.5 时，整数部分进 1；当 x 的小数部分小于 0.5 时，舍去整数部分；当 x 的小数部分恰好是 0.5 时，舍入成最接近参数的偶数。

需要注意的是，这 4 个函数的返回值的小数部分均为 0，但是这些返回值仍然是浮点类型，并不是整数类型。示例程序如代码清单 15-4 所示。

代码清单 15-4　math_integer.cj

```
01    from std import math.*
02    from std import format.Formatter
03
04    main() {
05        // 向上取整
06        println(ceil(10.1).format(".2"))    // 输出: 11.00
07        println(ceil(10.5).format(".2"))    // 输出: 11.00
08        println(ceil(10.9).format(".2"))    // 输出: 11.00
09        println(ceil(-10.3).format(".2"))   // 输出: -10.00
10
11        // 向下取整
12        println(floor(10.1).format(".2"))   // 输出: 10.00
```

```
13    println(floor(10.5).format(".2"))      // 输出: 10.00
14    println(floor(10.9).format(".2"))      // 输出: 10.00
15    println(floor(-10.3).format(".2"))     // 输出: -11.00
16
17    // 截断
18    println(trunc(10.1).format(".2"))      // 输出: 10.00
19    println(trunc(10.5).format(".2"))      // 输出: 10.00
20    println(trunc(10.9).format(".2"))      // 输出: 10.00
21    println(trunc(-10.3).format(".2"))     // 输出: -10.00
22
23    // 舍入
24    println(round(10.1).format(".2"))      // 输出: 10.00
25    println(round(10.5).format(".2"))      // 输出: 10.00
26    println(round(10.9).format(".2"))      // 输出: 11.00
27    println(round(-10.3).format(".2"))     // 输出: -10.00
28    println(round(9.5).format(".2"))       // 输出: 10.00
29 }
```

15.2.3 其他数学操作

除了前面介绍的两大类数学函数，math 包还提供了一些其他的常用数学函数，如表 15-4 所示。

表 15-4 其他常用数学函数

数学函数类型	函数	功能	参数类型要求
绝对值函数	abs(x)	返回 x 的绝对值	所有浮点类型，以及 Int8、Int16、Int32、Int64
开方运算	sqrt(x)	返回 x 的算术平方根	所有浮点类型
	cbrt(x)	返回 x 的立方根	
指数运算	exp(x)	返回自然常数 e 的 x 次幂，即 e^x	所有浮点类型
	exp2(x)	返回 2 的 x 次幂，即 2^x	
对数运算	log(x)	返回 $\ln x$	所有浮点类型，x 和 y 必须是相同的浮点类型（若有参数 y）
	log2(x)	返回 $\log_2 x$	
	log10(x)	返回 $\log_{10} x$	
	logBase(x, y)	返回 $\log_y x$	
最大公约数	gcd(x, y)	返回 x 和 y 的最大公约数	Int8、Int16、Int32、Int64、UInt8、UInt16、UInt32、UInt64，x 和 y 必须是相同的整数类型
最小公倍数	lcm(x, y)	返回 x 和 y 的最小公倍数	

表 15-4 中的所有函数的返回值类型均与参数类型相同。

在使用以上数学函数时，仍然需要注意函数本身对参数 x 的定义域要求。例如，不可以为 sqrt 函数传入负数作为参数，不可以为 log(x)函数传入 0 或负数作为参数等。

15.3 格式化输出

数值的格式化在打印输出或将数值存储为文本时是非常有用的操作。在标准库的 format 包中定义了 Formatter 接口,以及对一些数值类型的接口扩展。因此,对这些数值类型,我们可以直接调用 format 函数对其实例进行格式化输出。

提示 关于接口扩展,可以复习一下第 14 章的相关内容。

format 函数的定义如下:

```
func format(fmt: String): String
```

其中,参数 fmt 是格式化参数,它由以下 4 部分组成:

```
[flags][width][.precision][specifier]
```

这 4 个部分都是可选的,各部分的取值如下所示。

■ 参数 flags 可以是'-'、'+'、'#'、'0'中的一个。
■ 参数 width 和 precision 只能取正整数。
■ 参数 specifier 可以是'b'、'B'、'o'、'O'、'x'、'X'、'e'、'E'、'g'和'G'中的一个;其中,'b'、'B'、'o'、'O'、'x'和'X'用于整数类型,'e'、'E'、'g'和'G'用于浮点类型。

15.3.1 输出非负数时加上正号

当格式化参数中的 flags 是'+'时,表示在输出非负数时在前面加上正号"+"。举例如下:

```
from std import format.Formatter
from std import math.MathExtension

main() {
    // 对正数和 0 输出时前面加上正号,负数仍然是负号
    println(10.format("+"))
    println(0.0.format("+"))
    println((-10).format("+"))
    println(Float16.E.format("+"))
}
```

编译并执行以上代码,输出结果为:

```
+10
+0.000000
-10
+2.718750
```

注意 对于以下代码:

```
println((-10).format("+"))
```

"." 号的优先级高于负号 "–",因此–10 需要使用圆括号括起来。

15.3.2 将整数类型输出为二、八、十六进制

将 flags 参数'#'和参数 specifier 相结合,可以将整数类型输出为二、八和十六进制的形式。

　　如果格式化参数中使用了'#'，那么在输出二进制整数时会加上"0b"或"0B"的前缀，在输出八进制时会加上"0o"或"0O"的前缀，在输出十六进制时会加上"0x"或"0X"的前缀。

　　参数 specifier 中的'b'、'B'、'o'、'O'、'x'、'X'用于指定输出的数制以及前缀。如果缺省参数 specifier，则输出为十进制。参数 specifier 取值为'b'、'B'时对应二进制以及前缀"0b"、"0B"，取值为'o'、'O'对应八进制以及前缀"0o"、"0O"，取值为'x'、'X'对应十六进制以及前缀"0x"、"0X"。注意，如果参数 flags 没有使用'#'，那么在格式化输出相应数制时不会显示前缀。

　　举例如下：

```
from std import format.Formatter

main() {
    let num = 100

    println(num.format("#"))     // 输出十进制

    println(num.format("b"))     // 输出二进制，不加前缀
    println(num.format("#b"))    // 输出二进制，加前缀

    println(num.format("O"))     // 输出八进制，不加前缀
    println(num.format("#O"))    // 输出八进制，加前缀

    println(num.format("x"))     // 输出十六进制，不加前缀
    println(num.format("#x"))    // 输出十六进制，加前缀
}
```

　　编译并执行以上代码，输出结果为：

```
100
1100100
0b1100100
144
0O144
64
0x64
```

15.3.3　使用科学记数法或十进制表示浮点数

　　对于浮点数，可以格式化为科学记数法或以十进制方式来表示。

　　如果将参数 specifier 指定为'e'或'E'，就会按照科学记数法的方式来输出浮点数；如果将参数 specifier 指定为'g'或'G'，那么系统会自动选择科学记数法或十进制方式中较精简的方式来输出浮点数。举例如下：

```
from std import format.Formatter
from std import math.MathExtension
```

```
main() {
    // 使用科学记数法格式化输出浮点数
    println(Float64.PI.format("e"))
    println(Float64.E.format("E"))

    // 由系统自动选择十进制或科学记数法来表示浮点数
    println(Float64.PI.format("g"))
    println(Float64.E.format("G"))
}
```

编译并执行以上代码，输出结果为：

```
3.141593e+00
2.718282E+00
3.14159
2.71828
```

15.3.4　控制浮点数的输出精度

仓颉在输出浮点数时默认保留 6 位小数。使用参数 precision 可以控制浮点数的输出精度。参数 precision 用于指定输出的小数位数，前面有一个小数点。如果数值本身有效数字的长度大于指定的位数，超出的部分会四舍五入；如果数值本身的有效数字长度不足，就由系统自动处理。

举例如下：

```
from std import format.Formatter
from std import math.MathExtension

main() {
    println(Float64.E)    // 默认输出 6 位小数

    // 如果数值本身有效数字的长度大于指定的位数，超出的部分四舍五入
    println(Float64.E.format(".4"))    // 输出 4 位小数

    // 如果数值本身的有效数字长度不足，则由系统自动处理
    println(1.44.format(".20"))    // 输出 20 位小数
}
```

编译并执行以上代码，输出结果为：

```
2.718282
2.7183
1.43999999999999994671
```

15.3.5　控制输出宽度

结合使用参数 width 和 precision 可以控制数值的输出宽度。

如果数值本身的宽度小于指定的输出宽度，那么在默认的情况下，系统会在数值前面补全空格，输出的内容在指定输出宽度内是右对齐的。

如果需要输出内容**左对齐**，可以使用 flags 参数'-'。如果数值本身的宽度大于指定的输出宽度，那么对输出格式无影响。

另外，如果使用 flags 参数'0'，那么系统会在需要补全空格的位置补全"0"。

需要注意的是，对于浮点数，如果不指定参数 precision，那么浮点数一定会输出 6 位小数，在计算数值本身宽度时要将小数部分计算为 6 位。如果指定了参数 precision，且根据 precision 得到的数值宽度超出了参数 width 指定的输出宽度，那么对输出格式无影响。

举例如下：

```
from std import format.Formatter

main() {
    println("控制整数的输出宽度")
    // 输出宽度 6 位，默认右对齐
    println("\"${9.format("6")}\"")   // 输出: "     9"
    // 输出宽度 6 位，左对齐
    println("\"${9.format("-6")}\"")   // 输出: "9     "
    // 输出宽度 6 位，右对齐，前面补 0
    println("\"${9.format("06")}\"")   // 输出: "000009"
    // 实际长度超出了指定输出宽度，指定输出宽度无效
    println("\"${987654321.format("6")}\"")   // 输出: "987654321"

    println("\n 控制浮点数的输出宽度，不指定参数 precision")
    // 实际宽度 8 位（包括 6 位小数），输出宽度 10 位，右对齐
    println("\"${1.2.format("10")}\"")   // 输出: "  1.200000"
    // 实际宽度 8 位，输出宽度 10 位，左对齐
    println("\"${1.2.format("-10")}\"")   // 输出: "1.200000  "
    // 实际宽度 8 位，输出宽度 10 位，右对齐，前面补 0
    println("\"${1.2.format("010")}\"")   // 输出: "001.200000"
    // 实际宽度 8 位，输出宽度 6 位，指定输出宽度无效
    println("\"${1.2.format("6")}\"")   // 输出: "1.200000"

    println("\n 控制浮点数的输出宽度，指定参数 precision")
    // 实际宽度 4 位（包括 2 位小数），输出宽度 10 位，右对齐
    println("\"${1.234.format("10.2")}\"")   // 输出: "      1.23"
    // 实际宽度 4 位，输出宽度 10 位，左对齐
    println("\"${1.234.format("-10.2")}\"")   // 输出: "1.23      "
    // 实际宽度 4 位，输出宽度 10 位，右对齐，前面补 0
    println("\"${1.234.format("010.2")}\"")   // 输出: "0000001.23"
    // 实际宽度 6 位，输出宽度 5 位，指定输出宽度无效
    println("\"${1.234.format("5.4")}\"")   // 输出: "1.2340"
}
```

15.4 字符串操作

字符串类型是一种非常常用的数据类型。第 3 章已经介绍了字符串类型的一些基础知识，本节将学习各种字符串操作。

仓颉的 String 类型不是一种内置类型，而是定义在 core 包中的 struct 类型，因此 String 类型是一种值类型。String 类型实现了接口 Collection、Equatable、Comparable、Hashable 以及 ToString。因为 core 包中的 public 顶层声明是自动导入的，所以 String 类型不需要导入，可以直接使用。

15.4.1 将字符串转换为字符数组

字符串类型提供了 **toRuneArray 函数**用于将字符串转换为字符数组。举例如下：

```
main() {
    var str = "Cangjie"
    println(str.toRuneArray())  // 输出: [C, a, n, g, j, i, e]

    str = "图解仓颉编程"
    println(str.toRuneArray())  // 输出: [图, 解, 仓, 颉, 编, 程]
}
```

如前文所述，String 类型已经实现了 Collection 接口，因此 String 类型也包含成员 size、isEmpty 和 toArray。String 类型的属性 size 的作用是返回字符串对应的 UTF-8 编码的字节长度。在 UTF-8 编码方案中，一个英文字符占用 1 个字节，一个中文字符占用 3 个字节，其他语言的字符可能占用 2~4 个字节。举例如下：

```
main() {
    var str = "Cangjie"
    println(str.size)  // 输出: 7

    str = "图解仓颉编程"
    println(str.size)  // 输出: 18
}
```

String 类型的 toArray 函数用于将字符串转换为字节数组。举例如下：

```
main() {
    var str = "C"
    println(str.toArray())  // 输出: [67]

    str = "颉"
    println(str.toArray())  // 输出: [233, 162, 137]
}
```

String 类型的某些成员是以字节为单位来处理字符串的，因此，如果需要以字符为单位来进行字符串操作，就要先通过 toRuneArray 函数将字符串转换为字符数组，再进行其他操作。

例如，下面的示例代码先将字符串转换为字符数组，然后获取了字符数组的长度，从而获取了字符串的字符个数。

```
main() {
    var str = "Cangjie"
    println(str.toRuneArray().size)  // 输出：7

    str = "图解仓颉编程"
    println(str.toRuneArray().size)  // 输出：6
}
```

15.4.2　统计和查找

使用 String 类型的 **contains 函数**可以判断字符串中是否包含指定子字符串，如果包含指定子字符串，就返回 true；否则返回 false。当指定子字符串为空字符串时，始终返回 true。举例如下：

```
main() {
    let str = "仓颉编程语言"

    // 使用 contains 函数判断字符串中是否包含指定字符或子字符串
    println(str.contains("语言"))
    println(str.contains("编语"))
    println(str.contains(""))
}
```

编译并执行以上代码，输出结果为：

```
true
false
true
```

使用 **count 函数**可以统计字符串中指定子字符串出现的次数，返回值类型为 Int64。当指定子字符串为空字符串时，返回原字符串长度加 1。举例如下：

```
main() {
    let str = "abcdabcdab"

    // 使用 count 函数统计字符串中的指定子字符串出现的次数
    println(str.count("da"))
    println(str.count(""))
}
```

编译并执行以上代码，输出结果为：

```
2
11
```

函数 startsWith 和 endsWith 分别用于判断字符串是否以指定字符串开头和结尾，这两个函数的返回值类型为 Bool。举例如下：

```
main() {
    let str = "www.huawei.com"

    println(str.startsWith("www"))
    println(str.endsWith("com"))
}
```

编译并执行以上代码，输出结果为：

```
true
true
```

通过**函数 indexOf** 和 **lastIndexOf** 可以获取指定子字符串首字节的索引。重载函数 indexOf 的定义如下：

```
public func indexOf(str: String): Option<Int64>
public func indexOf(str: String, fromIndex: Int64): Option<Int64>
```

函数 indexOf 可以接收一个 String 类型的参数，并对原字符串从字节索引 0 处或字节索引 fromIndex 处（如果传入了参数 fromIndex 的话）开始搜索指定的子字符串。当原字符串中不包含指定子字符串时，函数返回 Option<Int64>.None；当原字符串中包含指定子字符串时，函数返回 Option<Int64>.Some(index)，其中 index 表示指定子字符串第一次出现时首字节的索引。

函数 lastIndexOf 和 indexOf 的用法是类似的，不同的是 lastIndexOf 返回的是指定子字符串最后一次出现在原字符串中的首字节索引。

举例如下：

```
main() {
    let str = "012340123401234"

    // 函数 indexOf
    println(str.indexOf("123"))      // 输出：Some(1)
    println(str.indexOf("123", 2))   // 输出：Some(6)
    println(str.indexOf("123", 12))  // 输出：None

    // 函数 lastIndexOf
    println(str.lastIndexOf("123"))      // 输出：Some(11)
    println(str.lastIndexOf("123", 12))  // 输出：None
}
```

15.4.3 去除前缀和后缀

使用**函数 trimLeft** 和 **trimRight** 可以去除字符串的前缀和后缀。举例如下：

```
main() {
    let str = "0001234000"
    println(str.trimLeft("000"))
    println(str.trimRight("0"))
```

```
        println(str)    // 所有对字符串进行修改的函数得到的都是新字符串，对原字符串没有影响
    }
```

编译并执行以上代码，输出结果为：

```
1234000
000123400
0001234000
```

> **提示**　所有对字符串进行修改操作的函数得到的都是新字符串，并不是修改了原字符串。

另外，可以使用**函数 trimAscii、trimAsciiLeft 和 trimAsciiRight** 去除字符串前导或后续的 whitespace 字符。空格、制表符和换行符都属于 whitespace 字符。这 3 个函数不需要参数，得到的都是新字符串。举例如下：

```
main() {
    let str = " \t仓 颉\n编 程 语 言 "
    println("\"${str.trimAscii()}\"")    // 去除前导和后续的 whitespace 字符
    println("\n\"${str.trimAsciiLeft()}\"")    // 去除前导的 whitespace 字符
    println("\n\"${str.trimAsciiRight()}\"")    // 去除后续的 whitespace 字符
}
```

编译并执行以上代码，输出结果为：

```
"仓 颉
编 程 语 言"

"仓 颉
编 程 语 言  "

"      仓 颉
编 程 语 言"
```

> **提示**　函数 trimAscii、trimAsciiLeft 和 trimAsciiRight 只会去除字符串前导或后续的 whitespace 字符，并不会去除字符串中间的 whitespace 字符。

15.4.4　替换子字符串

使用 String 类型的 **replace 函数**可以替换字符串中的子字符串，得到一个新的字符串。该函数接收 2 个参数，第 1 个参数表示待替换的子字符串，第 2 个参数表示替换后的子字符串。举例如下：

```
main() {
    str = "我喜欢吃苹果"
    println(str.replace("苹果", "红苹果"))    // 替换子字符串
}
```

编译并执行以上代码，输出结果为：

```
我喜欢吃红苹果
```

15.4.5 分割和连接字符串

使用 String 类型的 **split 函数**可以根据指定分割符将字符串分割为字符串数组。该重载函数的定义如下：

```
public func split(str: String, removeEmpty!: Bool = false): Array<String>

public func split(str: String, maxSplit: Int64, removeEmpty!: Bool = false):
Array<String>
```

以上定义中的参数 str 表示分割符。若 str 未出现在原字符串中，则返回长度为 1 的字符串数组，其中唯一的元素为原字符串。参数 removeEmpty 表示是否移除分割结果中的空字符串，默认值为 false。

参数 maxSplit 表示最多分割为 maxSplit 个子字符串。

- 当 maxSplit 为 0 时，返回空的字符串数组。
- 当 maxSplit 为 1 时，返回长度为 1 的字符串数组，其中唯一的元素为原字符串。
- 当 maxSplit 为负数或者大于完整分割出来的子字符串数量时，返回完整分割后的字符串数组。

举例如下：

```
main() {
    let str = "我--喜欢--游泳"

    // 只指定分割符
    println(str.split("-"))
    // 指定参数 removeEmpty，移除分割结果中的空字符串
    println(str.split("-", removeEmpty: true))
    // 指定最大分割次数为 3
    println(str.split("-", 3))
    // 指定最大分割次数为 3，并且移除分割结果中的空字符串
    println(str.split("-", 3, removeEmpty: true))
}
```

编译并执行以上代码，输出结果为：

```
[我, , 喜欢, , 游泳]
[我, 喜欢, 游泳]
[我, , 喜欢--游泳]
[我, 喜欢, 游泳]
```

使用 String 类型的**静态成员函数 join** 可以将字符串数组（Array<String>类型）连接成字符串。该函数可以接收 2 个参数，第 1 个参数表示待连接的字符串数组；第 2 个参数 delimiter 是一个命名参数，表示指定的连接符（String 类型），缺省值为空字符串。将函数 split 和 join 结合使用，可以快速对字符串进行一些去重或修改的操作。举例如下：

```
main() {
    var str = "我--喜欢--游泳"
```

```
    println(str)

    var arrStr = str.split("-", removeEmpty: true)
    println(arrStr)

    str = String.join(arrStr)    // 不使用连接符，缺省值为空字符串
    println(str)

    str = "南京南站,济南西站,北京南站"
    println("\n${str}")

    arrStr = str.split(",")
    println(arrStr)

    str = String.join(arrStr, delimiter: "->")    // 使用连接符
    println(str)
}
```

编译并执行以上代码，输出结果为：

```
我--喜欢--游泳
[我, 喜欢, 游泳]
我喜欢游泳

南京南站,济南西站,北京南站
[南京南站, 济南西站, 北京南站]
南京南站->济南西站->北京南站
```

15.4.6 大小写转换

字符串提供了函数 toAsciiLower、toAsciiUpper 和 toAsciiTitle 用于对字符串中的 Ascii 字符进行大小写转换。举例如下：

```
main() {
    let str1 = "Cangjie 编程语言 123"
    println(str1.toAsciiLower())    // 输出：cangjie 编程语言 123
    println(str1.toAsciiUpper())    // 输出：CANGJIE 编程语言 123

    let str2 = "cangjie language"
    println(str2.toAsciiTitle())    // 输出：Cangjie Language
}
```

15.4.7 类型转换

前面已经介绍了如何将其他类型转换为字符串类型，例如各种数值类型、字符类型、布尔类型、Array 类型等。具体做法是直接调用 toString 函数，这是因为这些类型都实现了 ToString 接口。

仓颉标准库的 convert 包提供了一个 Parsable 接口，用于将字符串类型转换为其他类型。该接口中定义了两个静态成员函数：

```
public interface Parsable<T> {
    static func parse(value: String): T
    static func tryParse(value: String): Option<T>
}
```

这两个函数的作用都是将 String 类型的参数 value 转换为 T 类型的实例，主要区别是 parse 函数的返回值类型为 T，tryParse 函数的返回值类型为 Option<T>。

在 convert 包中，不仅定义了 Parsable 接口，还定义了一些常见类型的接口扩展，从而使这些类型实现了 Parsable 接口。这些类型包括 Bool、Char、Int8、Int16、Int32、Int64、UInt8、UInt16、UInt32、UInt64、Float16、Float32 和 Float64 类型。

例如，Int64 类型的接口扩展定义如下：

```
extend Int64 <: Parsable<Int64> {
    public static func parse(data: String): Int64
    public static func tryParse(data: String): Option<Int64>
}
```

举例如下：

```
from std import convert.Parsable

main() {
    println(Int64.parse("123"))
    println(Int64.tryParse("123"))
}
```

编译并执行以上代码，输出结果为：

```
123
Some(123)
```

在调用 parse 函数时需要注意，传入的参数 value 必须是**相应类型的字面量对应的字符串**，否则会引发错误。例如，以下几个表达式有些可以转换成功，有些却会引发运行时异常：

```
Bool.parse("true")   // 结果为：true
Bool.parse("True")   // 运行时异常，True 不是一个 Bool 类型的字面量
Rune.parse("'x'")    // 结果为：'x'
Rune.parse("x")      // 运行时异常，x 不是一个 Rune 类型的字面量
Int8.parse("127")    // 结果为：127
Int8.parse("128")    // 运行时异常，128 不是一个 Int8 类型的字面量
Int8.parse("10.0")   // 运行时异常，10.0 不是一个 Int8 类型的字面量
Int8.parse("10i8")   // 运行时异常，待转换的数值字符串中不可以使用类型后缀
Float16.parse("10")   // 可以将整数字面量转换为浮点数，结果为：10.000000
Float16.parse("10.0e2")   // 浮点数字符串字面量可以使用科学记数法，结果为：1000.000000
```

如果在转换时不确定是否一定能转换成功，可以考虑使用 **tryParse** 函数，然后再对得到的

Option 值进行判断或解构。示例程序如代码清单 15-5 所示。

代码清单 15-5　string_type_convert.cj

```
01    from std import convert.Parsable
02
03    // 泛型函数 convertStr<T>用于将参数 value 转换为 T 类型
04    func convertStr<T>(value: String) where T <: Parsable<T> & ToString {
05        // 使用 tryParse 函数将 value 转换为 Option<T>类型
06        let optResult = T.tryParse(value)
07
08        // 对得到的 Option 值进行解构
09        if (let Some(result) <- optResult) {
10            println(result)
11        } else {
12            println("转换失败")
13        }
14    }
15
16    main() {
17        convertStr<Bool>("True")
18        convertStr<Int64>("12345")
19    }
```

编译并执行以上代码，输出结果为：

```
转换失败
12345
```

15.4.8　StringBuilder

标准库的 core 包提供了 StringBuilder 类，该类专门用于字符串的拼接和构建，并且在效率上要高于 String，因此，推荐使用 StringBuilder 类进行字符串的拼接和构建。StringBuilder 类提供了多个重载的 append 函数，可以方便高效地将多个不同数据类型的值所对应的字符串进行拼接。StringBuilder 类实现了 ToString 接口，可以调用 toString 函数将 StringBuilder 实例转换为 String 类型。举例如下：

```
main() {
    let strBuilder = StringBuilder("")
    strBuilder.append("Cangjie")
    strBuilder.append(3.14)
    strBuilder.append(true)
    strBuilder.append(18)
    println(strBuilder)   // 输出: Cangjie3.140000true18
}
```

本章需要达成的学习目标

- □　学会利用 Random 类生成各种随机数据。
- □　了解各种通用的数学函数。
- □　学会对数值进行格式化输出。
- □　掌握各种字符串操作。